华为网络技术系列

丛书主编
徐文伟
华为数据通信
架构与技术

企业"IPv6+"网络规划设计与演进

IPv6 Enhanced on Enterprise Networks
Planning, Design, and Evolution

主 编 文慧智　王　璇
副主编 柳巧平　王思生

U0262297

人民邮电出版社
北　京

图书在版编目（CIP）数据

企业"IPv6+"网络规划设计与演进 / 文慧智，王璇
主编. -- 北京：人民邮电出版社，2023.10
　（华为网络技术系列）
　ISBN 978-7-115-62173-3

Ⅰ．①企… Ⅱ．①文… ②王… Ⅲ．①计算机网络—
网络规划②计算机网络—网络设计 Ⅳ．①TP393.02

中国国家版本馆CIP数据核字(2023)第120037号

内 容 提 要

本书基于华为在企业"IPv6+"网络领域多年积累的丰富经验和实践，以"IPv6/IPv6+"技术发展趋势和技术实现原理为切入点，分析"IPv6/IPv6+"网络的应用场景、关键驱动力，以及"IPv6/IPv6+"网络演进面临的挑战和问题，给出企业"IPv6+"网络演进的基本原则、路线规划和关键步骤，并详细阐述企业"IPv6+"网络的规划设计与演进方案，包括广域网络、数据中心网络、园区网络、终端、应用系统、安全等。本书旨在为读者全面呈现企业"IPv6+"网络演进的规划设计、技术实现，并给出部署建议。

本书是企业"IPv6+"网络规划设计与演进的实用指南，汇聚华为优质解决方案和丰富的工程应用实践，内容全面、框架清晰、通俗易懂、实用性强，适合网络架构师、网络规划工程师、网络交付工程师，以及对企业"IPv6+"网络技术感兴趣的读者阅读，也适合相关企事业单位的网络技术人员参考。

◆ 主　　编　文慧智　王　璇
　副主编　柳巧平　王思生
　责任编辑　韦　毅　哈宏疆
　责任印制　李　东　焦志玮

◆ 人民邮电出版社出版发行　　北京市丰台区成寿寺路11号
　邮编　100164　电子邮件　315@ptpress.com.cn
　网址　https://www.ptpress.com.cn
　固安县铭成印刷有限公司印刷

◆ 开本：720×1000　1/16
　印张：24　　　　　　　　　　　2023年10月第1版
　字数：470千字　　　　　　　　2023年10月河北第1次印刷

定价：129.00元
读者服务热线：(010)81055552　印装质量热线：(010)81055316
反盗版热线：(010)81055315
广告经营许可证：京东市监广登字20170147号

丛书编委会

主　　任　徐文伟　华为董事、科学家咨询委员会主任

副 主 任　王　雷　华为数据通信产品线总裁

　　　　　赵志鹏　华为数据通信产品线副总裁

　　　　　吴局业　华为数据通信产品线研发总裁

委　　员（按姓氏音序排列）

　　　　　慈　鹏　丁兆坤　段俊杰　冯　苏

　　　　　韩　涛　郝　烜　胡　伟　李武东

　　　　　刘建宁　马　烨　孟文君　钱　骁

　　　　　邱月峰　孙建平　王　辉　王武伟

　　　　　王焱淼　王志刚　业苏宁　殷玉楼

　　　　　张　亮　祝云峰　左　萌

本书编委会

技术指导 孙建平

主　　编 文慧智　王　璇

副 主 编 柳巧平　王思生

编写人员 刘淑英　赵浩宾　敖日格勒　刘　佳
　　　　　　孙跃卓　王肖飞　李科峰　　张淑敏
　　　　　　许永帆　李　娇　侯延祥　　何　平
　　　　　　丰春霞　曹慧娟　李云星　　段临晶
　　　　　　李风乐　陈佩珊　张　帆　　王　晴
　　　　　　李宇哲　冯泽琳

总　序

　　"2020 年 12 月 31 日，华为 CloudEngine 数据中心交换机全年全球销售额突破 10 亿美元。"

　　我望向办公室的窗外，一切正沐浴在旭日玫瑰色的红光里。收到这样一则喜讯，倏忽之间我的记忆被拉回到 2011 年。

　　那一年，随着数字经济的快速发展，数据中心已经成为人工智能、大数据、云计算和互联网等领域的重要基础设施，数据中心网络不仅成为流量高地，也是技术创新的热点。在带宽、容量、架构、可扩展性、虚拟化等方面，用户对数据中心网络提出了极高的要求。而核心交换机是数据中心网络的中枢，决定了数据中心网络的规模、性能和可扩展性。我们洞察到云计算将成为未来的趋势，云数据中心核心交换机必须具备超大容量、极低时延、可平滑扩容和演进的能力，这些极致的性能指标，远远超出了当时的工程和技术极限，业界也没有先例可循。

　　作为企业 BG 的创始 CEO，面对市场的压力和技术的挑战，如何平衡总体技术方案的稳定和系统架构的创新，如何保持技术领先又规避不确定性带来的风险，我面临一个极其艰难的抉择：守成还是创新？如果基于成熟产品进行开发，或许可以赢得眼前的几个项目，但我们追求的目标是打造世界顶尖水平的数据中心交换机，做就一定要做到业界最佳，铸就数据中心带宽的"珠峰"。至此，我的内心如拨云见日，豁然开朗。

　　我们勇于创新，敢于领先，通过系统架构等一系列创新，开始打造业界最领先的旗舰产品。以终为始，秉承着打造全球领先的旗舰产品的决心，我们快速组建研发团队，汇集技术骨干力量进行攻关，数据中心交换机研发项目就此启动。

　　CloudEngine 12800 数据中心交换机的研发过程是极其艰难的。我们突破了芯片架构的限制和背板侧高速串行总线（SerDes）的速率瓶颈，打造了超大容量、超高密度的整机平台；通过风洞试验和仿真等，解决了高密交换机的散热难题；通过热电、热力解耦，突破了复杂的工程瓶颈。

　　我们首创数据中心交换机正交架构、Cable I/O、先进风道散热等技术，自研超薄碳基导热材料，系统容量、端口密度、单位功耗等多项技术指标均达到国际领先水平，"正交架构＋前后风道"成为业界构筑大容量系统架构的主流。我们首创的"超融合以太"技术打破了国外 FC（Fiber Channel，光纤通道）存储网络、超算互联 IB（InfiniBand，无限带宽）网络的技术封锁；引领业界的 AI ECN（Explicit Congestion Notification，显式拥塞通知）技术实现了

RoCE(RDMA over Converged Ethernet,基于聚合以太网的远程直接存储器访问)网络的实时高性能;PFC(Priority-based Flow Control,基于优先级的流控制)死锁预防技术更是解决了 RoCE 大规模组网的可靠性问题。此外,华为在高速连接器、SerDes、高速 AD/DA(Analog to Digital/Digital to Analog,模数/数模)转换、大容量转发芯片、400GE 光电芯片等多项技术上,全面填补了技术空白,攻克了众多世界级难题。

2012 年 5 月 6 日,CloudEngine 12800 数据中心交换机在北美拉斯维加斯举办的 Interop 展览会闪亮登场。CloudEngine 12800 数据中心交换机闪耀着深海般的蓝色光芒,静谧而又神秘。单框交换容量高达 48 Tbit/s,是当时业界其他同类产品最高水平的 3 倍;单线卡支持 8 个 100GE 端口,是当时业界其他同类产品最高水平的 4 倍。业界同行被这款交换机超高的性能数据所震撼,业界工程师纷纷到华为展台前一探究竟。我第一次感受到设备的 LED 指示灯闪烁着的优雅节拍,设备运行的声音也变得如清谷幽泉般悦耳。随后在 2013 年日本东京举办的 Interop 展览会上,CloudEngine 12800 数据中心交换机获得了 DCN(Data Center Network,数据中心网络)领域唯一的金奖。

我们并未因为 CloudEngine 12800 数据中心交换机的成功而停止前进的步伐,我们的数据通信团队继续攻坚克难,不断进步,推出了新一代数据中心交换机——CloudEngine 16800。

华为数据中心交换机获奖无数,设备部署在 90 多个国家和地区,服务于 3800 多家客户,2020 年发货端口数居全球第一,在金融、能源等领域的大型企业以及科研机构中得到大规模应用,取得了巨大的社会效益和经济效益。

数据中心交换机的成功,仅仅是华为在数据通信领域众多成就的一个缩影。CloudEngine 12800 数据中心交换机发布之后一年多,2013 年 8 月 8 日,华为在北京发布了全球首个以业务和用户体验为中心的敏捷网络架构,以及全球首款 S12700 敏捷交换机。我们第一次将 SDN(Software Defined Network,软件定义网络)理念引入园区网络,提出了业务随行、全网安全协防、IP(Internet Protocol,互联网协议)质量感知以及有线和无线网络深度融合四大创新方案。基于可编程 ENP(Ethernet Network Processor,以太网络处理器)灵活的报文处理和流量控制能力,S12700 敏捷交换机可以满足企业的定制化业务诉求,助力客户构建弹性可扩展的网络。在面向多媒体及移动化、社交化的时代,传统以技术设备为中心的网络必将改变。

多年来,华为以必胜的信念全身心地投入数据通信技术的研究,业界首款 2T 路由器平台 NetEngine 40E-X8A / X16A、业界首款 T 级防火墙 USG9500、业界首款商用 Wi-Fi 6 产品 AP7060DN……随着这些产品的陆续发布,华为 IP

产品在勇于创新和追求卓越的道路上昂首前行，持续引领产业发展。

　　这些成绩的背后，是华为对以客户为中心的核心价值观的深刻践行，是华为在研发创新上的持续投入和厚积薄发，是数据通信产品线几代工程师孜孜不倦的追求，更是整个 IP 产业迅猛发展的时代缩影。我们清醒地意识到，5G、云计算、人工智能和工业互联网等新基建方兴未艾，这些都对 IP 网络提出了更高的要求，"尽力而为"的 IP 网络正面临着"确定性"SLA（Service Level Agreement，服务等级协定）的挑战。这是一次重大的变革，更是一次宝贵的机遇。

　　我们认为，IP 产业的发展需要上下游各个环节的通力合作，开放的生态是 IP 产业成长的基石。为了让更多人加入到推动 IP 产业前进的历史进程中来，华为数据通信产品线推出了一系列图书，分享华为在 IP 产业长期积累的技术、知识、实践经验，以及对未来的思考。我们衷心希望这一系列图书对网络工程师、技术爱好者和企业用户掌握数据通信技术有所帮助。欢迎读者朋友们提出宝贵的意见和建议，与我们一起不断丰富、完善这些图书。

　　华为公司的愿景与使命是"把数字世界带入每个人、每个家庭、每个组织，构建万物互联的智能世界"。IP 网络正是"万物互联"的基础。我们将继续凝聚全人类的智慧和创新能力，以开放包容、协同创新的心态，与各大高校和科研机构紧密合作。希望能有更多的人加入 IP 产业创新发展活动，让我们种下一份希望、发出一缕光芒、释放一份能量，携手走进万物互联的智能世界。

徐文伟

华为董事、战略研究院院长

2021 年 12 月

序

随着数字经济与实体经济融合的不断深入，数字化发展进入动能转换新阶段，数字经济的发展重心由消费互联网向产业互联网快速转移。未来全球接入互联网的设备将达到千亿甚至万亿级别，海量连接必将成为推动互联网发展的核心动力。当前IPv4（Internet Protocol version 4，第4版互联网协议）网络地址存在资源枯竭、扩展性不足等问题，已经无法满足上述业务诉求，成为制约产业互联网发展的关键瓶颈。因此，业界普遍认为，全面部署IPv6（Internet Protocol version 6，第6版互联网协议）是互联网演进升级的必然趋势、网络技术创新的重要方向、网络强国建设的基础支撑。同时，随着高速移动、云网融合、产业承载等新型承载需求的爆发，网络的发展对其确定性、可编程、质量可视、智能运维等能力提出了更高要求。因此，积极开展下一代互联网的网络创新顶层设计，加快推动信息通信技术与千行百业数字化进程深度融合，成为推进IPv6规模部署工作的重中之重。

2019年，在推进IPv6规模部署专家委员会的指导下，我国产业界成立了"IPv6+"（Internet Protocol version 6 Enhanced，IPv6增强）创新推进组，中国信通院、中国电信、中国移动、中国联通、华为、中兴、中国石油、中国石化、国家电网、中国工商银行、中国建设银行、中国银联、清华大学、北京邮电大学等积极参与其中。创新推进组提出打造"IPv6+"网络创新体系的战略发展目标，确定用10年左右的时间，以推进IPv6规模部署国家战略为契机，建立可演进创新、可增量部署的"IPv6+"网络技术创新体系，引领中国"IPv6+"核心技术、产业能力及应用生态实现突破性发展，并提供以"IPv6+"系列标准为代表的网络演进创新中国方案。

2021年，中央网络安全和信息化委员会办公室（简称中央网信办）、国家发展和改革委员会（简称国家发展改革委）、工业和信息化部（简称工信部）联合印发《关于加快推进互联网协议第六版（IPv6）规模部署和应用工作的通知》，并明确提出"开展'IPv6+'网络产品研发与产业化，加强技术创新成果转化"。创新推进组积极落实工作，依托我国IPv6规模部署发展成果，整合IPv6相关产业链力量，加强基于"IPv6+"的下一代互联网技术创新，从网络编程、网络切片、确定性路由、网络自智、内生安全以及行业融合应用等方向开展技术研究、试验验证、测试评估、应用示范，不断激发IPv6网络创新潜能，拓展业务支撑能力，加快完善"IPv6+"网络创新体系。

　　针对当前"IPv6+"网络升级实战过程中缺乏规划、设计、建设、运维指南的难题，华为公司文慧智团队编写了此书。此书汇聚优质的解决方案和丰富的工程实践，以精练的语言、深度的思考和独特的视角，详细阐述了广域网络、数据中心网络和园区网络等开展"IPv6+"升级的架构规划、网络设计和部署建议。本书将理论与实践相结合，具有学术性、实用性、前瞻性，必将为信息通信领域从业者带来新的启示和灵感。

田　辉

推进IPv6规模部署专家委员会副秘书长

中国信息通信研究院融合创新中心主任

2023年4月

前　言

　　数字化已经成为全球主旋律，数字经济对世界的影响比以往任何时期都显著。党的十八大以来，以习近平同志为核心的党中央着眼未来、顺应大势，做出了"建设数字中国"的战略决策，以加快数字社会建设步伐，提高数字公共服务水平和营造良好的数字生态，并且将"加快数字化发展　建设数字中国"的战略写进了"十四五"规划中。在向2021年世界互联网大会乌镇峰会致贺信时，习近平主席指出："数字技术正以新理念、新业态、新模式全面融入人类经济、政治、文化、社会、生态文明建设各领域和全过程，给人类生产生活带来广泛而深刻的影响。"过去几年，全球100多个国家和地区以及地区组织也先后发布了各自的数字化战略。比如，欧盟发布了"数字指南针"战略，致力于企业数字化转型和构建可持续的数字基础设施等；美国发布了"关键与新兴技术国家战略"，致力于成为关键与新兴技术的世界领导者。

　　数字基础设施是落实数字化战略，建设网络强国、数字中国的基石，已成为支撑全面建设社会主义现代化国家的战略性公共基础设施。中国工程院邬贺铨院士指出，"5G、物联网、云计算、大数据、AI、工业互联网等技术融合在一起构成数字基础设施，IPv6是其中的使能技术，IPv6是数字基础设施的基础技术"。

　　将IPv6作为数字基础设施的基石，是因为数字基础设施对IP网络提出了新的需求。首先是海量物联的需求，预计到2030年，全球物联规模将达到百亿级别，所以支持海量接入将成为IP网络的重要基础能力；同时，随着云时代的到来，更多企业选择多云的连接，以实现关键的业务备份和最佳的应用服务，这对网络的实时性和灵活性提出了新需求。而面向未来，不仅办公业务上云，生产业务也会向云端迁移，对网络的确定性提出了更高的要求，比如工业控制、远程医疗等要求端到端的时延抖动为毫秒级。这些新的场景不仅需要海量的地址，同时也需要确定性、可编程性、智能运维等能力。数字基础设施需要基于IPv6扩展性创新而来的"IPv6+"技术，以进一步提升业务承载质量，更好地实现网络基础设施的价值。

　　基于以上因素的考虑，IPv6及"IPv6+"部署的重要性和必然性已经形成广泛共识。近几年，党中央、国务院高度重视IPv6下一代互联网发展，在"十三五"和"十四五"规划纲要、《国家信息化发展战略纲要》、《"十三五"国家信息化规划》、《关于加快推进互联网协议第六版（IPv6）规模部署和应用工作的通知》（以下简称《通知》）等战略规划中均做出了相关部署。2017年11月，中共中央办公厅和国务院办公厅向社会公开印发实施《推进互联网协议第六版（IPv6）规模部署行动计划》（以下简称《行动计划》），明确"十三五"期间我国IPv6规模部署的年度工作时间表和重点任务，为加快推进IPv6规模部署工作提供了方向指引。中央网信办、国家发展改革委和工信部等部门组织成立推进IPv6规模部署专家委员会，立足具体国情开展了一系列重点推进IPv6规模部署的工作，并发布了一系列有针对性和明确指标要求的文件和通知，如《通知》《IPv6流量提升三年专项行动计划（2021—2023年）》《深入推进IPv6规模部署和应用2022年工作安排》等，突出"IPv6/IPv6+"部署和建设指标。一些省市也陆续出台了"IPv6/IPv6+"配套政策，以加快部署节奏。

在这样的背景下，各企事业单位的IPv6改造工作迫在眉睫，但又面临很多实际的问题和挑战，例如地址规划、演进策略、改造方案选择等。面对这些问题和挑战，各企事业单位应该以怎样的改造策略开展工作，从而实现IPv6改造大目标的落地呢？

本书在这样的背景下应运而生，结合华为在全球范围长期积累的丰富网络经验，聚焦IPv6及"IPv6+"技术发展热点，从行业趋势、技术原理和实践场景等多个角度，阐述"IPv6/IPv6+"部署实施可能遇到的问题和相关解决方案。目前国内外市场上"IPv6/IPv6+"全网演进实施指南方面的相关图书较少，本书汇聚华为优质的解决方案和丰富的工程应用实践，理论与实践相结合，期望能帮助业界读者应对"IPv6/IPv6+"网络设计演进部署的难点和未来面临的业务挑战。

本书内容

本书共12章，大体可分为以下4部分内容。

趋势和理论基础部分：包括第1、2章，主要介绍IPv6发展的必然趋势，并对IPv6基础协议进行回顾、总结，同时根据最新发展情况阐述"IPv6+"技术体系架构，并简要介绍"IPv6+"的技术原理。

总体部分：包括第3、4章，主要围绕"IPv6/IPv6+"网络驱动力和在改造中可能面临的演进挑战，介绍企业在"IPv6+"网络演进中的总体演进策略，包括演进基本原则、路线规划和演进改造关键步骤等。

方案部分：包括第5～11章，根据演进步骤，详细阐述IPv6地址申请、规划和管理方式，并着重介绍广域网络、数据中心网络和园区网络的规划部署，以及IPv6改造演进方案，同时对终端和应用改造以及相关改造工具、运维支撑方式给出通用建议。

安全部分： 包括第12章，首先介绍IPv6对安全的影响，以及IPv6演进中安全面临的挑战；然后介绍对应的安全演进原则和思路，以及包含的安全演进阶段；最后重点讲解园区网络、数据中心网络和广域网络的IPv6安全防护方案。

致谢

本书由华为技术有限公司"数据通信解决方案设计部"及"数据通信数字化信息和内容体验部"联合组织编写。在编撰本书的过程中，编者得到了来自华为内部和外部的广泛指导、支持和鼓励。借本书出版的机会，编者衷心感谢王雷、胡克文、赵志鹏、孙建平、吴局业、邱月峰、程剑、韩涛、左萌、王武伟、马烨、王辉、高良传、丁兆坤等专家和领导一直以来的支持和帮助！本书由人民邮电出版社出版，人民邮电出版社的编辑给予了严格、细致的审核。在此，诚挚感谢相关领导的扶持，感谢人民邮电出版社各位编辑和各位编委的辛勤工作！

最后，我们还要特别感谢推进IPv6规模部署专家委员会副秘书长、中国信息通信研究院融合创新中心主任田辉为本书作序，我们备受鼓舞，未来当更加努力。

参与本书编写和技术审校的人员虽然有多年ICT（Information and Communications Technology，信息通信技术）从业经验，但不妥之处在所难免，望读者不吝赐教，有任何意见和建议，请发送至weiyi@ptpress.com.cn，在此表示衷心的感谢。

目　录

第 1 章
IPv6 发展和协议概述

随着数字化转型和产业升级的不断推进，IT（Information Technology，信息技术）与各个行业的结合越来越紧密，行业信息化改革的深化随之带来更高的网络要求。然而，与之形成鲜明对比的是IPv4技术体系逐渐捉襟见肘，已不能满足越来越丰富的网络业务要求。因此，各国逐渐意识到IPv6的必要性，快速推进IPv6部署成为各国ICT领域政策和战略的重要组成部分。

本章旨在回顾IPv6发展进程并概述其协议基础，帮助读者快速掌握IPv6的技术要点和特征（特别是相较于IPv4技术做出的优化），从而理解为何部署IPv6成为各国网络技术发展的关键战略点。对于IPv6的关键技术，本章进行简要说明以帮助读者理解其重要特征。

| 1.1 IPv6 发展进程和趋势 |

本节主要回顾IPv6的诞生背景及发展进程，通过分析IPv6创建时考虑和解决的关键问题，帮助读者理解IPv6相较于IPv4的主要优化点及其演进发展的必然性。

IPv6诞生初期存在协议相对复杂、学习和部署成本高等问题，而IPv4地址不足的缺点还可通过NAT（Network Address Translation，网络地址转换）等技术加以规避，因此IPv6改造部署迟缓，进展并不顺利。随着5G、大数据、IoT（Internet of Things，物联网）、AI（Artificial Intelligent，人工智能）等技术的蓬勃兴起，业务发展对网络提出了更高要求，而IPv4带来的问题日益凸显，由此加速了IPv6的演进，近年来IPv6迎来井喷式发展。本节通过回顾IPv6在国内外的发展进程，识别其演进过程中可能面临的问题和挑战，以便制定后续演进方案。

1.1.1 IPv6 的发展及进程

20世纪90年代初期，随着互联网的蓬勃发展，网络规模急剧膨胀，IPv4地址短缺和资源分配不均问题开始浮现。因特网工程任务组（Internet Engineering Task Force，IETF）启动研究下一代IP地址，并于1991年12月发布RFC 1287，列举了下一代协议需要关注和解决的主要问题。

最重要的是解决IP地址短缺问题。其次，面向互联网需要同时支持TCP（Transmission Control Protocol，传输控制协议）/IP和OSI（Open System Interconnection，开放系统互连）协议栈的情况，构建多协议体系架构。同时，吸取IPv4增强安全能力困难的教训，下一代协议应在设计之初即充分考虑安全需求问题，构建安全体系结构。此外，新协议还应支持流控以满足语音、视频等应用程序的实时应用需求，并面向高阶应用构建能够满足未来创新性要求的协议架构。

IETF同时创建了IPng（IP Next Generation，下一代互联网协议）工作组，以保证后续工作顺利进行。IPng提出了对下一代互联网协议的多项建议，其中3个主要提案为CATNIP（Common Architecture for the Internet，互联网通用架构）、SIPP（Simple Internet Protocol Plus，简单互联网协议增强）和TUBA（TCP and UDP with Bigger Addresses，使用更大地址的TCP和UDP）。

1995年1月，RFC 1752介绍了上述3个提案的关键方案及其存在的问题，同时正式采用IANA（Internet Assigned Numbers Authority，因特网编号分配机构）分配的版本号将IPng更名为IPv6，并综合多个提案给出IPv6报文头及扩展报文头的定义。由此，IPv6初具雏形。

1995年12月，RFC 1883给出了较完整的IPv6标准。1998年12月，经过不断迭代和改进，RFC 2460最终替代RFC 1883，成为现行IPv6的主体。其中对IPv6主要特征和优化点的介绍如下。

- 扩展地址能力：IPv6将IP地址大小从32 bit增加到128 bit，以支持更高级别的层次化结构、更多的地址节点和更简单的地址自动配置。组播地址中添加的Scope（作用域）字段提高了组播路由的可扩展性。新型任播地址可用于向一组节点中的任何一个发送数据包。
- 简化报文头格式：通过将IPv4报文头中的部分字段删除或变为可选，降低通用情况下的转发处理成本，减少IPv6报文头的开销。
- 改进对扩展选项的支持：IP报文头通过扩展选项以支撑更高效的转发，对选项长度的限制较为宽松，为将来引入新选项保留了更大的灵活性。

- 流标记能力：IPv6给特定流的数据包添加标签，通过转发节点对其进行特殊处理，从而实现差异化服务。
- 身份验证和隐私功能：为IPv6指定了支持身份验证、数据完整性和数据机密性（可选）的扩展。

基于以上特点，RFC 2460对IPv6进行了如下说明。

- 明确IPv6为128 bit地址空间，定义IPv6基本报文头格式，改进报文头结构，以提高数据包处理效率。
- 明确扩展报文头格式及其转发处理方式，并定义4种初始扩展报文头：Hop-By-Hop Optional Header（逐跳可选报文头，用于携带每个节点都需要检查处理的信息）、Routing Header（RH，路由报文头，用于实现IPv6源路由）、Fragment Header（FH，分片报文头，用于标记分片报文）、Destination Optional Header（DOH，目的选项报文头，用于承载仅需要由数据包的目的节点处理检查的可选信息）。
- 改进QoS（Quality of Service，服务质量），定义带有流标签和扩展包头的QoS选项。
- 建议大于MTU（Maximum Transmission Unit，最大传输单元）的数据包只在头节点进行分片，并明确分片标记。同时建议采用PMTU（Path Maximum Transmission Unit，路径最大传输单元）发现整个路径的MTU，结合上层协议减少不必要的报文分片。

如上所述，RFC 2460对IPv6进行了关键优化，奠定了IPv6的发展基础。之后，一系列重要RFC也陆续发布，以支撑IPv6能力的扩展。

RFC 2461：定义NDP（Neighbor Discovery Protocol，邻居发现协议），用于邻居链路层地址的解析、状态维护和清除。主机（Host）可以通过NDP发现其连接的路由器网关地址，并结合无状态地址自动配置，实现IPv6的即插即用功能。

RFC 2462：定义SLAAC（Stateless Address Auto-Configuration，无状态地址自动配置）能力，指定了主机在IPv6场景下自动配置接口的步骤，包含生成链路本地地址、通过SLAAC生成站点本地和全局地址以及DAD（Duplicate Address Detection，重复地址检测）过程。当前RFC 2462已被RFC 4862所代替。

RFC 2463：定义ICMPv6（Internet Control Message Protocol version 6，第6版互联网控制报文协议），通过差错报文和消息报文向源节点传递诊断、通知和管理信息。当前RFC 2463已被RFC 4443所代替。

RFC 4291、RFC 4193：定义IPv6新地址架构，包含链路本地地址、全球唯一地址、组播地址、任播地址等多种类型的IPv6地址。

RFC 3041：定义临时地址，用于SLAAC场景随机生成，以保护隐私并防止主机暴露。当前RFC 3041已被RFC 8981所代替。

RFC 4301：定义IPsec（Internet Protocol Security，互联网络层安全协议），以提高IP的安全增强能力，使所有应用程序更便于支持类似VPN（Virtual Private Network，虚拟专用网络）的安全加密和隔离。

RFC 6146、RFC 6147：定义有状态NAT64（Network Address Translation IPv6-to-IPv4，IPv6到IPv4的网络地址转换）协议及其与DNS64（Domain Name System IPv6-to-IPv4，IPv6到IPv4的域名系统）的协同方式，解决IPv6与IPv4的兼容性问题。

RFC 7381：给出企业IPv6部署指南（Enterprise IPv6 Deployment Guidelines），指明企业在IPv6演进各阶段内需要考虑的关键问题和改造点。

RFC 8200：2017年，RFC 2460被RFC 8200代替，RFC 8200在已有基础上做了一些参数修正。

RFC 8402、RFC 8754：正式发布SRv6（Segment Routing over IPv6，基于IPv6的段路由）框架，标志着"IPv6+"时代来临。"IPv6+"利用IPv6的扩展能力，实现了更多灵活增强能力（如源路由实现路径调度），提供了更高品质的网络体验，真正实现了IPv6的价值。

随着IPv6 RFC的不断完善，IPv6也在加速发展，历经多个关键节点，如今IPv6已经得到了广泛部署和应用。

1992年底，IETF提出关于IP演进的系统建议并形成白皮书，并于次年9月建立下一代IP领域（IPng Area），启动下一代IP研究。

1996年，伴随一系列RFC先后发布，IPv6的协议体系基本建立。同年3月，IETF启动6bone实验网络建设，并于2003年对外发布，将6bone网络作为IPv6的测试平台。6bone网络最初通过Overlay方式运行在IPv4网络之上，后来逐渐建立IPv6单栈网络，连接了50多个国家的1000多个站点。

2011年，IANA的最后一个IPv4地址块被申请，标志着全球IPv4地址块全部分配完毕。此时，用于个人计算机和服务器系统上的操作系统基本上都已支持IPv6配置，包括Windows、Mac OS X、Linux和Solaris等。

2012年6月6日，国际互联网协会举行世界IPv6启动纪念日，多家知名网站如谷歌、Facebook（2022年更名为Meta）和雅虎等开始永久性支持IPv6访问。

2016年，IAB（Internet Architecture Board，因特网体系委员会）发表声明，表示不再要求新标准或扩展标准兼容IPv4，同时需审校已有标准，要求其必须支持IPv6。

2018年起，SRv6、网络切片、IFIT（In-situ Flow Information Telemetry，

随流检测）、APN6（Application-aware IPv6 Networking，应用感知的IPv6网络）等标准先后发布，预示着"IPv6+"时代的来临。"IPv6+"充分发挥了IPv6的灵活性和可扩展性优势，创造了全新的IPv6的协议体系，为网络带来全新体验和价值，可应对业务新需求。

2019年10月30日，中央网信办成立"IPv6+"创新推进组，通过"IPv6+"产学研用等产业链力量，持续完善"IPv6+"技术标准体系。同年11月25日15时35分，RIPE NCC宣布欧洲地区最后一个IPv4地址块分配完成，标志着各区域IPv4地址完全耗尽，IPv6时代全面来临。

1.1.2　IPv6 国外发展现状

近年来，欧美地区的主要发达国家颁布了多项政策，以推动IPv6规模化部署。美国于2012年发布《政府IPv6应用指南/规划路线图》，明确要求到2012年底政府对外提供的所有互联网公共服务必须支持IPv6，到2014年底政府内部办公网络全面支持IPv6。2020年，美国白宫办公厅发布《完成到IPv6的过渡》（*Complete Transition To IPv6 Memorandum*，M-21-07）文件，提出"人们普遍认为，完全过渡到IPv6是确保互联网技术和服务未来增长及创新的唯一可行选择。联邦政府必须扩大和加强其向IPv6过渡的战略承诺，以跟上和利用行业趋势。在之前倡议的基础上，联邦政府仍然致力于完成这一过渡"。该文件同时明确了政务网"IPv6 Only"的演进策略，进度要求为：2023年前达到20%，2024年前完成50%，2025年前突破80%。最近5年，随着USGv6发展监测项目的建立，美国也实现了对政府、高校、企业网站和DNS等领域IPv6改造进程的长期监测，助力IPv6在美国的推广普及。

欧盟于2008年发布《欧盟部署IPv6行动计划》，要求在欧洲范围内分阶段推进企业、政府部门和家庭用户网络向IPv6迁移。比利时充分发挥欧盟总部坐落于其首都布鲁塞尔的优势，大力借助欧盟投资，在政府层面成立理事会推动IPv6落地，已成功发展为欧洲IPv6部署率最高的国家，用户普及率高达66%。

亚洲许多国家也在加快推进IPv6规模部署事宜。例如，印度政府积极倡导并大力支持IPv6的发展和应用，并于2010年7月公布向IPv6迁移的详细路线图。根据APNIC（Asia Pacific Network Information Center，亚太互联网络信息中心）统计，截至2022年3月，印度已成为全球IPv6用户数最多的国家，IPv6用户数占比超过76%。日本、马来西亚等国也在加快推动IPv6演进，截至2019年10月，IPv6用户数占比已达30%。

根据APNIC统计样本数据，全球IPv6用户渗透率已经超过31%，各区域IPv6渗透率情况如表1-1所示。

表1-1　APNIC 统计的全球区域 IPv6 渗透率情况

地区	IPv6 渗透率	IPv6 首选比例	样本量
全球	31.6%	30.25%	452 058 738 个
美洲	38.74%	38.04%	80 138 461 个
亚洲	36.35%	34.41%	257 078 810 个
大洋洲	29.98%	29.33%	3 226 540 个
欧洲	24.56%	23.79%	66 205 610 个
非洲	2.54%	2.37%	45 399 522 个

谷歌根据终端用户接入网络所使用的地址对全球IPv6用户渗透率情况进行监测，发现到2020年，使用IPv6访问谷歌网站的用户占比已超过30%，具体如图1-1所示。

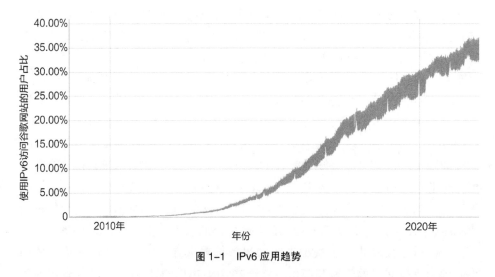

图1-1　IPv6 应用趋势

除政府之外，Facebook、谷歌等大型OTT（Over The Top）公司也推出了IPv6 Only策略。其中，Facebook对数据中心基础设施的改造开始于2014年，从双栈承载逐渐向IPv6单栈演进，并且新增的数据中心网络均采用IPv6单栈方式上线，数据中心内运行的所有应用程序和服务均支持IPv6。基于Facebook的测试和分析显示，由于移除NAT等原因，端到端IPv6连接相较于原IPv4，转发速度可以提高10%～15%。根据Facebook的官方信息，2017年Facebook数据中心内部的IPv6流量已达99%，且半数以上数据中心集群仅支持IPv6。

1.1.3　IPv6 国内发展现状

我国于1994年获准接入互联网，是IPv4时代互联网行业的后来者，在IPv4地址资源获取、互联网核心技术开发与标准制定等方面都未能占得先机。因此，我国一直高度重视IPv6发展，着力推动IPv6技术演进。1998年，国内第一个IPv6试验教育网CERNET（China Education and Research Network，中国教育和科研计算机网）建设完成，并接入6bone网络；2003年，中国下一代互联网示范工程CNGI（China Next Generation Internet，中国下一代互联网）启动建设，这也是当时世界上最大的纯IPv6互联网；2008年，北京奥运会首次利用IPv6建立官方网站。

然而整体上，我国IPv6前期发展较为迟缓，被多位专家喻为"起了大早，赶了晚集"。早在2003年，我国就建设了当时最大的纯IPv6网络，成为全球最早开展IPv6和下一代互联网技术标准研究的国家。但是截至2017年12月，我国网络用户数中的IPv6用户数占比不足0.39%，IPv6用户普及率排在全球第67位。相比之下，同期美国IPv6用户数已占其网民总数的37%，排名全球第二。

在2017年全球网络技术大会上，邬贺铨院士总结我国IPv6部署不力的原因主要有以下5个方面。第一，落入了私有地址的陷阱难以自拔，NAT可暂时应对IPv4公网地址的不足，但跨过多级公网后，对私有地址的管理相当复杂，地址转换破坏了端到端的透明性，致使无法对用户进行溯源。第二，政府缺乏明确的市场导向和应用先行意识。第三，对内容服务的瓶颈重视不够且缺乏有力的政策。第四，一些误解和干扰影响了国家发展IPv6战略的执行。第五，将IPv6与网络对立，认为IPv6会影响网络安全。

近几年，党中央、国务院高度重视IPv6下一代互联网发展，在"十三五"和"十四五"规划纲要、《国家信息化发展战略纲要》、《"十三五"国家信息化规划》、《关于加快推进互联网协议第六版（IPv6）规模部署和应用工作的通知》（以下简称《通知》）等战略规划中均做出了相关部署。2017年11月，中共中央办公厅和国务院办公厅向社会公开印发实施《推进互联网协议第六版（IPv6）规模部署行动计划》，明确"十三五"和"十四五"期间我国IPv6规模部署的总体目标、路线图、时间表和重点任务，为加快推进IPv6规模部署工作提供了方向指引。为了确保《行动计划》取得实效，中央网信办、国家发展改革委和工信部等部门组织成立推进IPv6规模部署专家委员会,立足具体国情,开展了一系列重点推进IPv6规模部署的工作。经过4年多的不懈努力,如今我国IPv6产业发展环境已日趋成熟。

1. 国内IPv6用户发展现状

我国建设国家IPv6发展监测平台,通过统计IPv6互联网活跃用户数,直观反映国内IPv6互联网活跃用户占比情况,如图1-2所示,从而判断我国整体IPv6的发展进程。根据国家IPv6发展监测平台最新统计信息,截至2022年4月,全国IPv6互联网活跃用户数已突破6.7亿,全国IPv6互联网活跃用户占比超过65%。

说明: 全国IPv6互联网活跃用户数是指中国(不含港澳台地区)已获得IPv6地址,且在近30天内有使用IPv6访问网站或移动互联网应用的互联网用户数量。

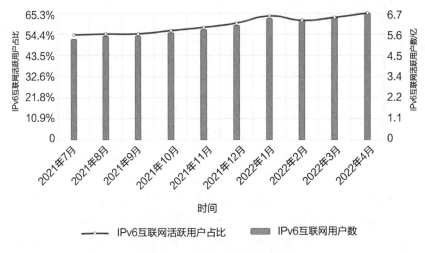

图1-2 中国IPv6用户数统计

由上述数据可见,自2017年中共中央办公厅和国务院办公厅发布指导文件以来,国内IPv6用户渗透率获得了快速增长,用户数量的增加也在同步驱动互联网IPv6应用的加速部署和基础信息设施的IPv6性能提升。

2. 网站应用IPv6可用度

网络应用IPv6可用度反映我国网站和移动互联网应用的IPv6部署情况。国家IPv6发展监测平台数据表明,政务网站、中央企业网站、金融示范单位网站、双一流高校网站等改造进度较好,Top 100互联网应用IPv6支持率提升也取得了良好进展，具体情况如表1-2所示。

表 1-2　网站和 Top 100 互联网应用对 IPv6 的支持情况

行业网站及互联网应用	IPv6 可用度	已支持 IPv6 访问数量 / 网站或应用总数
政务网站（省级及以上）	91.37%	106/116 个
大型中央企业网站	95.87%	93/97 个
23 家金融示范单位网站	95.65%	22/23 个
137 家双一流高校网站	96.35%	132/137 个
主流互联网网站	66.3%	61/92 个
Top 100 互联网应用	99%	99/100 个

3. 基础设施准备度

基础设施服务主要涉及基础网络连接，如IDC（Internet Data Center，互联网数据中心）、CDN（Content Delivery Network，内容分发网络）、云服务等，用于满足各行业的信息化基础服务诉求。根据国家IPv6发展监测平台发布的数据，目前基础设施服务升级改造正在快速推进。其中，IDC升级的主要目标是其出口和内部网络、安全设备、负载均衡设备、服务器操作系统以及其他辅助运维系统均支持IPv6。目前，中国电信、中国移动、中国联通等基础电信企业已完成全部907个IDC节点的IPv6改造，可以全面提供IPv6服务。截至2020年4月，全国范围内CDN服务企业支持IPv6的节点数已超过2942个，IPv6本地覆盖能力达到85%，全国覆盖能力超过99%。此外，国内主要云服务提供商已完成IPv6云主机、负载均衡、内容分发、域名解析等公有云产品的双栈化改造。面向公众提供服务的云服务平台中，云产品的平均IPv6改造率已接近70%。

综上所述，近年来，国内IPv6用户规模迅速扩大，绝大部分互联网应用已具备IPv6服务能力，运营商网络连接、IDC、CDN、云服务、DNS等基础设施在IPv6改造方面也取得了可喜进展。规模化的互联网IPv6用户体量和丰富的IPv6互联网应用相辅相成，推动国内IPv6演进发展进入快车道，同步带动配套的信息化产业成熟发展，为行业组织内部信息化基础设施的IPv6改造奠定了良好基础。

随着各项新技术的飞速发展和IPv6升级改造的稳步推进，国家和各大企事业单位也逐渐意识到IPv6的独特优势（包括良好的扩展性、端到端透明性、海量地址空间、内嵌安全等），认可其在满足产业升级和全新网络需求方面的优良表现。基于IPv6扩展性而发展出的"IPv6+"技术体系，如SRv6、网络切片、IFIT、APN（Application-aware Networking，应用感知网络）等，更能有力推动网络和产业升级，实现"由万物互联向万物智联的升级，由消费互联网向产业互联网的升级"。2021年7月，中央网信办、国家发展改革委、工信部联合印发《通知》，提出既要通过政策着力解决关键问题，加速推进IPv6规模部署和应用，又要从政策驱动转向应用需求驱动，鼓励开展"IPv6+"产业创新，引领全球发展方向。《通知》的关键内容如下。

- 明确IPv6 Only单栈演进目标。
- 深度优化IPv6网络，确保IPv6网络的关键性能和服务指标与IPv4网络相同。
- 增强IPv6标准研制力量，协同推进国家标准、行业标准、团体标准制定。
- 明确对各行业生产物联终端、工业互联网和数据中心的IPv6部署要求，加快IPv6安全的研究和部署。
- 提出到2025年末，全面建成领先的IPv6技术、产业、设施、应用和安全体系，我国IPv6网络规模、用户规模、流量规模位居世界第一。
- 明确"IPv6+"作为IPv6发展核心关键技术指标，加强技术创新成果转化，使我国成为全球"IPv6+"技术和产业创新的重要推动力量，网络信息技术自主创新能力得到显著增强。
- "IPv6/IPv6+"与千兆光网、5G同步规划建设和实施，新建交换中心和直联点需要全面支持IPv6。
- 开展"IPv6+"网络产品研发与产业化，通过实施一批"IPv6+"技术创新应用项目带动全行业融合应用（2025年创新应用项目500个）。

综上可知，5G、IoT、云计算等新技术飞速发展使万物智联时代成为可能，IP的应用范围也在逐步扩大。综合考虑未来新兴业务、国家政策和信息化基础配套产业发展等多方面因素，IPv6成为最适合作为支撑行业和企业组织基础设施目标架构的IP技术。作为IPv6下一代互联网的升级，"IPv6+"可促进网络能力再提升和产业生态再升级。中国信息通信研究院发布的《"IPv6+"技术创新白皮书》指出，"IPv6+"可以实现更加开放活跃的技术与业务创新、更加高效灵活的组网与业务支撑、更加优异的性能与用户体验、更加智能可靠的运维与安全保障。因此，向IPv6及"IPv6+"演进成为企事业单位基础设施信息化建设的热门课题及必然趋势。

| 1.2　IPv6 基础 |

本书面向具有一定IPv6基础知识的网络从业人员，因此IPv6的详细介绍不作为叙述重点。为方便读者更顺畅阅读后续内容，本节快速回顾IPv6的关键基础知识，简要介绍在IPv6演进中需重点关注的协议内容。

1.2.1　IPv6 地址概述

IPv6拥有海量地址空间，号称"可以为地球上的每一粒沙子提供一个IP地址"，主要得益于其128 bit的地址位数，最多可以提供2^{128}个地址。除地址长度外，与IPv4地址相比，IPv6地址在地址结构、地址表示方式、地址类型方面也做出了优化，其最早在RFC 4291中完成定义，后续被多个RFC继承和更新。

1. IPv6地址表示

IPv6地址由8个16 bit的段表示，段与段之间通过冒号":"隔离。为精简IPv6地址的表达方法，每个段常表示为4个十六进制数字的形式，并且连续两个或多个均为0的段可以用双冒号"::"代替（如2001:1234:0100:1111:0000:0000:0000:0001可简写为2001:1234:100:1111::1），但拖尾的0不能省略。需要注意的是，RFC 4291指出，在一个IPv6地址中，双冒号只能出现一次。因此，如果存在多个不连续的全0段，则压缩最长段（如2001:0:0:0:1:0:0:1简写为2001::1:0:0:1）。如果连续全0段长度相等，则压缩第一个段（如2001:1234:0:0:1:0:0:1简写为2001:1234::1:0:0:1）。

通常默认IPv6地址由固定前缀、子网ID和接口ID组成，如图1-3所示。

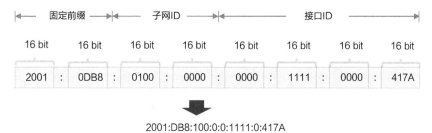

图 1–3　IPv6 地址表示格式

2. IPv6地址结构

IPv6全球单播地址包括全球路由前缀、子网ID和接口ID。其中全球路由前缀和子网ID组成网络前缀，相当于IPv4地址中的网络位；接口ID相当于IPv4地址中的主机位。同时RFC 4291标准建议IPv6地址可将前64 bit作为网络前缀（包括全球路由前缀和子网ID），后64 bit作为接口ID，如图1-4所示。当然，也可基于不同场景下的具体要求对IPv6地址进行前缀长度分配。如在网络节点互联地址中，考虑IPv4最佳实践以及安全性问题，P2P接口互联地址通常采用127 bit地址前缀，网络设备Loopback地址通常采用128 bit前缀。

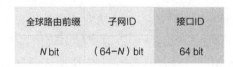

图1-4　IPv6地址结构

3. IPv6地址分类

IPv6地址可分为组播地址、单播地址和任播地址，如图1-5所示。与IPv4地址相比，IPv6地址以更丰富的组播地址代替广播地址，同时增加了任播地址类型。

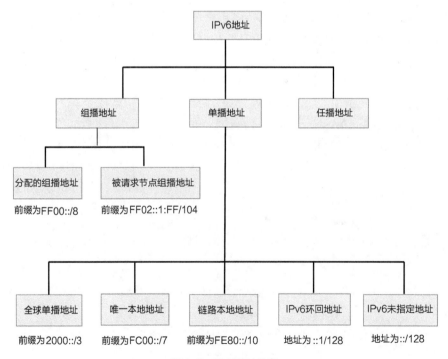

图1-5　IPv6地址分类

IPv6各类地址的定义及应用场景如下。

组播地址：用于标识一组接口，通常属于不同节点，目的地址为组播地址的报文会被转发到该地址标识的所有接口。

* 分配的组播地址：前缀为FF00::/8，类似IPv4组播地址224.0.0.0/3，用来标识一组接口且通常属于不同节点。源节点发送单个数据包，属于该组播组的所有接口都能收到。常见的组播地址应用包括视频直播（IPTV）和OSPF（Open Shortest Path First，开放最短通路优先）等协议报文。

* 被请求节点组播地址（Solicited-Node Multicast Address）：基于节点的单播或任播地址生成。当一个节点具有单播或任播地址时，就会生成一个与之相对应的被请求节点组播地址，并且加入这个组播组。被请求节点组播地址由固定前缀FF02::1:FF/104和对应IPv6地址的最后24 bit组成，如图1-6所示，其有效范围为链路本地（Link-Local），即通常所说的单播局域范围。被请求节点组播地址主要用于NDP中的地址解析和重复地址检测。

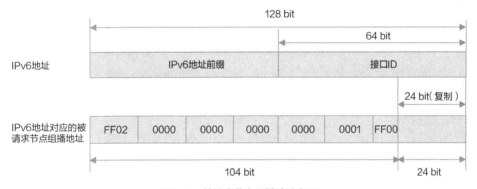

图1-6　被请求节点组播地址表示

单播地址：用于标识单个接口。目的地址为单播地址的报文会被转发到该地址标识的接口。目前定义的IPv6单播地址主要包括全球单播地址（Global Unicast Address，GUA）、唯一本地地址（Unique Local Address，ULA）、链路本地地址（Link-Local Address，LLA）和IPv6环回地址等。不同单播地址具有特定的使用范围。

* 全球单播地址：前缀为2000::/3，在RFC 3587中定义。全球单播地址是全球唯一的、可在Internet中发布的路由地址，类似IPv4的公网地址。目前，各个组织从互联网信息中心或运营商申请到的IPv6地址均为全球单播地址，这也是IPv6地址规划和分配方案中的重点。

- 唯一本地地址：前缀为FC00::/7，在RFC 4193中定义。它类似于IPv4的私网地址，仅用于企业内部封闭的网络通信。其中第8比特设置为0（即FC00::/8）时为预留地址，当前暂未定义；第8比特设置为1（即FD00::/8）时用于本地地址分配，并建议后面携带40 bit的全局ID（Global ID）和16 bit的子网ID（Subnet ID）。
- 链路本地地址：前缀为FE80::/10，仅限于本地链路范围内使用。节点的链路本地地址可以自动生成，在相邻节点之间使用，如ND（Neighbor Discovery，邻居发现）、无状态地址配置等应用，实现即插即用功能。链路本地地址自动生成的一般原则是LLA=FE80::/10前缀+EUI-64标识符。
- IPv6环回地址：地址为::1/128，类似IPv4地址127.0.0.1。该地址不会被分配给任何接口，它的作用与IPv4中的127.0.0.1相同，负责将IPv6报文发送给自己。
- IPv6未指定地址：地址为::/128，不能被分配给任何节点，也不能作为目的地址。在主机初始化且没有取得自己的地址时，未指定地址可以用在IPv6报文的源地址字段，例如进行重复地址探测时，NS（Neighbor Solicitation，邻居请求）报文的源地址就是未指定地址。

任播地址：用于标识一组接口，通常属于不同节点，目的地址为任播地址的报文会被转发到该地址标识的"最近"的一个接口。任播地址从单播地址空间中进行分配，并使用单播地址的格式。因此，标准中定义接口ID为全0的IPv6地址为子网路由的任播地址（Subnet Router Anycast Address，SRAA），从而区分任播地址和单播地址。任播地址只能作为目的地址，不能作为源地址使用。

1.2.2　IPv6 报文概述

IPv6报文由IPv6基本报文头、IPv6扩展报文头和上层协议数据单元3个部分组成。与IPv4相比，IPv6报文的主要变化在于IPv6基本报文头和IPv6扩展报文头，本节将重点介绍这两部分。

1. IPv6基本报文头

IPv6数据包必须包含基本报文头，转发路径中所有设备均可解析报文头内容，以获取报文转发的基本信息。IPv4报文头和IPv6基本报文头格式分别如图1-7和图1-8所示。由于IPv4报文头包含选项（Option）字段，因此长度可变，而IPv6基本报文头则固定为40 Byte。

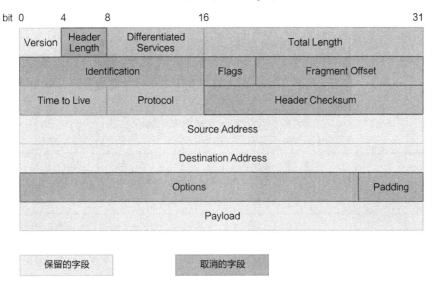

图 1-7　IPv4 报文头格式

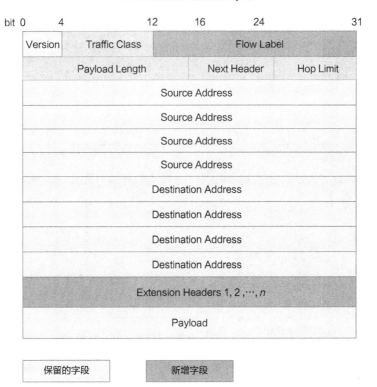

图 1-8　IPv6 基本报文头格式

IPv6基本报文头格式中主要字段的说明如表1-3所示。

表 1-3　IPv6 基本报文头格式中主要字段的说明

字段名	长度/bit	含义
Version	4	版本号。IPv6 中取值为 6，IPv4 中取值为 4
Traffic Class	8	流类别。等同于 IPv4 中的 TOS（Type Of Service，服务类型）字段，表示 IPv6 数据报文的类或优先级，主要应用于 QoS
Flow Label	20	流标签。IPv6 新增字段，用于区分实时数据流，不同的流标签 + 源地址可以唯一确定一条数据流，中间网络设备可以根据不同的流标签 + 源地址更加高效地区分不同的数据流
Payload Length	16	有效载荷长度。类似 IPv4 中的总长度（Total Length）字段，但不再包含 IPv6 基本报文头，有效载荷是指紧跟 IPv6 基本报文头的数据报文部分（即扩展报文头和上层协议数据单元）。该字段只能表示最大长度为 65 535 Byte 的有效载荷。如果有效载荷的长度超过这个值，该字段会置 0，这时可通过扩展报文头中的超大有效载荷选项来表示
Next Header	8	下一个扩展报文头。该字段定义紧跟在 IPv6 基本报文头后面的第一个扩展报文头（如果存在）类型，或者上层协议数据单元中的协议类型
Hop Limit	8	跳数限制。类似 IPv4 中的 TTL（Time To Live，存活时间）字段，定义了 IP 数据报文所经过的最大跳数。每经过一个设备，该数值减 1，当该字段的值为 0 时，数据报文将被丢弃
Source Address	128	源地址。表示发送方的地址
Destination Address	128	目的地址。表示接收方的地址

如上所述，IPv6基本报文头相比IPv4报文头有诸多变化，如表1-4所示。

表 1-4　IPv4 报文头与 IPv6 基本报文头比较

功能项	IPv4 报文头	IPv6 基本报文头
版本	此字段值为 4	此字段值为 6
地址长度	源地址和目的地址的长度都是 32 bit	源地址和目的地址的长度都是 128 bit
QoS	TOS 字段总长 8 bit，表示数据包的类或优先级，主要应用于 QoS	流量类型字段等同于 TOS 字段，同时增加流标签字段，长度为 20 bit

续表

功能项	IPv4 报文头	IPv6 基本报文头
报文总长度值	总长度字段包含 IPv4 报文头和数据部分的总长度	报文有效负载长度，字段仅计算 IPv6 基本报文头之后的部分，包含所有的扩展报文头
存活时间	使用 TTL 字段表示报文的存活时间，即 IP 数据报文被路由器丢弃之前所能经过的最大跳数	使用跳数限制字段表示报文的存活时间
报文协议类型	协议字段标识 IPv4 数据部分所承载的协议类型	下一个扩展报文头字段除表示后续承载协议外，还可表示在 IPv6 基本报文头之后存在的扩展报文头
IPv6 取消的字段	IHL（Internet Header Length，报文头长度）、标识符、标志、分段偏移量、头部校验和选项字段在 IPv6 报文头中被取消	—
IPv6 新增的字段	—	新增流标签字段用于区分实时流量，与源地址一起唯一确定一条数据流，网络设备可以根据此信息更高效地区分数据流

2. IPv6扩展报文头

在IPv4中，IPv4报文头的可选字段——选项包含安全（Security）、时间戳（Timestamp）、记录路由（Record Route）等信息，这些信息可以将IPv4报文头长度从20 Byte扩充到最多60 Byte。在转发过程中，处理携带这些信息的IPv4报文会占用设备很多资源，因此实际中很少使用。

IPv6将选项字段从基本报文头中剥离，放到基本报文头和上层协议数据单元之间的扩展报文头中，并且仅当需要设备或目的节点做某些特殊处理时，才由发送方添加一个或多个扩展报文头，如图1-9所示。与IPv4相比，IPv6考虑到日后扩充新增选项的需要，不再限制扩展报文头长度。但为了提高处理扩展选项头和传输层协议的性能，扩展报文头长度为8 Byte的整数倍。

当使用多个扩展报文头时，由IPv6基本报文头中的下一个扩展报文头字段指明第一个扩展报文头类型，且每个扩展报文头中的下一个扩展报文头字段均指明下一个扩展报文头类型，从而形成链状报文头列表。如果不存在下一个报文头，则指明上层协议数据单元中的协议类型。

根据RFC 8200的定义，IPv6中常用的扩展报文头如表1-5所示。

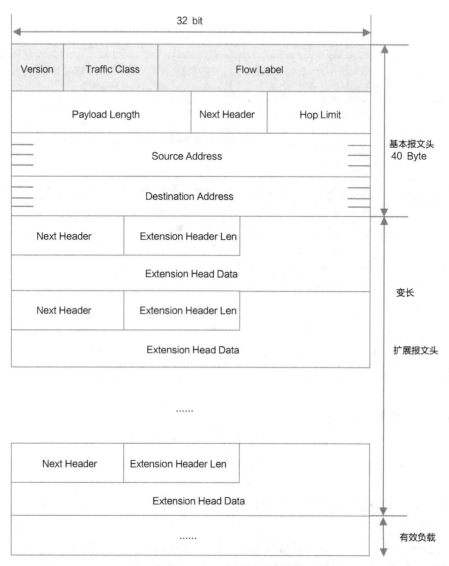

图 1-9　IPv6 扩展报文头格式

表 1-5　IPv6 扩展报文头说明

报文头类型	类型值	用途
逐跳可选报文头	Next Header=0	承载沿途每个路由器均需要处理的信息，如路由器提醒、资源预留等
路由报文头	Next Header=43	在源节点携带数据报文需要经过的节点信息，通过扩展报文头中包含的 IPv6 地址列表实现。例如 SRv6 的 SRH（Segment Routing Header，段路由扩展报文头）即采用路由报文头携带路径信息

续表

报文头类型	类型值	用途
目的可选报文头	Next Header=60	携带目的节点才会处理的信息，如端到端封装信息等。例如 BIERv6（Bit Index Explicit Replication IPv6 encapsulation，IPv6 封装的位索引显式复制）即通过目的可选报文头携带组信息
分片扩展报文头	Next Header=44	源节点基于 PMTU 进行分片后，添加分片扩展报文头携带分片信息以供目的节点进行信息重组
认证报文头	Next Header=51	由 IPsec 使用，提供报文认证、完整性校验、重放保护功能，也为 IPv6 基本报文头中的部分字段提供保护功能
封装安全净载报文头	Next Header=50	由 IPsec 使用，功能与认证报文头的类似，同时提供 IPv6 数据包加密功能

1.2.3　ICMPv6/NDP

ICMPv6 和 NDP 是 IPv6 的两个重要协议。其中，ICMPv6 由 IPv4 的 ICMP（Internet Control Message Protocol，互联网控制报文协议）引申而来。NDP 作为 ICMPv6 的子协议，通过定义的 5 种 ICMPv6 报文实现，可实现类似 IPv4 中 ARP（Address Resolution Protocol，地址解析协议）的地址解析功能。两类协议相结合，可以支撑实现 IPv6 的即插即用、无状态地址配置等功能。

1. ICMPv6 简介

在 IPv4 中，ICMP 将数据包传输过程中出现的错误信息（包括目的不可达、数据包过大、超时、回应请求和回应应答等）返回给源节点。而 IPv6 中，ICMPv6 除了提供 ICMPv4 的常用功能之外，还可实现多项基础功能，如邻接点发现、无状态地址配置（包括重复地址检测）、PMTU 发现等。ICMPv6 的协议类型号（即 IPv6 报文中下一个扩展报文头字段的值）为 58，最新定义可参见 RFC 8335，报文格式如图 1-10 所示。其中，类型字段表示消息类型，字段值为 0～127 的是差错报文，字段值为 128～255 的是消息报文；编码字段则表示此消息类型细分的类型；校验和字段表示 ICMPv6 报文的校验和。

ICMPv6 报文分为差错报文和消息报文两种。其中，差错报文用于报告在转发 IPv6 数据包过程中出现的错误信息，主要包括 4 种类型，如表 1-6 所示。

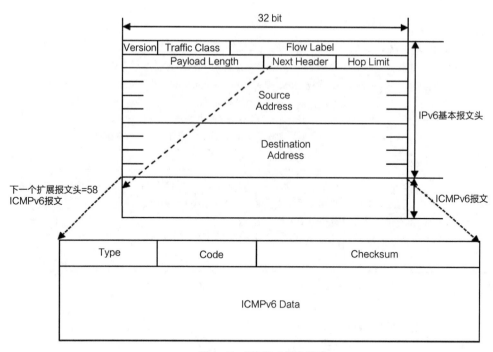

图 1-10　ICMPv6 报文格式

表 1-6　ICMPv6 差错报文说明

报文类型	类型字段值	编码字段值	用途
目的不可达差错报文	1	0：没有到达目标设备路由。 1：与目标设备的通信被管理策略禁止。 2：未指定，预留。 3：目的 IP 地址不可达。 4：目的端口不可达	IPv6 节点转发报文时，如果发现目的地址不可达，就会向源节点发送 ICMPv6 目的不可达差错报文，同时转达引起该差错报文的具体原因
数据包过大差错报文	2	固定为 0	IPv6 节点转发报文时，如果报文长度超过出接口的链路 MTU，则向源节点发送 ICMPv6 数据包过大差错报文，同时携带出接口的链路 MTU 值。此报文为 PMTU 发现机制的基础
超时差错报文	3	0：在传输中超越了跳数限制。 1：分片重组超时	在 IPv6 报文收发过程中，设备收到 Hop Limit 字段值等于 0 的数据包或者将该字段值减为 0 时，会向源节点发送 ICMPv6 超时差错报文。对于分片重组报文的操作，如果超过定时时间，也会产生一个 ICMPv6 超时差错报文

报文类型	类型字段值	编码字段值	用途
参数差错报文	4	0：IPv6 基本报文头或扩展报文头某个字段错误。 1：IPv6 基本报文头或扩展报文头的 Next Header 值不可识别。 2：扩展报文头中出现未知选项	当目的节点收到 IPv6 报文时，会对其进行有效性检查，如果发现报文有问题，会向源节点回应一个 ICMPv6 参数错误的差错报文

ICMPv6消息报文提供诊断功能和附加的主机功能，比如组播侦听发现和ND。常见的ICMPv6消息报文主要包括回传请求（Echo Request）报文和回传应答（Echo Reply）报文，这两种报文也就是通常使用的ping报文。

- 回传请求报文：回传请求报文用于发送到目标节点，以使目标节点立即发回一个回传应答报文。回传请求报文的类型字段值为128，编码字段的值为0。
- 回传应答报文：当收到一个回传请求报文时，目标节点通过ICMPv6回传应答报文响应。回传应答报文的类型字段的值为129，编码字段的值为0。

2. NDP简介

NDP是IPv6体系中一个重要的基础协议，类似IPv4的ARP和IRDP（ICMP Router Discovery Protocol，ICMP路由器发现协议）功能。NDP主要功能包括地址解析、NUD（Neighbor Unreachable Detection，邻居不可达检测）、重复地址检测、路由器发现、重定向和ND代理等，均通过以下5种ICMPv6消息报文实现。

- RS（Router Solicitation，路由器请求）报文：类型字段值为133，编码字段值为0，主要用于路由器发现。主机接入网络后希望尽快获取网络前缀进行通信，因此通过RS报文向路由器发出请求，路由器则会以RA报文响应。
- RA（Router Advertisement，路由器通告）报文：类型字段值为134，编码字段值为0。路由器以组播方式周期性发布RA报文，携带网络前缀和其他标志位信息，向二层网络上的主机和设备报告自己的存在。
- 邻居请求（NS）报文：类型字段值为135，编码字段值为0。IPv6节点通过NS报文得到邻居的链路层地址，检查邻居是否可达，完成地址冲突检测。在地址解析中，NS报文类似IPv4中的ARP请求报文，在ICMPv6 NS中携带希望获取对应链路层地址的IPv6地址。
- NA（Neighbor Advertisement，邻居通告）报文：类型字段值为136，编

码字段值为0。NA报文是IPv6节点对NS报文的响应，同时IPv6节点在链路层变化时也可以主动发送NA报文。

- 重定向（Redirect）报文：类型字段值为137，编码字段值为0。报文中会携带重定向的路径下一跳地址和需要重定向转发的报文目的地址等信息。

通过这5种报文和NDP定义的各种功能的交互流程，可以实现以下关键能力。

（1）地址解析

在IPv4中，主机和目标主机通信必须先通过ARP获得其链路层地址。在IPv6中，NDP实现了从IP地址到链路层地址的解析功能，主要通过NS报文和NA报文实现。

IPv6地址解析的过程如图1-11所示。

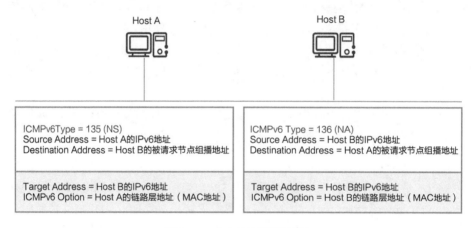

图 1-11　IPv6 地址解析的过程

Host A在向Host B发送报文之前必须先解析出其链路层地址，因此首先发送一个NS报文，报文的Source Address（源地址）字段为Host A的IPv6地址，Destination Address（目的地址）字段为Host B的被请求节点组播地址，ICMPv6 Option字段携带Host A的链路层地址。ICMP中携带需要解析的目标IP地址，即Host B的IPv6地址，表明Host A想要知道Host B的链路层地址。当Host B接收到NS报文之后，就会回应NA报文给Host A，完成地址解析。其中Source Address字段为Host B的IPv6地址，Target Address字段为Host B的IPv6地址，链路层地址使用对应的Host B的链路层地址，Host B的链路层地址被放在ICMPv6 Option字段中。

（2）邻居状态监测

通过邻居或到达邻居的通信可能因为各种原因而中断，包括硬件故障、接口卡的热插拔等，如果邻居故障未被及时发现，会影响所有经过该邻居的通信报文。因此链路中的每个节点均需要维护一张邻居表，记录每个邻居的实时状态，包括Incomplete（未完成）、Reachable（可达）、Stale（陈旧）、Delay（延迟）和Probe（探查）5种，状态之间可以迁移。邻居状态迁移示例如图1-12所示，其中Empty表示邻居表项为空。

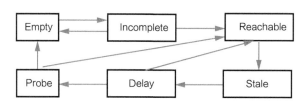

图 1-12　邻居状态迁移示例

下面以A、B两个邻居节点相互通信过程中A节点的邻居状态变化为例（假设A、B之前从未相互通信），说明邻居状态迁移的过程。

第一步：A先发送NS报文并生成缓存条目，此时邻居状态为Incomplete。

第二步：若B回复NA报文，则A的邻居状态由Incomplete变为Reachable。否则，固定时间后，A的邻居状态由Incomplete变为Empty，即删除表项。

第三步：A进入Reachable状态后，超过邻居可达时间，邻居状态由Reachable变为Stale，即未知邻居是否可达。同时，如果A在Reachable状态下收到B的非请求NA报文，且报文中携带的B的链路层地址与表项中的不同，则邻居状态马上变为Stale。

第四步：在Stale状态下，若A要向B发送数据，则需要重新发送NS报文，且邻居状态由Stale变为Delay。

第五步：经过一段固定时间后，A的邻居状态由Delay变为Probe，其间若收到NA报文，则邻居状态由Delay变为Reachable。

第六步：在Probe状态下，A每隔一定时间间隔发送单播NS报文，发送固定次数后，如有应答，则邻居状态变为Reachable，否则邻居状态变为Empty，即删除表项。

（3）重复地址检测

IPv6自动配置要求在使用地址之前进行重复地址检测，接口使用某个IPv6单播地址之前进行重复地址检测，可以探测是否有其他节点使用了该地址。分配给某个接口的IPv6单播地址在进行重复地址检测之前称为试验地址（Tentative Address），不能用于单播通信。节点获取试验地址后，向其对应的Solicited-Node组播组发送携带该地址的NS报文。如果收到其他站点回应的NA报文，证明该地址已被使用，节点不能通过其完成通信。如果经过规定时间和规定检测次数仍未收到NA报文，则证明该地址可以使用。

图1-13给出了重复地址检测示例。

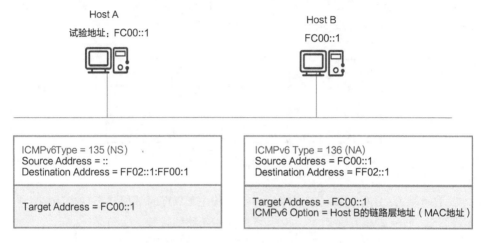

图1-13　重复地址检测示例

假设Host A的IPv6地址FC00::1为计划使用的地址，即Host A的试验地址。此时Host A会向其对应的Solicited-Node组播组发送一个以FC00::1为目的地址的NS报文进行重复地址检测。由于FC00::1并未正式指定，所以NS报文的源地址为未指定地址。当Host B收到该NS报文后，可能有以下两种情况。

- 如果Host B发现FC00::1是自身的一个试验地址，则放弃使用此地址作为接口地址，并且不会发送NA报文。
- 如果Host B发现FC00::1是自己已经正常使用的地址，则向所有节点组播组（即FF02::1）发送NA报文，携带FC00::1信息。Host A收到该报文后，发现自身试验地址重复，因此该试验地址不生效，被标识为Duplicated状态。

（4）路由器发现

图1-14给出了路由器发现示例。路由器发现主要用来寻找与本地链路相连的路由器设备，并获取与地址自动配置相关的前缀和其他配置参数。IPv6地址可以支持无状态的地址自动配置，即主机通过某种机制获取网络前缀信息，自动生成地址的接口标识部分。因此，路由器发现是IPv6地址自动配置功能的基础，主要通过RS和RA两种报文实现。

路由器发现功能主要应用于地址自动配置、默认路由器优先级及其路由信息发现两种场景。

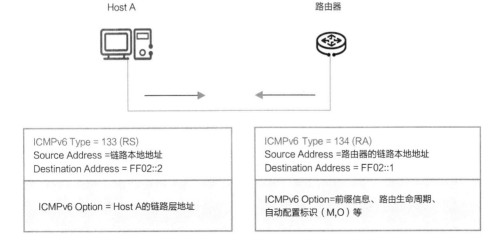

图 1-14　路由器发现示例

地址自动配置：通告 RS 和 RA 报文实现地址无状态自动配置。地址无状态自动配置首先自动生成链路本地地址，然后主机根据 RA 报文的前缀信息，自动配置全球单播地址，并获得其他相关信息。IPv6 主机无状态自动配置过程如下。

第一步：主机上线，根据接口标识生成链路本地地址。

第二步：主机发送 NS 报文，进行链路本地地址的重复地址检测。

第三步：如地址冲突，则停止自动配置，需要手动配置；如地址不冲突，链路本地地址生效，节点具备本地链路通信能力。

第四步：主机发送 RS 报文（或接收到设备定期发送的 RA 报文），目的地址为所有路由器组播组（FF02::2）。

第五步：路由器接收到 RS 报文立刻回应 RA 报文，或定期发送 RA 报文，目标地址为所有节点组播组（FF02::1）。RA 报文中通过 ICMPv6 Option 字段携带前缀信息、路由生命周期等信息。

第六步：主机根据 RA 报文中的前缀信息和本地接口标识生成 IPv6 地址。

默认路由器优先级及其路由信息发现：当主机所在的链路中存在多个路由器时，主机需要根据本地生成的路由表选择转发设备。

在 RA 报文中定义了默认路由优先级和路由信息两个字段。当主机收到包含路由信息的 RA 报文后，会学习相应的明细路由信息；当主机收到包含默认路由优先级信息的 RA 报文后，会添加本地的默认路由，并刷新对应路由器网关的优先级。当主机向其他设备发送报文时，通过查询路由表，选择合适的路由发送报文；当主机向其他设备发送报文时，如果没有明细路由可选，则选择本链路内优先级最高的默认路由，向所对应的路由器网关发送报文。

（5）路由重定向

当网关设备收到报文后，如果发现报文从其他网关设备转发可以获得更优的传输路径，则网关设备会发送重定向报文告知报文的发送者，让报文发送者选择传输路径更优的网关设备。网关设备收到报文后，只有同时满足如下条件才会向主机发送重定向报文。

- 报文的目的地址不是一个组播地址。
- 路由计算的下一跳接口与接收报文的接口相同。
- 报文的最佳下一跳IP地址和报文的源IP地址处于同一网段。
- 网关设备自身的邻居表项中有用报文源地址作为全球单播地址或链路本地地址的邻居。

图1-15给出了重定向示例。

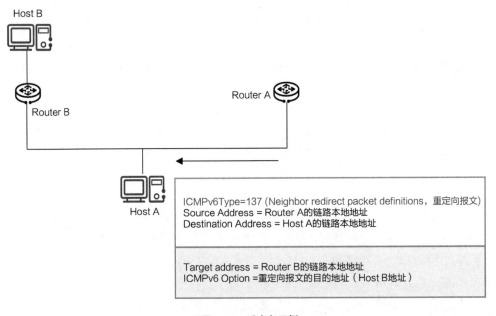

图 1-15　重定向示例

Host A的默认网关设备是Router A，因此要发送给Host B的报文也会被发送到Router A。当Router A发现Host A可以直接发送报文给Router B后，会向Host A发送重定向报文，其中Target Address（代表更好的下一跳）字段为Router B的链路本地地址，ICMPv6 Option字段中携带需要重定向报文的目的地址，即Host B地址。Host A接收到该重定向报文之后，会在默认路由表中添加一个主机路由，确保之后发往Host B的报文不再转发至Router A，而是直接发送给Router B。

1.2.4　IGP/BGP

与IPv4相同，IPv6同样借助内部网关协议（Interior Gateway Protocol，IGP）和边界网关协议（Border Gateway Protocol，BGP）两类动态路由协议完成自治系统（Autonomous System，AS）域内和域间路由传递。IPv6动态路由协议继承了IPv4 IGP和BGP的关键交互流程，仅在原有协议的基础上进行了IPv6扩展。下面重点介绍IPv6与IPv4动态路由协议的主要差异点，具体IGP/BGP方案设计则在与各类网络相关的章节中进行详述。

1.　IGP for IPv6简介

（1）IS-IS for IPv6

因为IS-IS（Intermediate System to Intermediate System，中间系统到中间系统）是基于数据链路层的协议，与IP地址无关，因此在邻接关系建立过程中不需要区分IPv4和IPv6地址。同时，IS-IS采用TLV（Type-Length-Value，类型长度值）格式进行编码，具有较好的扩展性，因此可通过新增TLV实现IPv6路由信息传递并计算相关路由。

在IETF的标准协议中，规定IS-IS需要支持IPv6路由的处理和计算，主要通过新增路由信息相关的两个TLV和一个NLPID（Network Layer Protocol Identifier，网络层协议标识）实现。其中新增的两个TLV如下。

- IPv6接口地址（IPv6 Interface Address）：类型值为232（0xE8），与IPv4中的同名TLV格式类似，只是将原来的32 bit的IPv4地址改为128 bit的IPv6地址。IPv6接口地址TLV主要在HELLO报文和LSP报文中进行扩展，其中HELLO报文携带接口的IPv6链路本地地址，用于进行邻接标识。而LSP报文的TLV扩展中则携带接口的IPv6全球单播地址，用于接口的路由信息传递。
- IPv6可达性（IPv6 Reachability）：类型值为236（0xEC），用于传递可到达的IPv6路由前缀信息，并携带该路由前缀的度量值和内外部路由标识、防环标志位等信息，用于IPv6路由计算。

NLPID用于通告邻居本地的IPv6支持能力。如果IS-IS支持IPv6，则向外发布IPv6 HELLO报文时需携带的NLPID值为142（0x8E）。

由于IS-IS主要在IPv4的原有协议中进行必要扩展以支持IPv6，绝大部分功能和交互仍继承原有协议，因此使用IS-IS作为IPv4 IGP的原有网络完全可以在该进程下直接使能IPv6能力，以支持IPv6路由传递。IS-IS还支持多拓扑（Multi-Topology，MT）等功能，可以为IPv6建立独立的路由表和拓扑环境。因此，在IPv6部署演进过程中，即使在同一个IGP进程下，也可以形成与IPv4

不同的独立拓扑信息，以防止采用原有IPv4拓扑时会将IPv6报文转发给未支持IPv6的部分节点，导致报文被丢弃。

（2）OSPFv3

OSPF是IETF制定的动态路由协议，基于IP层开发，因此IP地址对OSPF影响较大，支持IPv6需要采用独立的进程和路由协议。当前针对IPv4使用的是OSPFv2，针对IPv6使用OSPFv3，后者在前者基础上进行了增强，但仍然使用HELLO、DD（Database Description，数据库描述）、LSR（Link State Request，链路状态请求）、LSU（Link State Update，链路状态更新）和LSAck（Link State Acknowledgment，链路状态确认）5种类型报文，并将其封装在IPv6报文头内。同时，OSPFv3也继承了OSPFv2的报文交互流程、邻居状态机、LSDB（Link State Database，链路状态数据库）及路由计算方式等。

OSPFv3在OSPFv2基础上完成的优化如下。

- 使用IPv6链路本地地址：IPv6使用链路本地地址在同一链路上发现邻居并自动配置地址，目的地址为链路本地地址的IPv6报文只在同一链路上有效，不会通过设备进行转发。作为运行在IPv6上的路由协议，OSPFv3同样使用链路本地地址来维持邻居并同步LSA（Link State Announcement，链路状态公告）数据库，这样可以在不配置IPv6全局地址的情况下获得OSPFv3拓扑，实现拓扑与地址分离。同时，使用链路本地地址的报文在链路上泛洪不会传到其他链路上，减少了不必要的泛洪，节省带宽。

- 基于链路建立邻居：OSPFv3基于链路而不是网段建立邻居。因此，在配置OSPFv3时，不需要考虑接口地址是否配置在同一网段，只要在同一链路即可。

- 改变报文及LSA格式：OSPFv3的IP地址不再包含于Router LSA和Network LSA中，而是由新增的Link LSA和Intra Area Prefix LSA完成宣告。其中，Link LSA用于设备宣告各个链路上对应的链路本地地址及其所配置的IPv6全局地址，仅在链路内泛洪；Intra Area Prefix LSA用于向其他设备宣告本设备或本网络的IPv6全局地址信息，在区域内泛洪。另外，OSPFv3的Router ID、Area ID和LSA Link State ID虽然仍保留IPv4地址格式，但不再表示IP地址。广播、NBMA（Non-Broadcast Multiple Access，非广播多路访问）及P2MP（Point-to-Multipoint，点到多点）网络中邻居的标识仅借助Router ID完成，与IP地址无关。

- 添加LSA泛洪范围：OSPFv3的LSA报文中添加泛洪范围，使设备更加灵活，可以处理不能识别类型的LSA。其中，OSPFv2只能简单丢弃不能识别的报文，OSPFv3可以完成存储或泛洪处理；对于U比特置为1的未知LSA，OSPFv3允许泛洪，且范围由该LSA自己指定。例如，可识别某类LSA的设备Device A和Device B通过Device C连接，当Device A泛洪此类LSA时，Device C虽然不识别，但也可以泛洪给Device B，Device B收到后即可继续处理。

- 支持一个链路上多个进程：与OSPFv2中一个物理接口只能绑定一个实例不同，OSPFv3中的物理接口可以和多个实例绑定，并用不同的实例ID区分。运行在同一物理链路上的多个OSPFv3实例可以分别与链路对端设备建立邻居并发送报文，彼此之间互不干扰，实现了对链路资源的充分共享。

综上所述，IS-IS支持IPv6所需改造相对较小。如果现网已经部署IS-IS，则在现有进程中使能IPv6能力和IPv6拓扑即可。如果采用OSPFv3，则需要配置新的OSPFv3进程。

2. BGP4+简介

BGP是一种用于自治系统之间的动态路由协议。传统的BGP4只管理IPv4路由信息，为支持IPv6，RFC 4760和RFC 2545定义了增强BGP（即BGP4+），对NLRI（Network Layer Reachability Information，网络层可达信息）属性和Next_Hop属性进行扩展增强，增加了IPv6信息。

RFC 4760继承自1998年的RFC 2283，新增的MP_REACH_NLRI（Multi-Protocol Reachable NLRI，多协议可达网络层可达信息）和MP_UNREACH_NLRI（Multi-Protocol Unreachable NLRI，多协议不可达网络层可达信息）属性用于"发布"和"撤销"路由，这是实现BGP多协议扩展的关键。MP_REACH_NLRI用于发布对应协议的可达路由及下一跳信息，而MP_UNREACH_NLRI则用于撤销不可达路由。二者可承载IPv6、MPLS（Multi-Protocol Label Switching，多协议标签交换）和组播等协议内容，大大提升了BGP的多协议支持能力。

RFC 2545中定义了如何通过BGP的多协议扩展属性来实现IPv6域间路由。在链路中，通过IPv6或IPv4地址均可建立BGP邻居，二者均可传递IPv6可达信息。但通过Next_Hop属性实现下一跳信息学习时，需要采用IPv6全球单播地址或下一跳对应的链路本地地址。

BGP4+并未改变原有的消息和路由机制。参考BGP采用AF（Address Family，地址族）区分不同的网络层协议，BGP4+只需在对应的地址族视图下进行配置，即可实现IPv6扩展。BGP4+的规划设计与原有BGP的相同。

| 1.3   小结 |

　　本章主要回顾了IPv6的发展并总结其相较于IPv4的关键特征。自20世纪90年代问世以来，IPv6凭借其海量地址、简化报文头、灵活可扩展性、流量控制等优势得到了广泛认可，成为下一代互联网技术发展的必然选择。虽然IPv6前期发展并不顺利，部署范围相较于IPv4还有很大差距，但随着产业智能化的发展，各个国家和诸多企业均已认识到IPv6锐不可当的发展趋势及其至关重要的战略价值。近年来，IPv6迎来井喷式发展，企业IPv6改造也迫在眉睫。

　　本章还介绍了IPv6的地址架构改进及其基于IPv4演化而来的各项基础协议内容，包含邻居发现协议、控制消息协议和路由协议等，这些协议构成IPv6控制平面和转发平面的基石，可以快速构建基础IPv6网络，为后文的网络方案设计奠定基础。

第2章
"IPv6+"技术原理

第1章回顾了IPv6技术及其发展历史，业界普遍认为IPv6不是下一代互联网的全部，而是下一代互联网创新的起点和基石。随着数字化、信息化的持续演进，产业在持续迭代升级。5G、云网融合、产业互联等关键应用场景对承载层提出更高要求，包括带宽预留保障、时延传输控制、海量连接管控、网络状态感知及分布式网络智能等。因此，基于IPv6的海量地址、灵活扩展报文头等特性进行技术和协议创新的"IPv6+"技术体系应运而生。

| 2.1 "IPv6+"技术体系架构 |

"IPv6+"是IPv6下一代互联网的升级，是面向5G和云时代的IP网络创新体系。基于IPv6技术体系"再"完善、核心技术"再"创新、网络能力"再"提升、产业生态"再"升级。"IPv6+"创新体系的主要方向如下。

- 网络技术体系创新：SRv6、网络编程、网络切片、确定性转发、随流检测、新型组播、应用感知、无损网络等。
- 智能运维体系创新：网络实时健康感知、网络故障主动发现、故障快速识别、网络智能自愈、系统自动调优等。
- 网络商业模式创新：5GtoB、云间互联、用户上云、网安联动等。

"IPv6+"在超宽、广联接、安全、自动化、确定性和低时延这6个维度全面提升IPv6能力，如图2-1所示。

- 超宽：端到端400GE覆盖，从接入网、骨干网到数据中心网络，承载千亿连接和万物上云的数字洪流。
- 广联接：利用SRv6等技术，实现端到端流量调度、协议简化和网络可编程，保障多业务融合场景下的用户体验。

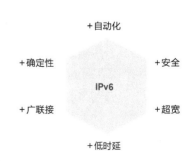

图2-1 "IPv6+"6个能力维度

- 安全："IPv6+"零信任提供最小访问权限，对所有访问进行认证和鉴权。基于"云网安"一体架构协同威胁处置，实现从小时级到分钟级的威胁遏制。
- 自动化：借助AI、IFIT、知识图谱等关键技术，网络故障恢复时间从小时级缩短到分钟级，并可实现异常智能预测。
- 确定性：切片技术提供高安全、高可靠、可预期的网络环境，将抖动从毫秒级下降到微秒级或纳秒级。无损网络技术实现数据中心零丢包，为IP网打造可预期的确定性体验。
- 低时延：依托SRv6低时延算路调优和网络切片转发资源保障能力，城域网和数据中心网络为时延敏感业务提供最低时延保障的高效数据转发通道。

"IPv6+"技术体系包括SRv6、BIERv6、网络切片、IFIT、APN6、SFC等关键技术。本章简要介绍这些技术，详情请参考华为其他相关图书。

| 2.2　SRv6 |

RFC 8402中定义的SR（Segment Routing，段路由）架构是基于源路由理念而设计的在网络上转发数据包的一种协议。SR将网络路径分段，并为这些段和网络中的转发节点分配段标识ID。通过对段和网络节点进行有序排列，就可以得到一条转发路径。SR提供了一种机制，允许将业务流约束在特定的拓扑路径，同时仅在SR域的入口节点维护逐流状态，具备与拓扑无关的快速收敛能力。

SR架构同时定义了SR-MPLS和SRv6两类实例。SR-MPLS直接应用MPLS架构的转发平面，采用MPLS标签作为分段编码，转发过程中每一段处理MPLS栈顶标签并弹出。SRv6则应用IPv6架构的转发平面，使用IPv6扩展报文头中的SRH即新型路由报文头，采用IPv6地址作为分段编码，即SRv6 SID（Segment ID，段ID），并将此分段编码的有序列表编排在路由头部，形成SR列表，逐段使用活跃的段路由进行转发。

因此，在SR被定义的第一天，SRv6就已经被定义为SR在IPv6平面的实例了。

2.2.1　SRv6 的基本概念

SRv6将代表转发路径的SRv6 SID有序编排在IPv6数据包扩展报文头形成

SRH，随数据包传输。每个接收节点收到数据包后，对SRH中活跃的SRv6 SID
进行解析处理：如果SID是本节点地址，则进行SRv6段路由转发；如果SID不
是本节点地址，则使用Native IPv6路由转发方式将数据包转发到下一跳。

　　SRv6报文由IPv6基本报文头（IPv6 Header）、SRH和载荷（Payload）组
成，其中IPv6基本报文头和SRH组成了SRv6报文头，如图2-2所示。

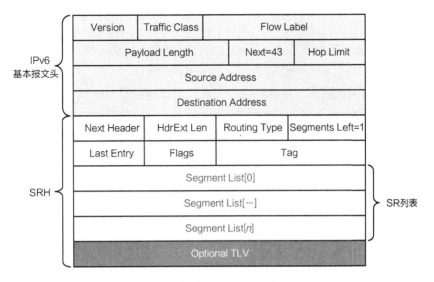

图 2-2　SRv6 报文头格式

　　IPv6基本报文头中的Next Header字段为43，表示下一个报文头是Routing
Header。SRH中关键字段的说明如表2-1所示。

表 2-1　SRH 中关键字段的说明

字段名	定义	备注
Routing Type	SRH 类型的路由报文头	值为 4
Segments Left	剩余的段数量	标识 SR 列表中的指针偏移，在每个段执行到自身段处理时，需要启用 SR 列表中的下一跳来执行，这时 Segments Left 值减 1
Last Entry	SR 列表中最后一个段的索引	判断是否携带 Optional TLV
Segment List[n]	SID 列表	采用对路径进行逆序排列的方式对 Segment List 进行编码：最后一个段在 Segment List 的第一个位置（Segment List[0]），第一个段在 Segment List 的最后位置（Segment List[n-1]）
Optional TLV	可选 TLV	在 RFC 8754 中定义了两种 TLV 类型：HMAC 和 padding TLV

SRv6继承了SR给网络带来的所有好处，如简化协议、简化网络（包括设计、部署、维护网络）、高可靠性、源路由技术等。同时，SRv6通过SRH扩展报文头还具备如下三级编程能力。

第一级编程能力是对业务路径进行编程，通过灵活的Segment SID序列来编排路径中经过的节点和链路。

第二级编程能力是每个SID内部的灵活分段，SRv6的每个SID可以分为3个部分。

- Locator表示到达该节点的路由信息，承担路由功能，所以在SRv6域内唯一，用于指引其他节点如何到达分配SID的节点。
- Function用于标识节点本地行为，是第二级编程能力的核心，可以用于标识设备的相关行为，比如标识节点的SID、标识链路的SID、标识VPN转发的SID、标识VAS（Value-Added Service，增值服务）的SID等。
- Args是可选的，用于对Function进行补充，标识节点的一些额外行为，比如与流或者与业务相关的行为。

这3个部分共同组成一个128 bit的SID，但每部分的长度可以单独定义和灵活分配。

第三级编程能力是SRH报文头中的Optional TLV可以携带前两级编程能力中所不能携带的特殊信息，例如APP ID、User ID、OAM（Operations, Administration and Maintenance，运行、管理与维护）信息等。

SRH的三级编程能力如图2-3所示。

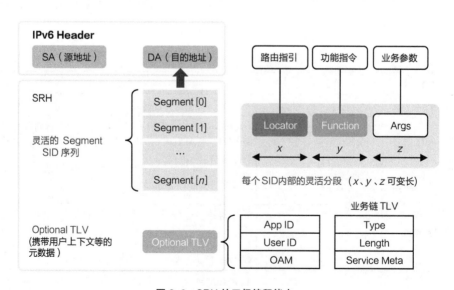

图2-3 SRH的三级编程能力

综上，SRv6具备更高的可扩展性、更多的应用结合能力、更强大的编程能力，是最适合IPv6网络和最先进的网络承载技术之一。

2.2.2 SRv6 的工作原理

SRv6承载技术主要分SRv6 BE和SRv6 Policy两大类。

1. SRv6 BE

SRv6 BE以IGP最短路径和BGP优选路由来指导流量转发，如图2-4所示。

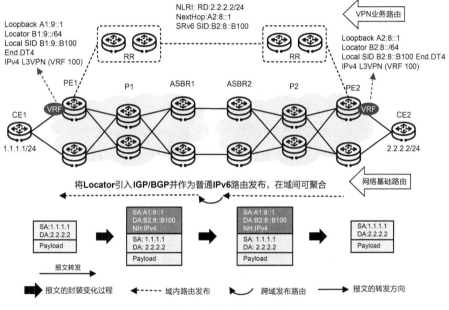

图2-4 SRv6 BE 工作原理

以SRv6 L3VPN为例，CE1和CE2需要通过SRv6 L3VPNv4通信，两端接入节点PE1和PE2上配置Locator和VPN实例VRF（Virtual Routing and Forwarding，虚拟路由转发）100。VPN实例指定使用SRv6 BE承载，在VPN中引用配置的Locator，节点自动分配End.DT4 SID（类似MPLS L3VPN的私网标签）。SRv6 BE工作原理的主要过程如下。

第一步：Locator路由发布。将Locator引入IGP/BGP，作为普通IPv6路由在IGP和BGP中向远端发布（在域间可聚合），网络中所有节点可以学到Locator路由，并下发到公网IPv6 FIB（Forwarding Information Base，转发信息库）中指导转发。此过程类似于MPLS L3VPN中的Loopback路由发布，区别是MPLS

L3VPN中的Loopback路由不能聚合，而SRv6 L3VPN中的Locator路由可以聚合。

第二步：VPN路由发布。PE2学习到CE2的路由2.2.2.2/24后，通过BGP发布给RR（Route Reflector，路由反射器），RR反射给PE1。路由下一跳为PE2 Loopback地址，并且携带PE2分配的End.DT4 SID。PE1收到该路由后，下发到VRF 100的VPN FIB中，将携带的End.DT4 SID作为下一跳。该过程类似MPLS L3VPN VPN路由发布过程，区别是发布过程中SRv6 L3VPN路由携带End.DT4 SID，MPLS L3VPN路由携带私网标签，收到VPN路由后，SRv6 L3VPN会将End.DT4 SID直接作为VPN路由下一跳，MPLS L3VPN会将Loopback接口地址作为下一跳。

第三步：流量转发。CE1向CE2发送的流量到达PE1后，PE1查找VRF 100的FIB，得到SRv6 SID，在报文外封装一层IPv6报文头，源地址为PE1节点的Loopback地址，目的地址为VPN FIB中的SRv6 SID。中间所有节点收到该报文后，当作普通的IPv6报文查找FIB进行转发。报文到达PE2后，PE2根据目的地址得知是本地分配的SID，且SID的含义是解封装查找VRF 100的FIB，则弹出最外层IPv6报文头，并根据VRF 100的FIB将报文发送给CE2。与MPLS L3VPN相比，SRv6 L3VPN需要封装IPv6报文头，查找IPv6 FIB进行转发，MPLS L3VPN需要封装MPLS标签栈，查找MPLS转发表进行转发。

2. SRv6 Policy

SRv6 Policy（即SRv6 TE使用 "Policy" 引导流量）在源节点将流量的转发路径作为分段列表（即SRH）编排在报文头中。网络节点基于SRH中各列表指示的路径转发，流量路径的计算通常由控制器完成。

SRv6 Policy模型如图2-5所示。一个Policy由headend、color、endpoint来标识。

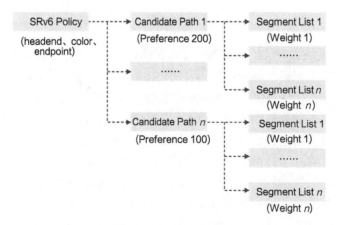

图 2-5　SRv6 Policy 模型

- headend是实施Policy的头节点，通过SR域内唯一的IPv4或者IPv6地址来标识。
- color是一个32 bit的数字，用来将Policy和业务意图（例如低时延）关联起来。
- endpoint类似于传统MPLS隧道模式的目的IP，表示Policy的目的地址，是一个域内唯一的IPv4或者IPv6地址。

在每个Policy中，可以有多个备选路径（Candidate Path），每个备选路径有各自的优先级（用来选出最佳且唯一的备选路径）。每个备选路径中会包含一个或者多个Segment List，代表特定的源路由路径，用于把流量从headend发送到对应SRv6 Policy的endpoint。每个Segment List会分配一个Weight值，用于流量在Segment List之间进行基于权重的负载均衡。

SRv6 Policy的工作原理如图2-6所示。

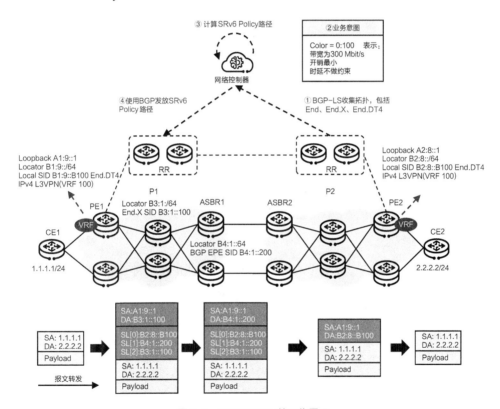

图2-6 SRv6 Policy 的工作原理

以SRv6 L3VPN为例，SRv6 Locator路由发布和VPN路由发布与SRv6 BE相同。SRv6 Policy与SRv6 BE的主要差异点在于控制器算路和转发报文封装。

SDN控制器进行路径计算包括如下几个步骤。

第一步：控制器通过BGP-LS（Border Gateway Protocol-Link State，BGP链

路状态）从路由器上收集拓扑和链路SLA等信息。

第二步：在控制器上指定路径约束条件，如带宽、时延等信息。

第三步：控制器根据路径约束条件计算路径<P1 End.X SID，ASBR1 EPE SID，PE2>。

第四步：控制器通过BGP将计算好的SRv6 Policy路径下发给PE1。

SRv6 Policy的流量转发过程如下。

第一步：PE1收到CE1发往CE2的报文后，查找VRF 100的VPN FIB，得到控制器下发的分段列表（Segment List），在报文外封装IPv6基本报文头和SRH。IPv6报文头的源地址为PE1节点的Loopback地址，目的地址为Segment List中的第一个段。

第二步：网络中间SRv6节点逐跳偏移SRH中的SID，并将当前活跃的SID写入DA，根据DA查表进行下一跳转发。

第三步：网络中不支持SRv6的节点根据DA进行普通的IPv6转发。

第四步：报文到达PE2后，PE2根据目的地址得知是本地分配的SID，且SID的含义是解封装查找VRF 100的FIB，则弹出最外层IPv6报文头，并根据VRF 100的FIB将报文发送给CE2。

通过以上过程可以看到，利用SRv6 Policy基于约束的路径计算，可以给业务提供时延、带宽、路径分离等定制化SLA要求的路径。

| 2.3   BIERv6 |

BIER（Bit Index Explicit Replication，位索引显式复制）是由RFC 8279定义的一种新型的组播报文转发架构。此架构对组播转发域中的接收者节点进行编码，并将所有接收者节点以位串（BitString）形式表达。发送者节点将标识了接收者节点的BitString封装在组播报文中转发出去，BIER节点根据组播报文中封装的BitString进行组播复制转发。

BIERv6在IPv6网络中采用BIER技术架构完成组播复制转发。相比传统的组播协议，BIERv6采用基础的IGP和单播路由转发机制，结合指示组播接收者的BitString完成组播报文复制转发，完全去MPLS化，单播和组播转发架构统一。BIERv6具有协议简化、适应大网、运维简化、可靠性高、业务体验好、利于编程等优点。

2.3.1   BIERv6 的基本概念

BIER协议在网络中涉及的主要角色/域如图2-7所示。

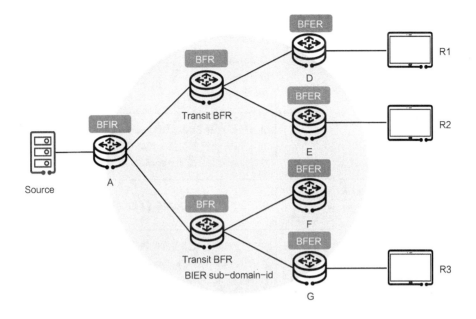

Source：组播源　　R1、R2、R3：接收者

图 2-7　BIER 协议在网络中涉及的主要角色 / 域示意

BIER协议涉及的角色/域以及BIER协议报文中的关键信息如表2-2所示。

表 2-2　**BIER** 协议涉及的角色 / 域以及 **BIER** 协议报文中的关键信息

角色 / 域	定义	关键功能
BFR	Bit-Forwarding Router，位转发路由器	支持 BIER 协议，转发 BIER 组播报文的路由器。 BFR 从角色上分为 3 类： • BFIR（Bit-Forwarding Ingress Router，位转发入口路由器）； • BFER（Bit-Forwarding Egress Router，位转发出口路由器）； • Transit BFR（Transit Bit-Forwarding Router，进行位转发的中间路由器）
BIER Domain	BIER 域	在 BIER 域中，BFR 运行 BIER 控制协议并对组播报文进行 BIER 转发
BIER sub-domain-id	BIER 子域，或者 BIER SD	一个 BIER 域至少包括一个子域，默认的 sub-domain 为 sub-domain 0。如果一个 BIER 域划分为多个子域，那么每个 BFR 必须明确自己所属的子域，这是 BIER 转发的基础。每个子域有其唯一标识 sub-domain-id，取值为 0 ～ 255 的整数

续表

角色 / 域	定义	关键功能
BFIR	位转发入口路由器	组播数据进入 BIER 域的节点,负责获取组播目的节点信息,并为组播报文封装 BIER 头部,发送到 BIER 域中
BFER	位转发出口路由器	组播数据离开 BIER 域的一个或多个节点。该节点接收 BIER 域内的组播报文,解析收到的组播报文 BIER 头,并进行下一步组播业务处理
Transit BFR	进行位转发的中间路由器	从一个 BFR 收到组播数据转发给其他 BFR 的节点
BFR-ID	BFR Identifier,BFR 标识	BIER 子域的边缘路由器所具有的标识。作为子域的边缘节点,BFIR 和 BFER 必须配置一个在子域内唯一的编号 BFR-ID,取值为 1 ~ 65 535 的整数。 Transit BFR 节点无须分配 BFR-ID,因此其 BFR-ID 为 0,0 表示无效。例如,在一个有 256 台以内的边缘 BFR 的网络中,BFR-ID 取值范围为 1 ~ 256
BitString	比特串	在 BIER 转发过程中,BFIR 需明确要将组播报文发往哪些 BFER 节点。在一个子域中,组播报文发往的 BFER 集合用一个 BitString 来表示,BitString 中的每个比特所在的位置或索引表示一个边缘节点的 BFR-ID。 BFIR 将此 BitString 封装在组播报文的 BIER 头中,BFR 根据此 BitString 来复制报文,最终送到子域中的 BFER 节点
BSL	BitStringLength,比特串长度	表示 BitString 中的比特数量,也是 BIER 报文最多可以发送的目的 BFER 节点数量
Set	集合	在某些网络场景下,一个子域中的 BFER 数量可能超过 BitStringLength 值表示的数量,为适应这种场景,将 BFER 划分成多个集合,每个集合有自己的编号,为 SI(Set Identifier,集合标识)。 由于 BIER 转发是根据 BitString 来指示和复制转发的,因此一个组播报文可以发给多少个 BFER 是受 BitString 的长度限制的,在 BIER 头中采用 BitStringLength 来表示 BitString 中的比特数量。 BIER 组播复制转发时为不同的集合分别转发报文。因此在 BIER 转发过程中,BitString 和 SI 共同确定组播发往哪些 BFER

续表

角色 / 域	定义	关键功能
BFR-prefix	BFR 前缀	BFR 的 IP 地址（IPv4 或者 IPv6 地址均可）。通过此地址完成 IGP 路由互通，指导 BIER 转发路径。BFR-prefix 与 BFR-ID 对应，通常采用 Loopback 地址作为 BFR-prefix
BIFT-ID	Bit Index Forwarding Table Identifier，BIER 转发过程中的查表索引	每个 BIFT-ID 与一个特定的 SD、BSL 和 SI 相对应。根据 BIFT-ID 可查询到符合某个 SD、BSL 和 SI 组合的 BIFT，并以此指导 BIER 转发。在 MPLS 转发架构下为 MPLS 标签

BIERv6即在IPv6网络中进行BIER组播复制转发的技术。BIERv6报文由IPv6基本报文头、DOH和多播载荷（Multicast Payload）组成。BIER信息封装在IPv6 DOH中。IPv6网络中BIERv6报文的封装格式如图2-8所示。

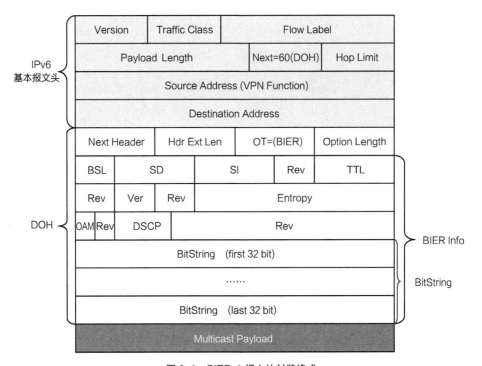

图 2-8　BIERv6 报文的封装格式

IPv6基本报文头中的Next Header字段值为60，表示下一个报文头是DOH，DOH中的关键字段有BSL、SD、SI、BitString等。

2.3.2 BIERv6 的工作原理

BIERv6组播报文依据其封装的BIER头部BitString进行复制转发，其BitString转发的逻辑如图2-9所示。

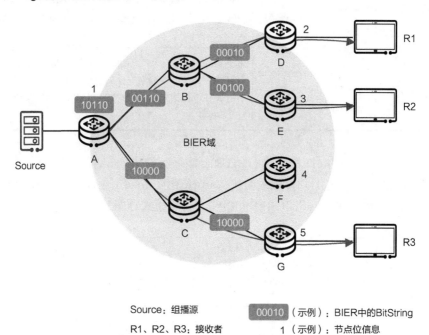

Source：组播源　　　　　　　00010（示例）：BIER中的BitString
R1、R2、R3：接收者　　　　　1（示例）：节点位信息

图 2-9　BIER 转发的逻辑

BFR在BitString中的比特序号即该BFR的BFR-ID，比特从低位序号1开始到高位序号顺序排序。BIER域中每个边缘节点的BFR-ID在BitString中对应1个独立的比特。

- 边缘节点A：BFR-ID为1，对应的比特置为00001。
- 边缘节点D：BFR-ID为2，对应的比特置为00010。
- 边缘节点E：BFR-ID为3，对应的比特置为00100。
- 边缘节点F：BFR-ID为4，对应的比特置为01000。
- 边缘节点G：BFR-ID为5，对应的比特置为10000。

中间节点B、C不需要分配BFR-ID，在BIER转发过程中，接收BIER组播流的边缘节点BFR所对应的比特组成BIER报文的BitString。

本域中连接组播源的A为BFIR，D、E、G为某组播流的BFER。BFIR发往BFER的组播报文携带的BitString为10110，根据BitString中置1的比特指示，来复制组播报文到BFER。实际转发中的BitString长度需要根据网络规模和SI划分确定。

BIERv6可承载公网和MVPN组播业务，报文IPv6源地址中的Src.DTX信息标识具体的组播VPN信息，也可以选用某个特定值来表示公网组播，GTM（Global Table Multicast，公网组播）业务相当于一种特殊的MVPN业务。BIERv6报文转发如图2-10所示。

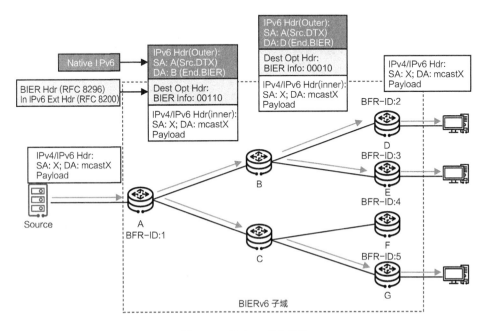

图 2-10　BIERv6 报文转发

BIERv6报文转发的流程如下。

第一步：BFIR节点（图2-10中的A）封装IPv6报文头。源地址携带Src.DTX，标识MVPN；目的地址为下一跳BFR的End.BIER地址，标识了此节点要对报文做BIER转发处理。同时将BIER信息封装在IPv6扩展报文头中。

第二步：Transit BFR节点（图2-10中的B和C）收到BIERv6报文后，检查DIP为本机End.BIER，则查找BIFT，根据BIER头中的BitString标识进行BIER转发复制。

第三步：如果中间节点为非BIERv6节点，则直接按普通IPv6报文查路由表转发。

第四步：BFER节点（图2-10中的D、E和G）收到BIERv6报文后，解析IPv6扩展地址中的BIER信息，获取IPv6源地址中的Src.DTX信息以确定组播MVPN，根据MVPN转发给私网组播用户。

|2.4 网络切片|

网络切片是指在一张物理网络上切分出多张有特定功能、拓扑、资源的虚拟网络。该技术可满足不同租户的业务功能需求,并提供SLA保障。例如,在同一张物理网络上,为智能手机上网、自动驾驶、海量IoT业务分别划分不同的网络切片来承载。不同网络切片在整个业务的生命周期中可以做到互不影响,实现资源隔离、业务隔离和运维隔离,相当于在一张物理网络基础上提供多张专网的承载能力。

2.4.1 网络切片的基本概念

"VPN+"(Enhanced Virtual Private Network,增强型虚拟专用网络)架构文稿(draft-ietf-teas-enhanced-vpn)定义了"VPN+"方案的整体架构,将网络切片实现技术划分为3层,即网络基础设施层、网络切片实例层、网络切片管理层,如图2-11所示。

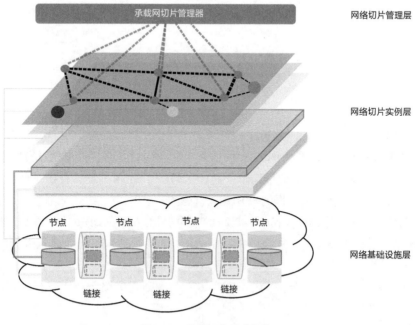

图 2-11 "VPN+"方案架构

网络基础设施层采用不同的切分技术对物理网络进行资源切分。切分技术包括采用不同的物理接口、逻辑接口,如FlexE接口和信道化子接口;独立转发队列，如灵活子通道以及软切片技术QoS队列等。下面简要介绍FlexE接口、信道化子接口和灵活子通道技术。

- FlexE（Flexible Ethernet，灵活以太网）接口通过FlexE Shim对物理资源按照TDM（Time Division Multiplexing，时分多路复用）时隙池化。FlexE接口技术在大管道物理接口上通过FlexE的TDM时隙划分出若干个子通道端口，从而实现对接口速率的灵活配置和对接口资源的精细化管理。各个资源按照TDM时隙划分，满足资源独享与隔离诉求。在设备内部也严格按照物理接口的属性分配物理资源，每个FlexE接口都拥有独立的转发队列和缓冲器（Buffer），具有传统以太网端口的特征。各FlexE接口有严格的带宽保障和极小的时延干扰。
- 信道化子接口技术在普通子接口模型的基础上结合硬管道技术，实现带宽的严格隔离。根据业务的SLA要求，为每个业务分配相应的硬件缓存资源，相当于在设备中为每个业务划分车道：业务车道之间是实线，业务流量传输过程中不能并线换车道；业务车道之内是虚线，采用QoS技术进行缓存调度。缓存资源的独占使得各个业务在设备内可以严格隔离，有效避免流量突发时各业务争抢缓存资源，导致业务SLA劣化。
- 灵活子通道（Flex-Channel）是指基于HQoS机制为切片业务分配独立的SQ队列和带宽资源。灵活子通道之间带宽严格隔离，通过在接口或子接口下为网络切片配置独立的带宽预留子通道，实现带宽的灵活分配。灵活子通道使得每个网络切片独占带宽和调度树，为切片业务提供资源预留。与信道化子接口相比，灵活子通道没有子接口模型，配置方面更为简单，更适用于按需快速创建网络切片的场景。

网络切片实例层由上层（Overlay）的虚拟业务网络与下层（Underlay）的虚拟承载网组成。该层的主要功能是在物理网络中生成不同的逻辑网络切片实例，提供按需定制的逻辑拓扑连接，并将切片的逻辑拓扑与网络资源整合在一起，构成满足特定业务需求的网络切片。

VTN（Virtual Transport Network，虚拟传送网）提供网络切片内业务的逻辑连接，以及不同网络切片之间的业务隔离，即VPN功能。同时，虚拟承载网提供用于满足切片业务连接所需的定制网络拓扑，以及满足切片业务的QoS要求所需的独享或部分共享的网络资源。因此，网络切片实例是在VPN业务的基础上增加了与底层VTN之间的集成。

虚拟承载网包括数据平面和控制平面。

- 数据平面在数据业务报文中携带网络切片的标识信息，指导不同网络切片的报文按照该网络切片定义的拓扑、资源等约束进行转发处理。数据平面需要提供一种通用抽象的标识,从而能够与网络基础设施层的具体实现技术解耦。

- 控制平面定义和收集不同网络切片的逻辑拓扑、资源属性、状态信息,从而为生成不同网络切片独立的切片视图提供基础信息。控制平面还需要为不同网络切片提供路由计算和业务路径发放等功能,从而支持将不同的切片业务按需映射到对应的虚拟承载网实例。

网络切片管理层主要提供网络切片的生命周期管理功能,具体包括网络切片的规划、创建,业务部署、业务监控、切片调整和SLA保障等。IP网络切片自动化目标架构如图2-12所示。

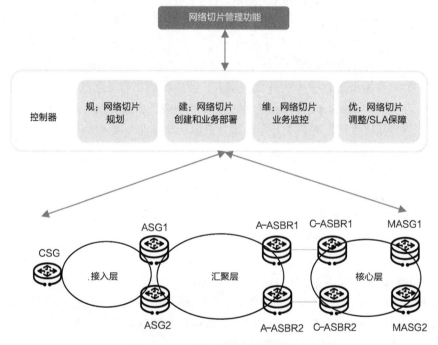

图2-12 IP网络切片自动化目标架构

网络切片管理层主要实现以下功能。

- 网络切片规划:完成网络切片的物理链路、转发资源、业务VPN和隧道规划,指导网络切片的配置和参数设置;可提供多种切片规划方案,如全网按照固定带宽切片或基于业务模型和SLA诉求自动计算切片拓扑以及资源。
- 网络切片创建:根据规划出来的拓扑和资源需求,自动创建FlexE或者信道化子接口,并且进行基础配置(如网络切片带宽、标识、Locator、IP地址等)下发。

- 网络切片业务部署：完成切片实例部署。控制器部署业务和隧道时，选择指定基于具体网络切片部署，实现将VPN流量导入网络切片。
- 网络切片业务监控：控制器通过IFIT技术监测网络切片业务的时延、丢包等指标，通过Telemetry等技术采集切片流量、切片链路状态、丢包、业务质量等信息，来展现网络切片状态。
- 网络切片调整/SLA保障：控制器对网络资源集中管理，可基于带宽和时延调优；同时结合AI预测流量，给出切片的扩缩容建议，实时调整网络切片资源，在网络切片性能和网络成本之间寻求最佳平衡。

2.4.2　网络切片的工作原理

在基于SRv6的网络中，有基于控制平面的网络切片和基于数据平面编程的网络切片两种模式。

1. 基于控制平面的网络切片

基于控制平面的网络切片将物理网络分解成多个网络切片平面，各网络切片独立部署SRv6 Locator及对应的SID。各网络切片内通过对SID进行编程及组合，约束业务在特定的切片拓扑内使用，对切片预留的资源进行转发，如图2-13所示。

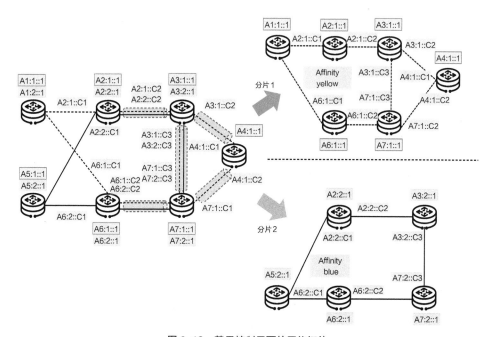

图 2-13　基于控制平面的网络切片

基于控制平面的网络切片可以采用MTR（Multi-Topology Routing，多拓扑路由）、Flex-Algo（Flexible Algorithm，灵活算法）技术，将网络切片的拓扑、资源等属性发布给各网络节点，使各网络节点可以感知切片的拓扑和资源信息，从而实现基于切片的SRv6 BE（Best Effort，尽力而为）或SRv6 Policy路径转发。

- 多拓扑路由网络切片：在IETF已发布的一系列IGP扩展标准（如RFC 4915、RFC 5120等）中定义，用于在一张物理网络中划分出不同的逻辑拓扑。每个逻辑拓扑可以作为独立的逻辑网络，因此对每个逻辑拓扑的各种属性都可以实现定制化和差异化，并且对每个逻辑拓扑独立进行路由计算，生成路由表，如图2-14所示。

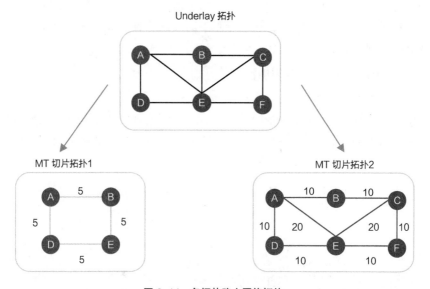

图 2-14　多拓扑路由网络切片

- Flex-Algo网络切片：目前IETF正制定的一种路由协议扩展（即draft-ietf-lsr-flex-algo），允许运营商自行定义路由计算的规则和约束条件。该技术让一组网络设备能够基于特定的约束条件在网络中计算出一致的路径，满足特定的业务需求。

如图2-15所示，图中定义了两个Flex-Algo，分别为Flex-Algo 128和Flex-Algo 129。Flex-Algo 128定义的算路规则为基于最小IGP cost算路，拓扑约束为只包含虚线所示的链路。Flex-Algo 129定义的算路规则为按照时延最短算路，拓扑约束为只包含灰实线所示的链路。基于不同的Flex-Algo计算得到的路径，可以用于满足网络中不同的业务需求。

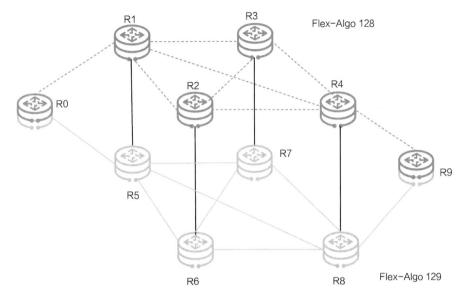

图 2-15 Flex-Algo 网络切片

然而，在基于控制平面的网络切片模式下，网络切片的规模与IGP规模强相关，通常按业务SLA大类进行切片，很难为多种业务提供不同的切片。

2. 基于数据平面编程的网络切片

基于数据平面编程的网络切片将物理网络分解成多个网络切片平面，各网络切片共用一套SRv6 Locator和IGP。IPv6报文在HBH（Hop By Hop，逐跳）扩展报文头中携带全局网络切片标识SliceID，报文转发时通过携带的SliceID与网络划分的资源映射，约束业务在特定的切片内转发。此时需要网络各中间节点均能识别IPv6报文的HBH扩展报文头并进行相关处理。在IPv6网络中，网络切片标识在IPv6报文中的封装格式如图2-16所示。由于网络使用一套SRv6 Locator和IGP及IPv6地址，网络拓扑简单，可以支持海量网络切片，使能多种业务的网络切片应用。

通过引入全局网络切片标识SliceID，控制平面将网络切片中的VPN业务和SRv6 Policy与网络切片标识进行映射。网络中的转发节点根据SliceID确定报文所属的网络切片，从而约束能够使用该网络切片资源的报文，保证切片内业务的QoS，如图2-17所示。

在实际部署时，需要结合企业的运营方式、业务类型和企业对网络的隔离管理要求等选择不同的网络切片方案。

从企业使用网络资源、保障业务确定性的角度，可以根据业务大类划分独立的切片，如办公业务切片、视频业务切片和生产业务切片等。

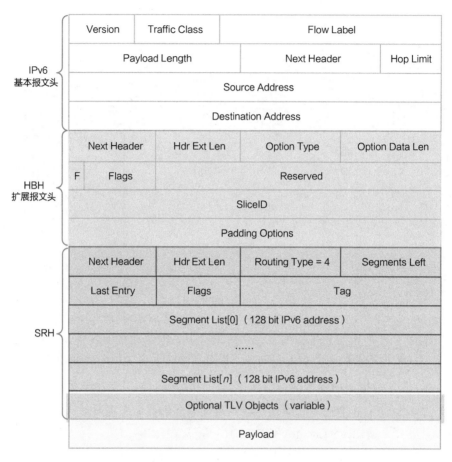

图 2-16　网络切片标识在 IPv6 报文中的封装格式

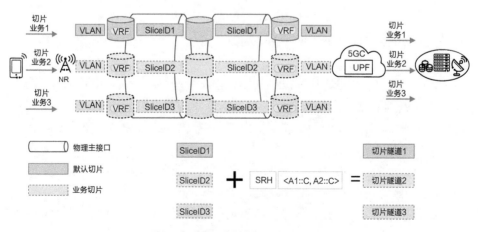

图 2-17　基于数据平面编程的网络切片

从业务特征和对网络承载要求来看，可以按如下方式划分网络切片。

对于有带宽保障诉求的业务，如视频会议、重保业务等，采用FlexE接口、信道化子接口和灵活子通道等进行接口带宽资源隔离，使用基于SliceID的网络切片叠加SRv6 BE或者SRv6 Policy隧道来承载。

对于时延敏感、可靠性高、有时延和带宽保障诉求的业务，如工业生产业务，采用FlexE接口或信道化子接口进行接口带宽资源隔离和抖动控制，使用基于SliceID的网络切片叠加基于时延的SRv6 Policy隧道来承载，或者使用基于Flex-Algo的低时延切片叠加SRv6 BE来承载。

对于更细粒度和更具体的业务，可以结合业务的路径规划，灵活按需切片，与整网的切换预规划结合，形成网络的千级切片能力。以上方案和原则要综合考虑，最终取得网络资源复用和隔离的平衡。

| 2.5 IFIT |

IFIT是一种通过对网络真实业务流进行特征标记，以直接检测网络的时延、丢包、抖动等性能指标的检测技术。随着移动承载、专网专线以及云网架构的快速发展，承载网面临着超大带宽、海量连接、高可靠、低时延等新需求与新挑战。IFIT通过在真实业务报文中插入IFIT报文头进行性能检测，并采用Telemetry技术实时上传检测数据，最终通过控制器可视化界面直观地向用户呈现逐包或者逐流的性能指标。IFIT可以显著提高网络运维及性能监控的及时性和有效性，保障SLA，为实现智能运维打下坚实基础。

2.5.1 IFIT 的基本概念

IFIT通过在实际业务流中插入IFIT报文头来进行检测，IFIT报文头主要包括以下内容。

- FII（Flow Instruction Indicator，流指令标识）：检测引导头，标识IFIT报文头的开端并定义IFIT报文头的整体长度。
- FIH（Flow Instruction Header，流指令头）：唯一地标识一条业务流，其中的L和D字段提供对报文进行基于交替染色的丢包和时延统计能力。
- FIEH（Flow Instruction Extension Header，流指令扩展报文头）：F字段

通过E字段定义端到端或逐跳的统计模式，通过F字段控制对业务流进行单向或双向检测。此外，还可以支持逐包检测、乱序检测等扩展功能。

IFIT报文头里的关键字段如下。

- Flow ID/Flow ID Ext：全网唯一标识一条业务流。其中，Flow ID标识每个设备唯一，Flow ID Ext标识设备内每条流唯一。
- L Flag：丢包染色标记。
- D Flag：时延染色标记。
- E：逐跳或E2E（End to End，端到端）模式，当E = 1时，为E2E模式。

在IFIT for SRv6/IPv6场景中，IFIT报文头可以封装在SRH中，也可以封装在IPv6报文的HBH扩展报文头中。以封装在SRH中为例，IFIT报文头格式如图2-18所示。

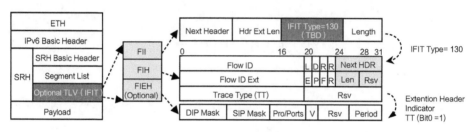

图 2-18　IFIT 报文头格式

2.5.2　IFIT 的工作原理

IFIT可以从VPN、五元组、DSCP（Differentiated Services Code Point，区分服务码点）等不同流量维度检测实际业务流量的时延、丢包、抖动等性能指标。检测模式分为E2E检测模式和逐跳检测模式，E2E检测模式用于发现业务是否受损，逐跳检测模式用于进一步界定引发业务受损的故障位置。

1．IFIT对象

IFIT面向的检测对象为业务流。业务流可以根据业务特征信息灵活定义，通过多种方式进行识别。对于二层业务，可识别的特征信息包括MAC地址、VPN+远端Locator或者整个隧道内的业务；对于三层业务，可识别的特征信息包括五元组、DSCP、VPN+远端Locator或者整个隧道内的业务。业务流的识别在PE设备入口完成。同时也可以基于业务流合集（如源地址、目的地址为某个网段的地址）进行检测。常用的检测对象及粒度如下。

- IP 五元组/IP聚合流（IPv4、IPv6）：通过IP五元组匹配实现具体流或者聚合流的检测。
- IP+DSCP（IPv4、IPv6）：用于识别高优先级流质量，无须区分具体应用。
- VPN点到点（VPN+远端Locator）：识别关键VPN业务质量，如核心生产业务在部署时已通过VPN隔离，可检测整个VPN的业务流。
- 隧道：基于隧道进行流检测，无须区分隧道内的业务。

业务特征识别只在头节点进行，头节点将业务特征信息映射为一个流标识Flow ID并携带在扩展报文头中。Flow ID通过管控平面统一分配保证检测域内全局唯一。

2. IFIT模式

IFIT模式有E2E检测、逐跳检测两种模式，下面将分别介绍。

（1）E2E检测模式

E2E检测模式主要用来实时检测业务端到端的质量，发现是否存在业务SLA受损。

如图2-19所示，E2E检测模式涉及如下3类节点。

- Ingress：接入侧基于设定的策略（例如IP五元组）识别检测流，封装IFIT E2E检测头，生成唯一的Flow ID，并对检测头进行周期染色。
- Transit：中间节点不进行IFIT统计处理。
- Egress：尾节点，基于IFIT中的Flow ID、染色标记进行统计、时间戳记录。

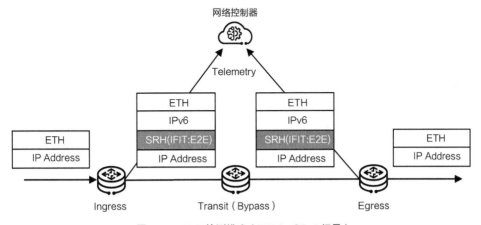

图 2-19　E2E 检测模式（IFIT for SRv6 场景）

Ingress、Egress节点分别将采集数据上报网络控制器，网络控制器将获得的上报数据进行对比，判断业务流的时延和丢包情况，并及时在界面呈现。

企业"IPv6+"网络规划设计与演进

Ingress、Egress节点部署1588v2/G8275.1协议用于丢包/时延检测；如果只进行丢包检测，可只部署NTP（Network Time Protocol，网络时间协议）。

（2）逐跳检测模式

逐跳检测指在报文每跳转发进行IFIT处理，该模式主要用于故障界定，即精准发现引起SLA受损的故障源，如节点或链路。如图2-20所示，Transit节点基于IFIT报文头中的Flow ID、染色标记，进行丢包统计、时间戳记录。逐跳检测中各节点的检测处理与E2E检测模式下头尾节点的检测处理类似，主要区别在于IFIT报文头中封装的检测模式为逐跳（Trace）模式。

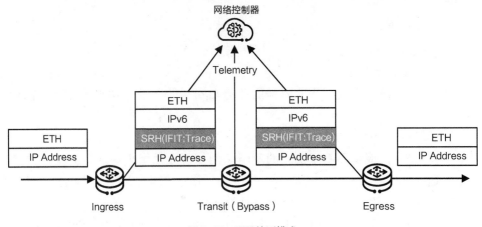

图 2-20　逐跳检测模式

3. IFIT原理

IFIT主要包含丢包检测和时延检测。

（1）丢包检测

在某一个测量周期内，业务隧道头端对报文进行染色，收到报文的设备统计染色周期内的报文数量和字节数等信息，通过比对不同设备在同一染色周期内收到的报文数量，得到端到端或逐跳丢包结果。丢包检测依赖周期统计，需要毫秒级时间同步，因此要求全网至少部署NTP进行时间同步。

（2）时延检测

在某一个测量周期内，业务隧道头端选择一个报文记录其时间戳和周期号，收到报文的设备记录此时间戳和周期号及本地时间戳，通过比对不同设备在同一染色周期的时间戳差异，得到端到端或逐跳时延。如果单向时延检测需要纳秒级时间同步，建议部署1588v2协议。

| 2.6　APN6 |

APN 为应用感知网络，即可以基于应用的 SLA 要求选择对应的网络承载能力。当数据平面为 IPv6 时，称为 APN6。APN6 主要通过 IPv6 扩展报文头携带业务报文的应用特征信息（包括应用标识信息及其对网络性能的要求）进入网络，使得网络能更加快速有效地感知到应用及其需求，从而提供精细化的网络资源调度和 SLA 保障，更好地为应用提供服务。APN6 直接利用 IPv6 报文封装实现应用信息携带，更加简单，且可利用 IPv6 报文的丰富编程空间扩展应用场景。同时，应用与网络可以无缝融合，网络兼容性好。APN 通过网络转发平面的映射关系实现应用流级的网络服务，响应速度快。相比于传统的 ACL（Access Control List，访问控制列表）五元组、DPI（Deep Packet Inspection，深度包检测）、AI 识别来说，APN6 部署更简单、识别更准确。同时，APN6 没有 DPI 和 AI 解析应用流带来的安全隐私问题以及额外的硬件成本、性能消耗等，是未来 "IPv6+" 进一步丰富应用的关键能力。

2.6.1　APN6 的基本概念

APN6 具有如下 3 个关键要素，如图 2-21 所示。
- 开放的应用特征信息携带：APN6 通过 IPv6 携带应用特征信息，包括应用标识符（APN ID）及其对网络性能（如带宽、时延、抖动、丢包率等）的要求。这些应用特征信息根据需求可以进一步扩展。应用可以根据需要选择是否携带 APN 信息。

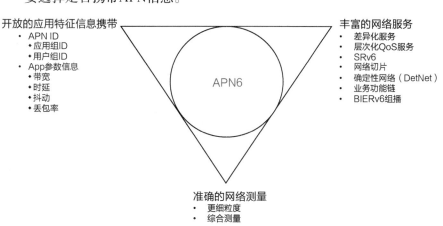

图 2-21　APN6 的关键要素

- 丰富的网络服务：应用携带细粒度的应用特征信息要求网络侧提供丰富的服务，实现应用级的精细化服务和运营。网络服务包括差异化服务、层次化QoS服务、SRv6、网络切片、确定性网络（DetNet）、业务功能链、BIERv6组播等新的服务，这些承载能力与应用信息匹配，提供更细粒度的服务。
- 准确的网络测量：测量网络性能并更新网络服务来匹配应用，以更好地满足细粒度的SLA要求。

APN信息可以由端侧或者服务器封装，也可以由网络边缘设备封装。APN信息封装在IPv6扩展报文头中，网络边缘设备识别APN信息，根据APN信息映射到对应的网络承载隧道或者网络切片，实现E2E APN6识别处理。此外，网络转发的中间设备也可以进行APN识别处理，根据APN信息映射到对应的业务功能或者转发处理，比如业务链场景下，每个业务链的功能点SF（Service Function，业务功能）均可根据APN信息进行对应功能处理。

APN信息结构如图2-22所示。

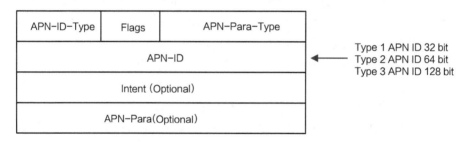

图 2-22　APN 信息结构

APN信息结构中关键字段的说明如表2-3所示。

表 2-3　**APN** 信息结构中关键字段的说明

字段名	长度	含义
APN-ID-Type	8 bit	标识 APN ID 类型
Flags	8 bit	预留未来使用
APN-Para-Type	16 bit	用来为 APN ID 指明使用哪些参数,采用 bitmap（位映射）形式。每个节点数据元素中数据字段的打包顺序遵循 APN-Para-Type 字段的比特顺序。 •bit 0（最高有效位）置 1，表示带宽需求。 •bit 1 置 1，表示时延需求。 •bit 2 置 1，表示抖动需求。 •bit 3 置 1，表示丢包率需求

续表

字段名	长度	含义
APN-ID	32 bit、64 bit、128 bit	APN 标识，根据不同场景对 APN ID 分类和数量的需求不同，可选择不同类型的 APN ID。 •Type 1 表示 APN ID 长度为 32 bit，可用于用户和应用类别比较少的场景。 •Type 2 表示 APN ID 长度为 64 bit，可用于用户和应用类别比较多的场景。 •Type 3 表示 APN ID 长度为 128 bit，可用于用户和应用类别规模很大的场景
Intent	32 bit	表示对网络的一组服务需求
APN-Para	—	包含 APN 参数的变量字段。 APN 参数的存在由 APN-Para-Type 指示，如 APN-Para-Type 中标识带宽的 bit 0 置 1，则 APN-Para 表示业务流要求的最小带宽；如 APN-Para-Type 中标识时延的 bit 1 置 1，则 APN-Para 表示业务流要求的最大时延

APN ID 划分为 3 个部分，3 个部分的长度可配置，且在一个转发域中保持一致，如图 2-23 所示。其中，APN-Group-ID，即 Application Group ID，表示应用组 ID；User-Group-ID，即 User Group ID，表示用户组 ID；Reserved 为预留字段。

图 2-23 APN ID 的组成

2.6.2 APN6 的工作原理

APN6 根据应用携带的 APN 信息选择网络服务。应用携带的 APN 信息被沿途的 IPv6 节点处理，如果 APN 的网络服务选择一条符合应用 SLA 要求的 SRv6 Policy 隧道，则在 SRv6 头节点对 APN 进行处理，将应用流引导进入此隧道；如果 APN 的网络服务是选择一条符合业务诉求的业务链，则在业务链头节点对 APN 进行处理，将应用流引导进入此业务链，实现应用级业务链编排。应用直接标记 APN 信息，操作简单，但需要广泛升级主机操作系统和应用，同时需要防范终端引入的安全风险。另一种方式是通过网络边缘设备识别流并封装对应的APN信息，该方式无须升级终端和应用，有一定的终端引入安全抵御能力，然而网络设备需要具备流识别处理能力。

APN与业务链结合，实现应用级业务链编排的工作原理如图2-24所示。

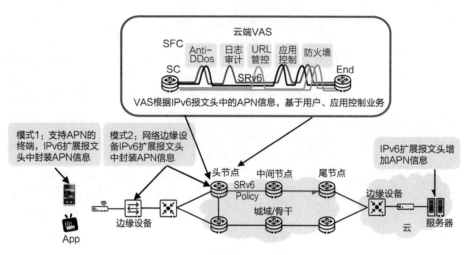

图2-24　APN6 工作原理

图2-24中模式1为应用端封装APN信息，模式2为网络边缘设备封装APN信息。服务器端若具有APN识别封装能力，则可以在服务器端封装APN信息，否则可以外移到网络边缘封装APN信息。

网络承载隧道或者业务链的头节点识别流中的APN信息，根据APN中携带的SLA业务需求选择SRv6 Policy隧道。另外，也可以选择对应的业务链或者触发创建对应的业务链进行VAS处理。

网络中间节点根据自己的角色决定是否进行APN识别处理：如果是SRv6 Policy隧道的中间节点，则只进行SRv6转发，不进行APN处理；如果是业务链中的VAS节点，则进行APN处理。

服务器端与App端相对应，可以对特定的应用流进行APN封装处理。

| 2.7　SFC |

NFV（Network Functions Virtualization，网络功能虚拟化）的出现使得大量的网络SF不再与硬件设备紧密耦合，而是以软件实体的形式灵活分布于网络的各个位置。为满足特定的商业、安全等需求，指定的业务流要求在转发时经过一个指定的SF序列处理，即穿越一个SFC（Service Function Chain，业务功能链）。SFC需要有集中的控制平面编排SF列表，而基于SDN或者NFV的网络架构正好满足这一需求。SRv6具有强大的编程能力，不仅可以对路径进行编程，还可以针对应用进行编程。SRv6业务链可通过SRv6 SID对SF进行标识，在SC（Service Classifier，业务分类器）上对标识SF的SID进行排列，实现不同业务流量经过不同SF的目的。通过SRv6的网络编程能力来实现业务链编排，可以带来无状态超大规模部署、跨站点或跨DC（Data Center，数据中心）灵活部署、精确负载均衡、高可靠性等优势。

2.7.1　SFC 的基本概念

基于SRv6 SID的SFC如图2-25所示。

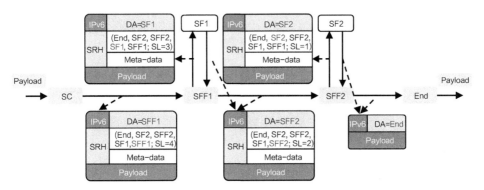

图 2-25　基于 SRv6 SID 的 SFC

SFC每个节点的功能如下。
- SF节点：处理某具体业务功能的组件或实体。
- SC节点：完成业务链的定义、引流策略定义；转发时从SC节点发出的报文携带SRH，报文封装格式同普通SRv6 Policy。
- SFF节点：对于不支持SRv6的SF，SFF（Service Function Forwarder，业务功能转发器）可执行SRv6代理功能，SFF节点将剥去SRH转发给SF节点，从SF节点接收处理完的报文后，再重新封装SRH。
- End节点：业务链尾端设备，报文经过业务链要到达的目的设备。

通过业务链的编排器，完成业务链定义和编排，包括流分类定义、业务功能路径定义等。编排器将相关信息下发给SFC控制器。SFC控制器接收到编排器指令后，针对编排层下发的不同的SFP（Service Function Path，业务功能路径），生成对应的转发路径。SFC控制器将SFP和业务流引流策略下发给SC。

SC根据引流策略将报文引入对应的业务链，网络设备和SFF根据SID列表逐段转发，完成逐个业务链的转发和处理。

2.7.2 SFC 的工作原理

由于SF实体种类多，SRv6分段处理能力各不相同，因此SFC根据SF的能力可以分为两类：SF支持SRv6的aware模式和SF不支持SRv6的unaware模式。

SRv6 aware模式如图2-26所示。

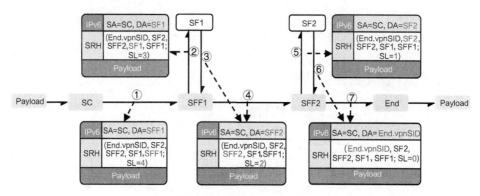

图 2-26　SRv6 aware 模式

SF支持SRv6，SFC的SID列表将SF1和SF2的SID编入其中。图2-26中②处报文的SRH的当前SID为SF1的SID，⑤处报文的SRH的当前SID为SF2的SID。

- SC节点：完成业务链的定义、引流策略定义；转发时从SC发出的报文携带SRH，报文封装格式同普通SRv6 Policy。
- SFF节点：由于SF支持SRv6，SFF执行SRv6转发即可。
- SF节点：处理某具体业务功能的组件或实体。在SRv6 aware模式下，SF对收到的报文进行业务处理和SRv6转发。
- End节点：识别到最后一个SID为vpnSID，剥掉整个IPv6报文头，按照业务报文的IP地址查私网业务转发表并进行转发。

SRv6 unaware模式如图2-27所示。

SF不支持SRv6，此时SFF执行SRv6代理功能，SFC的SID列表将SFF的代理SID编入其中。图2-27中②和⑤处报文已经剥掉带SRH的IPv6报文头，仅剩Payload发给SF节点进行处理，SF节点处理完后回送到SFF节点，SFF节点继续封装SRH向下一跳转发。

- SC节点：完成业务链的定义、引流策略定义；转发时从SC发出的报文携带SRH，报文封装格式同普通SRv6 Policy。

- SF节点：处理某具体业务功能的组件或实体。在SRv6 unaware模式下，SF接收不带SRH的报文并对收到报文进行业务处理。
- SFF节点：由于SF不支持SRv6，SFF节点执行SRv6代理功能，分配标识代理SID。SFF节点收到DA为代理SID，则剥去带有SRH的IPv6报文头，将Payload转发给SF；从SF节点接收处理完的报文后，再重新封装SRH向下转发。

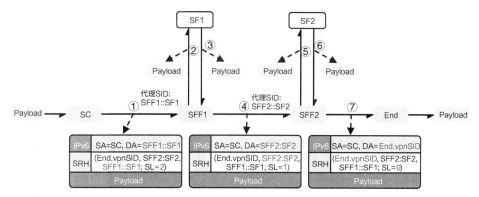

图 2-27　SRv6 unaware 模式

| 2.8　智能无损网络 |

在传统的数据网络中，高性能计算区域一般采用IB技术组网，而存储区域往往部署FC网络，这些网络互联技术较为封闭，价格昂贵，互通性与弹性不足且演进缓慢。而以太网基于协议创新和自动化运维能力的积累，具备良好的互通性、弹性、敏捷性、经济性以及多租户安全能力，正成为数据中心高性能计算和存储的新选择。

因此，通用计算、存储、高性能计算、AI等场景统一承载于以太网技术栈逐渐成为数据中心网络发展的重要趋势。高性能计算和存储对网络丢包和时延的要求比通用业务更苛刻，传统基于以太网转发采用尽力而为的方式无法满足这样的要求，需要数据中心网络能够提供无丢包、高吞吐和低时延的无损网络。由此，智能无损网络技术应运而生。

2.8.1　智能无损网络的基本概念

智能无损网络主要从两个方面提升应用性能，一方面是网络自身的优化，另一方面是网络与应用系统的融合优化。

网络自身优化的目标是使整网吞吐最高、时延最低，主要通过3个层次的技术实现。

- 流量控制（Flow Control）：用于解决发送端与接收端的速率匹配问题，做到网络无丢包。
- 拥塞控制（Congestion Control）：用于解决网络拥塞时对流量的速率控制问题，做到满吞吐与低时延。
- 流量调度（Traffic Scheduling）：用于解决业务流量与网络链路的负载均衡性问题，做到不同业务流量的QoS保障。

网络与应用系统的融合优化，其关键点在于发挥网络设备负责连通性的天然优势，与计算系统、存储系统进行一定层次的配合，以提高应用系统的整体性能。目前智能无损网络与应用系统的融合优化包括如下两方面。

- 针对NOF（NVMe Over Fabric，NVMe存储网络）存储系统的智能无损存储网络（intelligent lossless NVMe Over Fabrics，iNOF）特性，网络与存储系统协同，共同完成存储系统的访问控制、故障倒换等功能。
- 针对HPC（High-Performance Computing，高性能计算）场景中MPI（Message Passing Interface，消息传递接口）通信的网算一体（Intergrated Network and Computing，INC）特性，网络设备参与计算过程，减少任务完成时间。HPC场景中IPv6改造的诉求暂不明显，因此下文不详细阐述。

综上所述，智能无损网络技术总体框架如图2-28所示，从下到上依次有流量控制层、拥塞控制层、流量调度层和应用加速层，以及运维管理。其中，流量控制层、拥塞控制层、流量调度层是针对网络自身的优化。在智能无损网络中，每个层级的技术都需要部署，而应用加速层为可选，可以根据对应的应用场景选择合适的应用加速技术，提升整体性能。

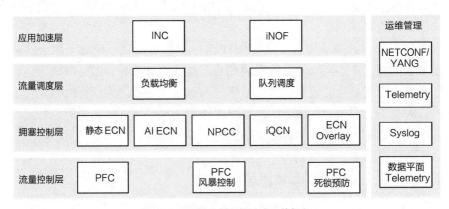

图2-28　智能无损网络技术总体框架

其中各层级涉及的关键特性如表2-4所示。

表 2-4　各层级的关键特性

系统分类	关键特性	关键特性描述
流量控制层（流控技术）	PFC	由 IEEE 802.1Qbb 定义的标准协议，主要解决拥塞导致的丢帧问题。通过以太网 PAUSE 帧实现流控，当下游设备发现接收能力小于上游设备的发送能力时，会主动发送 PAUSE 帧给上游设备，要求暂停流量的发送，等待一定时间后再继续发送数据
	PFC 风暴控制	当服务器网卡发生故障，不断发送 PFC PAUSE 帧，并进一步扩散至全网时，会出现 PFC 死锁，全网受 PFC 控制，致使业务瘫痪。PFC 风暴控制主要解决 PFC 扩散引起的网络断流问题，主要由死锁判定、死锁恢复、死锁控制这 3 部分实现
	PFC 死锁预防	通过识别环形缓存依赖并破除其产生的必要条件，解决 PFC 死锁的问题，提高网络可靠性
拥塞控制层	静态 ECN	一种端到端的网络拥塞通知机制，它允许网络在发生拥塞时不丢弃报文。在 RFC 3168 中给出了其定义，并标识了 IPv4 基本报文头和 IPv6 基本报文头中的 ECN 标志位
	AI ECN	通过 AI 算法动态调节 ECN 门限，以获得最大带宽与最小时延
	NPCC	全称为 Network-based Proactive Congestion Control（基于网络的主动拥塞控制），在网络设备上基于本设备的拥塞状态主动控制每条流的发送速率，主要用于长距无损网络
	iQCN	全称为 intelligent Quantized Congestion Notification（智能量化拥塞通知），在 TCP 与 RoCE 混跑场景中，用于控制 RoCE 流量的时延
	ECN Overlay	传统的 ECN 功能通过 IP 报文中的 ECN 字段传递拥塞状态，然而 VXLAN 中对报文存在封装和解封装的过程，容易丢失拥塞状态信息。智能无损网络中的 ECN Overlay 功能，是 ECN 在 VXLAN 中的应用。ECN Overlay 可以通过 VXLAN 将拥塞状态传送到流量接收端，可以及时缓解 VXLAN 的拥塞，实现网络性能的最大利用
流量调度层	负载均衡	一种在多条路径中选择转发路径的技术，其目的是达到更平衡的网络负载，典型的应用场景是链路捆绑与 ECMP（Equal-Cost Multi-Path，等价路由负载分担）
	队列调度	用于控制不同队列之间流量的发送策略，可为不同队列的流量提供差异化的质量保障
应用加速层	INC	在网络设备上通过对 MPI 通信数据的聚合以提高 HPC 应用性能
	iNOF	智能无损存储网络特性，主要用于基于 RoCE 的存储网络，以提升存储系统的易用性、可靠性，以及支持存储系统的"同城双活"场景
运维管理	NETCONF/YANG	由 IETF 定义的一组网络管理协议，主要用于控制器或网管系统对网络设备进行管理，是当前主流的设备北向接口
	Telemetry	网络设备的测量系统，广义上的 Telemetry 是指包括采集器、分析器、控制器和网络设备的一个自闭环系统；狭义上的 Telemetry 通常特指基于 gRPC 框架按照 protobuf 编码的网络数据采集技术，此技术广泛应用于网络分析器中
	Syslog	由 IETF 定义的一个协议，用于传输网络设备的日志信息
	数据平面 Telemetry	在网络设备的数据转发平面进行测量的一种技术，通常用于测量与数据流相关的指标，例如某条流的速率、时延等

2.8.2 智能无损网络的工作原理

本节主要介绍智能无损网络与IPv6相关以及与应用场景联动的关键技术及其工作原理，其他技术的相关介绍可以参照智能无损网络方面的相关图书和手册。

1. AI ECN

ECN是指流量接收端感知到网络上发生拥塞后，通过协议报文通知流量发送端，使得流量发送端降低报文的发送速率，从而从早期就避免拥塞导致的丢包，实现网络性能的最大利用。它的实现原理为引入ECN门限，在设备缓存超过门限时判断为拥塞，并针对队列中的报文进行标记。ECN标记位在发生拥塞时从10变成11，在接收端收到ECN=11标记报文以后，反向向上游发送端服务器发送CNP（Congestion Notification Packet，拥塞通知报文）进行降速，发送端在收到CNP以后进行降速。ECN只会影响被标记的报文对应的报文流，因此ECN是基于流的降速，不会影响其他未标记的流量。ECN标志位在IPv6报文中的位置如图2-29所示。

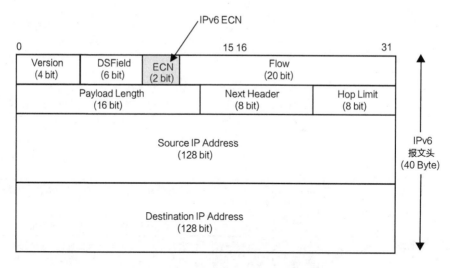

图 2-29　ECN 标志位在 IPv6 报文中的位置

而动态ECN门限功能可以根据网络通信多对一的Incast流量模型、大小流占比等特征来动态调整无损队列的ECN门限，在尽量避免触发网络PFC的同时，尽可能兼顾时延敏感小流和吞吐敏感大流。然而现网中的流量场景复杂多变，动态ECN门限功能并不能一一覆盖所有流量场景，无法帮助无损业务达到最优性能。而结合了AI算法的无损队列的AI ECN功能可以根据现网流量模型进行AI训练，对网络流量的变化进行预测，并且可以根据队列长度等流量特征自动调整ECN门限，进行队列的精确调度，保障整网的最优性能。

如图2-30所示，设备会对现网的流量特征进行采集并上传至AI业务组件，AI业务组件将根据预加载的流量模型文件，智能地为无损队列设置最佳的ECN门限，保障无损队列的低时延和高吞吐，从而让不同流量场景下的无损业务性能都能达到最佳。

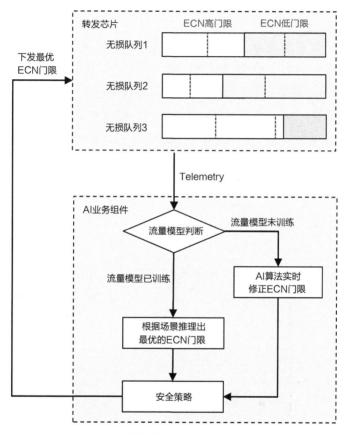

图 2-30　无损队列的 AI ECN 功能实现原理

无损队列的AI ECN功能的具体处理流程如下。

第一步：网络设备内的转发芯片会对当前流量的特征进行采集，比如队列缓存占用率、带宽、吞吐、当前的ECN门限等，然后通过Telemetry技术将网络流量实时状态信息推送给AI业务组件。

第二步：AI业务组件收到推送的流量状态信息后，将根据预加载的流量模型文件对当前的流量进行场景识别，判断当前的网络流量状态是否是已知场景。如果是已知场景，AI业务组件将从积累了大量ECN门限配置记忆样本的流量模型文件中，推理出与当前网络状态匹配的ECN门限配置。如果是未知的流量场景，AI业务组件将结合AI算法，在保障高带宽、低时延的前提下，对当前的ECN门限不断进行实时修正，最终计算出最优的ECN门限。

第三步：AI业务组件将符合安全策略的最优ECN门限下发到设备中，调整无损队列的ECN门限。

第四步：对于获得的新流量状态，设备将重复进行上述操作，从而保障无损业务的最佳性能。

同时，与拥塞管理技术（队列调度技术）配合使用时，无损队列的AI ECN门限功能可以实现网络中TCP流量与RoCEv2流量的混合调度，在保障RoCEv2流量无损传输的同时，实现低时延和高吞吐。

2. iQCN

iQCN通过让转发设备智能地补偿发送CNP，解决流量发送端网卡未及时收到CNP而迅速升速带来的网络拥塞加剧的问题。iQCN的工作原理如图2-31所示。

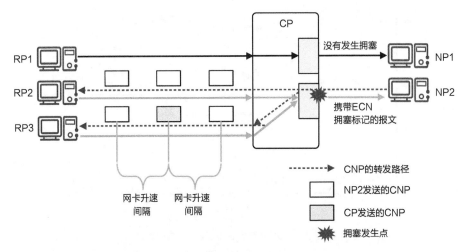

图2-31　iQCN 工作原理

iQCN的工作流程如下。

第一步：报文从RP1发往NP1，若CP没有发生拥塞，流量正常转发。

第二步：报文从RP2和RP3发往NP2，在CP的端口出方向发生了拥塞，CP对报文打上ECN拥塞标记后将报文转发给NP2。

第三步：NP2收到携带ECN拥塞标记的报文后，获知网络中出现了拥塞，NP2的网卡向RP2和RP3发送CNP，通知RP2和RP3的网卡降低发送报文的速率。

若CP的出端口持续拥塞，则NP2将持续发送CNP。

第四步：使能iQCN功能的CP会对收到的CNP进行记录，维护包含CNP信息和时间戳的流表。同时CP会对本设备的端口拥塞程度进行持续监测，端口拥塞较为严重时，将收到CNP的时间间隔与网卡升速时间进行比较，说明如下。

- 若发现从NP收到CNP的时间间隔小于等于RP的网卡升速时间，判断网卡可以正常降速，CP正常转发CNP。
- 若发现从NP收到CNP的时间间隔大于RP的网卡升速时间，判断网卡不能及时降速且存在升速风险，CP将会主动补偿发送CNP。

3. NPCC

NPCC是一种以网络设备为核心的主动拥塞控制技术，可以根据设备端口的拥塞状态，准确控制服务器发送RoCEv2报文的速率。

在常见的同城复制场景，传统DCQCN（Data Center Quantized Congestion Notification，数据中心量化拥塞通知）控制算法提供的拥塞控制机制是在设备上发现拥塞后，设备会向接收端服务器发送携带拥塞标记的报文。接收端服务器随后向发送端服务器发送CNP，用以通知发送端服务器降低发送报文的速率，从而缓解拥塞。根据DCQCN原理，如图2-32所示，当DC1的DCI（Data Center Interconnect，数据中心互联）设备端口出现拥塞时，DCI设备对报文进行ECN标记，在DC2的存储阵列收到标记了ECN的报文后，才能反馈CNP，并传送回DC1。这样一去一回，由于同城距离长，消耗的时间就比较长，达数毫秒级，因此无法达到及时降速的效果。

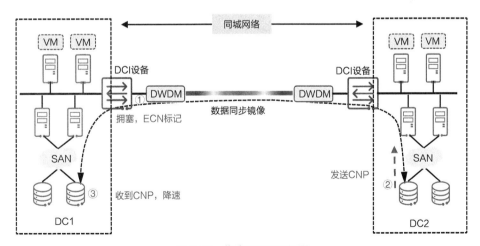

图 2-32 传统 DCQCN 问题

智能无损网络提供了NPCC功能，支持在网络设备上智能识别拥塞状态，在本地DC的DCI设备近端出现拥塞的情况下，由DCI设备直接发送CNP给本地的存储阵列，这样可以实现及时降速，避免拥塞加剧，缓解拥塞，如图2-33所示。

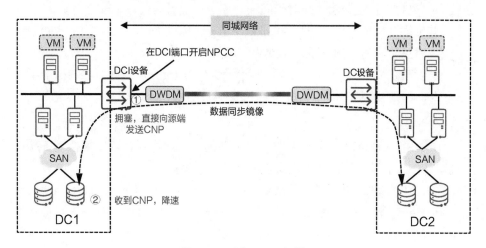

图 2-33　开启 NPCC 场景

NPCC的工作原理如图2-34所示。

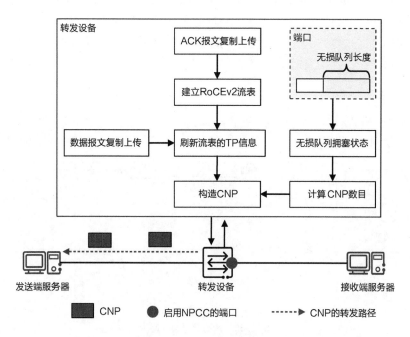

图 2-34　NPCC 的工作原理

转发设备上启用了NPCC功能的端口会对经过的RoCEv2 ACK报文和数据报文进行复制并上传，用来持续维护RoCEv2流表，获知每条RoCEv2流的地址信息和转发路径：首先根据ACK报文中的源IP地址、目的IP地址和QP（Queue Pair，队列对）信息建立RoCEv2流表；再根据数据报文刷新流表中的出端口信息，将流表与端口关联。

转发设备对端口中启用了NPCC功能的无损队列的队列长度（即缓存占用量）进行检测，根据无损队列的拥塞状态智能计算主动发送的CNP数目。

转发设备按照端口队列拥塞状态计算出的数目和RoCEv2流表中的地址信息构造CNP，并向发送端服务器主动发送CNP，服务器收到后降低RoCEv2报文的发送速率。

4. iNOF

随着存储行业采用闪存作为持久存储介质，存储介质从HDD（Hard Disk Drive，硬盘驱动器）发展到高性能的SSD（Solid State Disk，固态盘）后，块设备访问协议演进到高效能NVMe协议（Non-Volatile Memory express），数据中心存储网络为了适配NVMe存储，通过NOF技术将NVMe存储映射到远端的计算服务器。

NOF协议灵活性很强，它可以非常方便地使用于各个主流的传输层协议中。它定义了一个通用架构，支持在不同的传输网络上访问NVMe块存储设备，包括FC、RoCE、iWARP、TCP等网络。其中，RoCE在性能方面表现最优，并且具有以太网协议的开放性和带宽快速演进能力，因此NVMe Over RoCE成为许多厂商实现NOF技术的最佳实践。

RoCE在性能、性价比、统一管理等方面与FC相比有显著优势，劣势部分体现在易用性、存储业务多路径倒换可靠性方面。为了弥补RoCE存在的劣势，iNOF技术应运而生，iNOF是指通过对接入主机的快速管控，将智能无损网络应用到存储系统，实现计算和存储网络融合的技术。通过iNOF技术，存储网络可以第一时间获知新接入的主机，将存储信息通告给新接入的主机，协助主机与存储系统自动完成NVMe建链与故障管理。

（1）区域划分

SAN（Storage Area Network，存储区域网）中一个常用的概念叫作Zone（域）。Zone具备两个层面的功能，第一是让处于相同Zone内的主机与存储彼此可见，第二是让不同Zone成员之间彼此隔离，实现安全控制。Zone的划分与IP栈的选择无关，此处不详细介绍，可以参照智能无损网络方面的相关图书。

iNOF支持Zone划分功能，用户能够将SAN分成不同的Zone（逻辑组），Zone内的设备（包括计算节点、存储节点）可以相访。Zone划分起到以下作用：划分群组、隔离异构存储、减少广播范围、提升安全性。一个Zone包含多个Zone成员（节点设备），节点设备可同时加入不同的Zone。同一个Zone的节点设备可以互相访问，不同Zone的节点设备无法互相访问。

（2）iNOF原理

如图2-35所示，在Spine-Leaf架构的数据中心网络上部署iNOF，需要一台或两台设备作为iNOF反射器（Reflector），用于同步Zone信息，其余设备作为客户端（Client）。每个iNOF反射器和iNOF客户端之间都建立iNOF连接，从而可以传输iNOF报文。iNOF客户端之间不需要建立iNOF连接，只需要与主机（Host）直连。iNOF反射器之间不需要建立iNOF连接，两者互为备份，与主机直连的接入设备也可以作为iNOF反射器。建议首选Spine作为反射器，如若Spine不支持iNOF特性，可选用Leaf作为反射器。

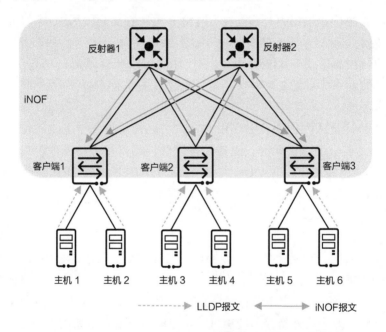

图2-35　iNOF在Spine-Leaf架构的数据中心网络中的部署示意

iNOF报文采用TCP承载，TCP端口号范围为10 000～57 999，默认值为19 516，包含iNOF关键信息的内容承载在TCP报文的Data字段内。

通过iNOF报文可以传输以下几类信息。

· 建连信息：iNOF反射器和客户端之间需要通过互相交换iNOF报文来建立iNOF连接，具体的建立过程类似TCP建连。

· Zone配置信息：在iNOF系统中，设备可以通过配置的Zone对接入的主机进行管理，在iNOF反射器上完成Zone的相关配置后，会通过iNOF报文把Zone配置信息发往各个客户端。若一个iNOF系统中同时存在两个反射器，只有两个反射器上的Zone配置相同时才可以生效。

- 主机动态信息：主机的网卡和iNOF设备均需要启用LLDP（Link Layer Discovery Protocol，链路层发现协议）功能，当有新的主机接入iNOF客户端或者离开iNOF客户端时，主机会主动向iNOF客户端发送LLDP报文，报文内记录了LLDP邻居信息的变化。iNOF客户端可以通过iNOF报文将这些主机动态信息发送给iNOF反射器，iNOF反射器汇总后再发往其他iNOF客户端。

- 接口故障信息：当iNOF设备由于PFC风暴/死锁、CRC（Cyclic Redundancy Check，循环冗余校验）错误报文达到告警阈值触发接口Error-Down时，接入端口处于Error-Down或Link-Down状态。此时，iNOF设备通过iNOF报文携带接口故障信息，让iNOF系统内的其他设备迅速感知，及时调整路径。

当存储系统发生故障（例如光纤故障、光模块故障、交换机故障、存储设备接口卡故障、存储设备控制器故障等）时，基于iNOF可以通过网络层面第一时间感知到故障，并将故障通告给计算节点，触发计算节点进行路径切换，从而减少业务流在故障路径上的转发。

| 2.9 小结 |

本章重点介绍了"IPv6+"体系中的SRv6、BIERv6、网络切片、IFIT、APN6、SFC、智能无损网络等关键技术。通过对关键技术的基本概念和工作原理的介绍，呈现了"IPv6+"体系在技术上的创新、在网络能力上的提升，以及对5G和云网业务的创新和推动。"IPv6+"技术体系不仅提供简洁统一、灵活接入、业务确定性保障的网络承载能力，在网络可视化、智能运营运维、一体化安全保障等方面也有了质的提升。当前，"IPv6+"技术的研究和探索仍处于起步阶段，而新型产业的发展和新业务场景的开发，必将催生更多的业务承载和保障诉求。"IPv6+"技术体系也将在当前关键技术稳步发展的基础上，衍生出更多的创新技术，为新时代社会生产生活提供全方位的技术支撑和保障。

第 3 章
"IPv6/IPv6+" 网络驱动力及演进挑战

前 两章回顾了IPv6发展进程和相关协议，以及通过IPv6扩展实现的"IPv6+"技术体系，进而看到网络结合"IPv6+"创新技术可以满足更多产业需求，推动产业升级。本章则展开分析"IPv6/IPv6+"技术可以在哪些场景发挥作用，其发展驱动力是什么，在IPv6的演进过程中可能会面临什么样的挑战，从而有的放矢地进行"IPv6+"演进方案设计。

| 3.1 "IPv6/IPv6+"的关键场景 |

发展基于IPv6的下一代互联网，不仅是互联网演进升级的必然趋势，更是助力互联网与实体经济深度融合、支撑经济高质量发展的迫切需要，对于提升国家网络空间综合竞争力、加快网络强国建设具有重要意义。根据《"IPv6+"技术创新愿景与展望白皮书》，通过广泛应用"IPv6+"，可以实现两大升级。

- 由万物互联向万物智联的升级：IPv6海量地址构建了万物互联的网络基础，"IPv6+"全面升级IPv6技术体系，推动IPv6走向万物智联，满足多元化应用承载需求，释放产业效能。
- 由消费互联网向产业互联网的升级：IPv6规模部署构筑了消费互联网基座，面向5G和云时代千行百业的数字化转型，"IPv6+"全面升级各行业网络基础设施和应用基础设施，赋能行业数字化、网络化和智能化转型。

"IPv6/IPv6+"在以下场景中可以发挥关键作用。

- 业务上云及云上业务IPv6化。随着企业数字化转型，云化部署已成必然趋势且不断加速。据IDC预测，到2025年，85%企业的基础设施将部署在云上，而云网融合是实践数字战略的基础设施主体。企业业务按需分步上云，从互联网应用上云到信息系统上云，再到核心系统上云，各阶段不断提高对云网融合的需求，如按需资源调度、差异化服务等。通过"IPv6+"技术体系构建智能化的网络连接是实现云网融合的基石，同时按照《行动计划》的要求，到2025年，绝大部分的云上业务系统要完成

IPv6的升级改造。因此企业网络必须同步完成IPv6升级改造，构建企业到云的IPv6互联通道，以满足企业对云上IPv6服务系统的管控与访问需求。

- 5.5G创新场景助力海量终端入云。随着5G网络快速部署，5G/5.5G不断延展应用范围，5G终端产品种类破千，尤其5G在ToB（To Business，面向企业）领域，如医疗、能源、制造等20多个行业全面开花。同时，在5G基础上提出的5.5G创新场景，包括UCBC（Uplink Centric Broadband Communication，上行超宽带通信）、RTBC（Real-Time Broadband Communication，宽带实时交互）和HCS（Harmonized Communication and Sensing，通信感知融合）三大场景，与传统的eMBB（enhanced Mobile Broadband，增强型移动宽带）、mMTC（massive Machine-Type Communication，大连接物联网，业界常称海量机器类通信）和URLLC（Ultra-Reliable & Low-Latency Communication，超可靠低时延通信），共同组成5.5G场景的六边形，这三大创新场景可满足更多业务场景需求，提供更佳体验。

  - UCBC的5G基线上行能力提升10倍，满足机器视觉、海量宽带物联等上传需求，提升室内深度覆盖的用户体验。
  - RTBC构建大带宽+低时延+高可靠的能力，在时延一定的情况下带宽提升10倍，能够为数十倍的XR（eXtended Reality，扩展现实）用户提供Gbit/s级带宽和5 ms级时延的体验。
  - HCS提供通信能力与感知能力，提供厘米级低功耗定位能力、广域高分辨率感知能力，实现空间上的位置管理和异常检测，提升自动驾驶的安全性，满足室内全场景定位需求，如支撑定点区域病人/老人的及时看护等。

  因此，这些场景均对网络提出了更高要求。"IPv6+"借助其独特的创新技术能力，围绕5G/5.5G场景实现海量终端/应用智能接入云端，实现应用级确定性和智能化、高可靠、更安全的高效入云，进一步促进产业升级。

- 通过IPv6地址的重新统筹规划，进行网络整合，并解决历史遗留的地址空间重叠问题。大型企业组织结构复杂，需要区分集团总部、二级子公司、三级子公司等；同时，公司业务变化多，经常涉及组织架构重组变化。因企业信息化历史发展问题，总部与下属单位、子公司在业务上并没有实现垂直的强管控，部分企业内部没有标准化的IPv4地址规划，各个下属单位、子公司存在IPv4地址空间重叠问题。随着业务发展和信息化程度的提升，企业集团需要提升对下属单位、子公司的整体把控能力，如针对人力资源、财务、智真会议等系统需要实现打通，而地址重叠造成系统打通难度大、涉及变更范围广。IPv6地址的重新统筹规划，有助于实现集团业务的整体拉通，并灵活应对组织架构变更。

- IoT及工业互联网应用场景规模部署需海量IP地址。随着智能终端、网络互联、上层应用、边缘计算等技术的发展，IoT、工业互联网应用场景已逐渐成熟，并具备规模部署的可行性。IoT、工业互联网的部署，必然带来大量的智能终端接入网络，因此需要海量的IP地址以满足终端接入的需求。而IPv4地址空间不足，网络必须完成IPv6升级。通过IPv6海量的地址空间，使能物联终端的统一纳管和物联业务的统一呈现，以满足该场景业务的连接需求。另外，IPv6地址长度为128 bit，可编址空间大，能够将终端业务、地理位置等信息嵌入IPv6地址，通过IPv6地址的语义化即可快速获取终端类型信息。同时随着生产工控IP化的不断改造，业务场景从数据采集逐渐向远端集中控制延伸，由此要求网络能够提供确定性时延和零丢包的承载能力。这就需要采用"IPv6+"技术，以满足生产工控业务确定性服务的诉求，同时通过"IPv6+"技术与应用的深度结合，以创造更多场景的更大价值。

- 网络实名化，追根溯源。IPv4时代，IP地址资源匮乏，为提升地址利用率，终端地址采用动态分配机制，同一个地址在不同时间会被分配给不同用户。因此无法保障地址与终端或者地址与人的一一对应，限制了网络实名制的实现。而IPv6庞大的地址空间，可以针对具体的用户/终端分配固定的IPv6地址，从根本上解决这个问题。在国家层面，随着网络实名制的落地实施，通过IPv6地址的精准定位和溯源，可以实现互联网的快速侦查打击和处置能力。

基于以上分析，为了提升下一代互联网竞争力，提升在互联网世界的话语权，国家政策在近几年必然会驱动运营商、政府、大型中央企业、云服务提供商等快速升级完善IPv6的业务访问。另外，对企业而言，为了满足业务发展和智能化需求，IPv6的部署也是迫在眉睫。随着IPv6整体产业的快速成熟发展，IPv6的端、管、应用改造将全面进入快车道。

| 3.2 "IPv6/IPv6+"演进方案所面临的挑战及问题 |

IPv6演进势在必行，而企业网络连接着业务和用户，需要充分保障信息的互通无阻。为了匹配业务和用户终端的IPv6演进迁移过程，网络应先行改造，满足IPv4、IPv6业务和终端在迁移过程中共存的通信诉求。在保障业务连续性、可持续演进、网络安全可靠等诉求下，行业组织应制定全局的演进策略，充分考虑创新技术的落地、存量网络架构调优等。目前，纵观行业IPv6部署情况，在IPv6网络演进的各个阶段仍存在着诸多挑战和问题。

1. IPv6启动阶段

IPv4在发展初期野蛮生长，由于一直缺乏统一的地址管理机制，造成IPv4地址无序分配且资源供需严重不均衡，大量碎片化地址发布到网络，网络路由规模爆发式增长，间接增加了互联网部署和管理成本，降低了整网运行效率。因此，IPv6地址需要统筹规划，杜绝以上历史遗留问题，且IPv6地址规划将直接影响互联网治理、业务创新、网络安全、资源聚合、运维效率等，是下一代互联网演进中的重要环节。企业若想实现以上目标，在IPv6地址规划中可能存在以下诸多问题。

- IPv6地址涉及GUA、ULA，行业场景推荐使用哪类地址？如何申请IPv6 GUA？如何预估需要申请的IPv6地址空间大小？
- IPv6地址规划的具体方案是什么？如何规划？
- 如何有效监测和管理IPv6海量地址？

2. 现网评估阶段

从网络投资和设备生命周期考虑：大部分组织需要基于存量网络进行IPv6升级改造，如何评估现网设备能力并选择最佳的演进技术路线，同时最大限度保护存量网络投资？部分存量系统基于老旧的操作系统开发，且多数开发团队已解散，无法快速升级替换，如何评估应用改造影响性？

3. 网络规划设计阶段

网络规划设计作为IPv6改造的基石，是IPv6演进环节的重中之重，往往也是问题、困惑最多的阶段，企业客户在该阶段的主要问题如下。

行业网络架构庞大，涵盖数据中心网络、广域网络、多分支园区网络等，同时IPv6演进迁移过程涉及业务、网络、终端的整体配合，如何匹配业务发展的要求，制定可持续演进的IPv6升级路线呢？

IPv6多种演进技术方案如何选择？匹配不同场景如何规划演进方案？如数据中心各个分区存在多种方案选择，如NAT64、双栈、新建IPv6单栈资源池等，如何匹配不同网络现状和业务需求，灵活选择具体的演进技术方案？如广域网络的自建专网场景有Native IP 双栈，6vPE［IPv6 VPN Provider Edge，IPv6 VPN提供商边缘（设备）］、SRv6方案、租赁运营商线路场景涉及SD-WAN（Software-Defined Wide Area Network，软件定义广域网络）、IPsec等方案，如何进行选择？

如何确保业务安全强于IPv4？业界公认IPv6的理念就是地址空间足够大，无须部署NAT技术，尽量采用GUA。但IPv6 GUA暴露在互联网中，是否会带来新的安全风险？园区网络与互联网对接，可直接将园区内部网络GUA发送到互联网，园区终端将直接暴露在互联网中，如何确保园区终端的安全？IPv6 NDP（IPv6 Neighbor Discovery Protocol，IPv6邻居发现协议）以及LLA二层天然互通，如何解决可能出现的新安全问题？是否推荐使用NAT66技术，能否带来业务安全的提升？

如何保障双栈用户的无感知接入？IPv6有新的地址分配方式，安卓终端也确定不会支持传统的DHCPv6（Dynamic Host Configuration Protocol version 6，第6版动态主机配置协议）方案，园区IPv6网络如何实现最佳的地址分配方案？绝大部分园区网络都将以IPv4、IPv6长期双栈运行，双栈用户终端接入园区网络，在访问不同的应用系统时，可能会涉及IPv4流量或者IPv6流量，终端用户不能识别自己是IPv4还是IPv6，如何实现园区终端双栈用户一次认证，同时放行IPv4、IPv6用户流量，无感知访问IPv4、IPv6应用？

互联网出口场景如何选择IPv6互联网对接方式，确保用户体验最佳？IPv4时代，大部分企业互联网出口均采用静态路由+NAT44方式。IPv6时代，企业的业务系统都推荐采用GUA，是否还需要采用NAT进行公私网地址转换？是否可以采用动态路由方式与互联网对接接收外部路由，实现最佳的业务访问路径？

业务迁移必然长期存在IPv4、IPv6混合互访场景，如何规划设计此类场景方案？

4. 业务割接、迁移阶段

业务割接策略和方案设计如何保证从IPv4平滑割接、演进到IPv6，如何验证割接结果并评估对业务的影响？

IPv6新协议在优化了部分网络层安全问题的同时，也带来了新的协议安全问题，如何解决？

在网络过渡迁移过程中，IPv4/IPv6的过渡技术、过渡场景是否存在其他风险，如何消减IPv6安全风险？

面对以上问题，下面各章将结合在IPv6改造中的经验总结，给出各阶段的策略选择、规划设计、演进步骤等建议，以应对企业在IPv6演进中面临的困难和挑战，助力企业实现平滑改造。

|3.3　小结|

　　本章阐述了IPv6及"IPv6+"在业务集约化上云、5G互联、多网融合、海量物联及安全溯源等应用场景中可以实现的独特价值，同时也分析了IPv6在改造部署的各个阶段客观存在的一些挑战和问题。后续将从企业角度出发，从企业"IPv6+"网络演进策略，IPv6地址申请、规划和管理，广域网络、数据中心及园区网络的方案设计和演进步骤，终端和应用系统的IPv6改造建议，IPv6改造推荐工具以及整体的IPv6安全演进部署建议等方面进行介绍，以解决读者在IPv6改造中可能面临的问题。

第 4 章
企业 "IPv6+" 网络演进策略

企业 "IPv6+" 网络演进不是一蹴而就的，而是一个系统化工程。本章首先介绍企业网络整体架构，接着介绍企业业务的互访场景，最后结合实际产业发展进程，给出企业 "IPv6+" 网络演进改造遵循的基本原则、合理且可落地的演进路线规划，以及演进关键步骤，帮助读者对企业 "IPv6+" 目标网络改造形成全景认识。

| 4.1　企业网络整体架构 |

企业 "IPv6+" 网络演进主要涉及网络基础设施和网络支撑系统的升级改造。企业规模、信息化发展的历程不同，企业网络架构也稍有区别。本节主要介绍典型的企业网络架构和业务互访场景。

4.1.1　典型的企业网络架构

企业信息化经过多年发展，企业的高效运营已高度依赖于信息化基础设施。通过构建安全、可靠、高性能的网络基础设施，支撑企业实现信息化，是各类大型企业的战略工作。纵观大型企业或组织的主流网络情况，典型大型企业网络架构如图4-1所示，它主要包含广域网络、数据中心和园区网络，通过网络实现应用和终端的协同，同时将安全防御体系部署在系统的各个环节，发挥安全防护的作用。

下面介绍典型大型企业网络架构的各个组成部分和IPv6改造关注点。
- 广域网络：对于有较多分支机构的超大型机构，比如政府、大型中央企业，往往通过自建广域网络的方式为分支企业提供接入数据中心的连接服务。对于部分无专网覆盖的小型分支园区，一般可采用运营商的MPLS VPN（Multi-Protocol Label Switching Virtual Private Network，MPLS虚拟专用网络）/专线或者SD-WAN（含互联网IPsec专线）等方式作为数据回传方案。根据业务组织的规模以及分布情况，企业自建广域网络会涉及多级网络划分以及管理域区分。广域网络作为连接园区网络和数据中心的核心骨干，其承载质量直接关系到全集团的业务质量，因此在进行IPv6改造时，需采用最先进的 "IPv6+" 技术以提升网络确定性及自动化、智能化等能力。

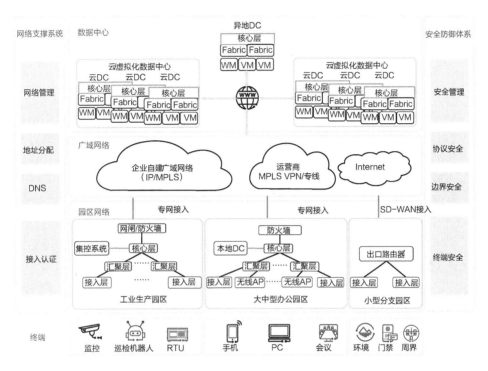

图 4-1 典型大型企业网络架构

- 数据中心：大型企业的数据中心多为同城双中心和异地灾备数据中心，构成 "两地三中心" 的高可靠架构。随着企业集约化、业务海量上云、边缘计算等需求的产生，部分企业已开始向多地多中心演进。数据中心通常同时部署企业内部基础应用系统和对外门户网站等公众服务，涉及数据中心与外部互联网互通、与内部广域网络互通、数据中心间互访以及数据中心内互访等关键业务交互。数据中心是承载应用系统的关键，互联网出口的IPv6地址改造和数据中心资源池的IPv6承载方案，直接关系到应用系统的IPv6能力构筑，是需要关注的重点。
- 园区网络：企业总部局域网或下属单位的办公网络、生产网络、安防网络等均为独立的园区网络。根据网络规模，可分为小型分支园区、大中型办公园区、工业生产园区等多种网络架构。在IPv6改造时，可以选择不同方案以应对网络需求，运营难度和改造成本需要同时考虑。另外，园区网络有接入企业广域网络以及互联网的诉求，园区网络的IPv6改造也是需要考虑的关键点。

- 终端：所有业务的起点和终点都来自终端与终端、终端与服务器之间的交互。只有完成企业内终端的IPv6改造，其操作系统从IPv4切换到IPv6，支撑上层应用从以IPv4通信为主，真正切换到以IPv6通信为主直至实现全IPv6交互，才能真正完成企业IPv6升级改造，所以终端也需要制定IPv6改造计划和策略。

- 网络支撑系统：网络支撑系统如网络管理系统、地址分配系统［DHCP（Dynamic Host Configuration Protocol，动态主机配置协议）系统］、域名解析系统和接入认证系统等，作为网络的服务支撑系统，是业务与网络结合的重要支撑元素。在IPv6改造中需要支持IPv4/IPv6双栈，以确保IPv4业务和IPv6业务的稳定运行。

- 安全防御体系：随着网络威胁攻击的日益严峻，企业对安全防御技术和安全防御方案不断升级。在IPv6改造中，终端安全、边界安全、协议安全等均需要同步考虑IPv6的防御能力，确保IPv6防御能力与IPv4持平或优于IPv4。

4.1.2 业务互访场景

IPv6网络演进是个系统工程，需要网络和业务高度配合，网络改造过程中需要重点考虑各类业务访问诉求，保障业务服务的持续性。企业网络主要存在以下几种业务互访场景，如图4-2所示。

外部互联网用户访问企业对外的公众服务如图4-2中①所示，业务范围主要涉及数据中心互联网出口和DMZ（Demilitarized Zone，非军事区，业界常称半信任区）。

数据中心内东西向流量和多数据中心间的互访流量如图4-2中②所示，主要涉及数据中心资源池区互访和多数据中心冗余备份。

内部用户访问外部互联网应用如图4-2中③所示，该类业务访问可能涉及园区独立互联网出口或集中出口场景。

内部园区访问数据中心内部应用系统如图4-2中④所示，业务流量主要涉及园区网络、广域网络和数据中心。

园区之间的业务互访如图4-2中⑤所示，业务流量涉及园区网络和广域网络。

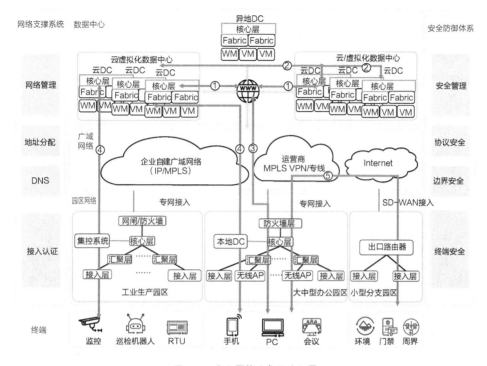

图 4-2　企业网络业务互访场景

　　在全网"IPv6+"演进过程中，需要匹配业务流量模型，充分考虑IPv4/IPv6跨协议访问、IPv6访问互联、IPv4访问互联多种场景，保障IPv4/IPv6业务服务的持续性。在企业"IPv6+"网络演进中，需要基于广域网络、数据中心和园区网络间的业务互访关系，制定网络演进原则和改造路线。

| 4.2　"IPv6+"网络演进基本原则 |

　　企业"IPv6+"网络演进的目的是要在现有网络架构上构建IPv6能力，同时兼顾解决当前网络业务发展的问题。从企业业务层面出发，"IPv6+"网络改造的基本要求是"在网络演进升级过程中，必须保障原IPv4业务的可持续性服务以及演进后的网络质量和网络安全等级不弱于原IPv4网络"。在企业网络向"IPv6+"演进过程中，需要IPv4和IPv6用户访问长期共存。从技术先进性、改造影响范围和成本维度考量，建议企业"IPv6+"网络改造总体考虑遵循如下原则。

1. 顶层设计先行，保障网络架构最优

地址管理重构：企业全网的IPv6地址应统一申请、统筹规划、统一分配和管理，方案规划上要避免历史IPv4地址使用不规范、多级NAT部署复杂等问题，实现IPv6全网互通无阻，为企业信息高效共享、新业务快速上线奠定基础。

网络架构重构，面向未来：把握IPv6全网演进机遇，构建先进的下一代企业IPv6网络系统架构，方案设计要充分考虑技术先进性，优先选择当前业界领先、成熟的技术方案，以充分支撑企业业务系统的长期发展以及稳定运行，避免网络再造、重复投资。通过打造灵活、高效、可靠、智能的下一代企业网络，支撑未来企业业务的高速发展。

2. 网络和业务平滑演进

IPv6网络升级改造是基础协议的变更，网络演进过程应尽量确保现有用户无感知。企业整体内部业务的IPv6迁移，应采用"网络先行，应用逐步迁移"策略，优先确保网络IPv6链路可靠、稳定运行，然后按照业务系统的重要程度、影响范围等逐步按需迁移，确保业务迁移的平滑性。

当前网络升级改造要最终实现IPv6 Only的企业网络架构，这是一个较长期、逐步迁移的过程，必须慎重选择网络技术方案，从全局的角度充分考虑，满足企业业务从IPv4单栈到IPv4/IPv6双栈，最终实现IPv6单栈运行的需求，保障整个迁移过程的平滑性。

平滑演进方案设计需要达到以下两个目标。

- 持续可演进：整体方案规划要充分考虑长期演进的迁移过程，灵活规划实现企业网络从IPv4单栈到IPv4/IPv6双栈，最终平滑、持续演进到IPv6单栈。
- 业务无感知：企业内部业务系统和存量终端的能力情况以及互访关系复杂，整体方案规划要以优先保障业务体验为前提，方案设计要实现业务平滑迁移IPv4/IPv6双栈以及IPv6单栈共存等场景。

3. 经济可行

企业网络IPv6升级改造，应结合当前企业网络系统情况，充分考虑终端设备、网络设备、业务系统等方面对IPv6的支持情况以及资产的生命周期，综合权衡改造、新建的投资成本，从全局角度出发，选择合适的IPv6升级演进方案，合理利旧，避免资产浪费。

| 4.3 "IPv6+"网络演进路线规划 |

为顺应国家政策要求以及整体ICT产业发展趋势，未来企业网络架构与应用将向IPv6单栈演进，这一点毋庸置疑。在规划演进路线时，需要重点关注企业网络"IPv6+"演进的技术选择、运维能力、整体演进策略、演进节奏以及切入点等，以确保业务的可持续性、IPv6技术经验的全面积累、先进性网络架构的构建、长期平滑演进的可行性以及优先满足国家IPv6行动计划的要求。基于此，本节着重介绍企业"IPv6+"网络演进路线规划。

IPv6网络演进是一个较长期、分业务、逐模块升级的过程，在考虑整体网络迁移时，首先按照IPv6网络演进的相关性，将企业的整体架构拆分为不同模块，按照不同模块进行演进分析，具体介绍如下。

1. 广域网络

广域网络主要分为企业自建专网和运营商MPLS VPN、Internet专线等方式。企业广域网络IPv6演进主要考虑企业自建专网的升级策略。"IPv6+"网络改造时，主要在多园区互联时考虑L3专线或SD-WAN回传场景，而不是在广域网络中考虑。

2. 数据中心

按照业务服务范围，企业数据中心一般可划分为对外公众服务和企业内部应用。对外公众服务的前置服务器一般部署在数据中心的DMZ，通过互联网出口区连接外部用户。企业内部应用主要涉及数据中心内部服务网络（比如广域出口区、业务区网络）。从业务改造的角度，可将数据中心划分为业务区（可以根据具体业务，再细分成生产区、办公区等）、DMZ（对外公众服务）、互联网区、广域网络区和运管区，以此进行IPv6网络演进升级的迁移规划。

3. 园区网络

园区网络通常可以分为办公园区网络和工业园区网络两种类型。

办公园区大致划分为大中型办公园区、小型分支园区两种类型。两类园区除了组网规模存在区别，回传方式也不同，大中型办公园区以广域网络自建或专线为主，而小型分支园区广域网络回传接入存在多种方式，比如广域专网、运营商专线、SD-WAN线路等，在IPv6网络演进升级设计时需要进行针对性设计。

工业园区主要部署了大量的生产终端和工控系统，生产业务流大部分在本园区内闭环。工业园区的生产系统和现网生产终端生命周期长，在较长时间内，网络需要同时满足IPv4/IPv6双栈业务运行的场景，以及IPv4和IPv6互通场景的需求。

根据以上企业整网模块划分，从业务承载能力角度分析，企业IPv6网络演进路线如图4-3所示。

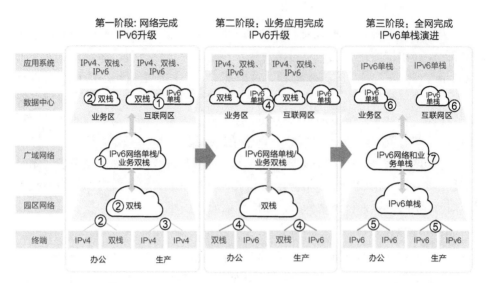

注：图中的双栈即IPv4/IPv6双栈。

图4-3　企业IPv6网络演进路线

企业IPv6网络演进整体迁移可划分为3个阶段，每个阶段关键点的描述如下。

1. 第一阶段：满足国家政策要求，奠定持续演进基础

第一阶段，网络完成IPv6基础设施升级，终端和应用同步进行小规模试点改造，主要包含互联网服务IPv6升级、广域网络的IPv6升级，数据中心网络和办公园区网络、工业生产园区网络的IPv6试点建设。同时，遵循"网络先行，先中间后两边，优先对外服务"的原则，此阶段再细分为3个基本步骤，对应图4-3中的①②③。

（1）互联网服务和广域网络IPv6升级

互联网服务IPv6升级：一般对外公众服务系统部署在数据中心的DMZ，根据国家政策要求，优先完成DMZ对外公众服务升级，升级范围涉及互联网出口、DMZ网络以及相应的公众服务系统。整体演进策略推荐采用IPv4/IPv6双栈方案，满足外部互联网IPv4、IPv6用户对公众服务的访问需求，同时对于新增对外服务，可以构建IPv6单栈试点。

广域网络IPv6升级：广域网络连接园区网络和数据中心网络，是内部用户和内部应用互访的关键通道，推荐企业先行完成广域网络改造，为园区网络和数据中心大规模改造奠定IPv6互联基础。广域网络演进策略推荐采用主流SRv6技术，实现网络Underlay层IPv6单栈，并通过Overlay层提供双栈隧道，满足

IPv4、IPv6业务承载需求。

（2）IPv6数据中心网络和办公园区网络试点建设

企业内部应用系统需要逐步开发改造，故在第一阶段应选定试点办公园区，针对试点园区及数据中心测试区的对应终端和应用进行IPv6升级改造，打通园区用户到测试区IPv6互访通道，为内部应用系统改造提供端到端的测试验证环境，保障后续内部应用系统的平滑迁移。

（3）IPv6生产园区网络试点建设

通过数据中心和园区网络试点建设，企业逐渐熟悉IPv6改造的方法和流程，可以根据生产终端的IPv6生态满足度，选择少量生产业务进行IPv6升级改造，同样打通生产园区到集控系统间的IPv6互访通道，并切换至IPv6优先，观察IPv6对生产业务的满足度，为后续生产物联业务全面平滑切换至IPv6做准备。

2. 第二阶段：网络全面升级，业务应用完成升级，优选IPv6

本阶段主要包含数据中心网络、办公园区网络、工业园区网络的IPv6升级，即图4-3中的④。

（1）数据中心网络完成IPv6升级

数据中心网络全面升级IPv4/IPv6双栈，部分内部应用完成开发改造，并经测试区验证后部署上线，正式为内部用户提供IPv6应用访问服务。同时，对于新建的内部应用，为匹配迁移过程中IPv4、IPv6内部用户并存的状态，建议新建内部应用系统采用部分单位试点IPv6单栈部署的方案。

（2）推进办公园区网络IPv6改造

数据中心逐步推进IPv6应用系统的服务能力后，企业可启动办公园区网络的改造。建议优先完成总部园区网络和终端的升级改造，形成园区改造样板和规范，然后逐步推进分支园区网络改造。如果分支园区的建设和运维管理归下属单位改造，可以制定广域网络隧道切换单栈的明确时间点，确保各分支园区主动完成网络升级改造。

（3）工业园区网络完成IPv4/IPv6双栈升级

随着IoT生产系统在企业的推广使用，工业园区会新增IPv6业务应用以及工控终端，故工业园区需及时升级IPv6网络，为大量物联终端接入提供充足的地址空间。另外，由于工业园区存在大量的老旧工控终端和系统，短期内无法直接升级IPv6能力，建议工业园区网络采用IPv4/IPv6双栈方案。而新建的工控系统和物联终端的通信一般在工业园区网络内部闭环，可直接采用IPv6单栈运行，避免再次改造。

3. 第三阶段：全网全面切换到IPv6单栈，对外互联网访问按需保留IPv4能力

本阶段应聚焦内部应用系统的IPv6逐步迁移工作，本阶段结束时应已全面完成办公应用系统、数据中心网络、广域网络、办公园区网络的IPv6升级。此时，从办公园区到数据中心办公业务系统的访问已切换到IPv6互联通道，可分步骤先将办公园区网络、生产园区网络切换到IPv6单栈，对应图4-3中的⑤；然后将数据中心和办公应用系统切换到IPv6单栈，对应图4-3中的⑥。另外，考虑到内部用户可能存在访问外部IPv4互联网应用的需求，互联网出口可保持部分向IPv4的转换，待互联网应用IPv6全面升级后，再切换到IPv6单栈，降低运维复杂度。

在终端用户和应用都切换到IPv6单栈后，广域网络不再需要进行IPv4承载，可以将网络互联和业务承载全面切换到IPv6单栈，对应图4-3中的⑦。

企业经历以上三阶段的IPv6网络演进改造后，企业内部网络即完成IPv6演进工作。

| 4.4 "IPv6+"网络演进改造关键步骤 |

基于以上的IPv6演进基本原则和演进路线规划，为了更好地使IPv6演进实现网络架构最优，并且平滑演进，建议IPv6改造步骤遵循先评估再规划设计、改造实施有验证、业务上线有监测的原则。企业"IPv6+"网络演进改造可分为如下4个关键步骤。

1. 现网评估，趋势洞察

IPv6演进改造的核心目标是助力产业升级，将IPv6与产业相结合，以实现其最大价值。网络向IPv6演进是企业系统管理架构整体刷新或者重构的机会。因此企业应面向未来，考虑企业发展战略和趋势，优先选择当前业界领先、成熟的技术方案以实现网络架构最优，从而充分支撑企业业务系统的长期发展以及稳定运行，避免网络再造、重复投资。

首先，需要洞察企业发展战略，分析未来趋势，提取企业信息化的核心诉求，以选择合适的网络架构。主要需重点收集和分析如下信息。

- 企业未来几年的业务发展战略：比如"十四五"规划等，通过分析企业相关政策，从中提取信息化需求和架构优化需求。

- 产业、行业的趋势分析：通过分析ICT产业发展趋势及行业的技术发展趋势，选择业界领先方案，避免网络重复改造和投资。

- 同行业分析：尤其是要分析具有领头或标杆意义的同行业企业的战略和
  实施方案。

接着，网络改造评估，通过"看网""讲网"等分析动作分析现网设备能
力，如网络设备的IPv6支持能力。该支持能力除了分析设备功能外，还需要关
注网络规模并分析设备规格、性能是否满足要求。同时，安全设备的IPv6防护
能力也需要重点评估。

最后，业务改造评估，对现有业务进行现状调查，分析当前网络架构和业
务痛点，新架构优化需考虑能解决业务痛点的方案。同时，对业务应用互访关
系应用的改造难度和关联关系、进行评估，以支撑制定应用改造策略。

2. IPv6演进顶层设计

基于现网评估分析和趋势洞察，已有较清晰的目标架构设计的输入信息，
下一步则基于识别的需求、痛点和趋势进行目标架构演进方案的顶层设计。

正如前文所说，IPv6演进顶层设计包含地址管理重构和网络架构优化两大
部分。因此，需要根据业务需求，同时考虑企业的未来发展申请IPv6地址块，
预留足够的地址空间；然后，基于组织架构、业务、地理位置、目标方案等信
息，在集团层面考虑层次化、可聚合、语义化等原则，统一制定IPv6地址顶层
规划；推荐通过IPAM（IP Address Management，IP地址管理）等工具辅助统
一分配IPv6地址。

同时，需进行IPv6演进目标及架构优化设计，并结合行业特点分步完成广
域网络、园区网络、数据中心、安全体系等的IPv6目标方案设计。基于目标方
案设计，需要同步规划网络和业务的演进方案。

3. IPv6改造实施

制定好顶层设计后，可以开始启动真正的改造实施动作，主要分为4步。

首先，制定整体的IPv6改造策略和改造顺序，并遵循平滑演进原则，细化
制定网络和业务演进策略、演进方案及步骤。

其次，基于制定的演进策略和改造方案，建议搭建环境验证IPv6演进关键
方案和步骤，保障方案可行性。

再次，在IPv6演进部署中，需要遵循局部先行、逐层级割接的原则，确保
将影响降到最低。同时，在割接中及时验证业务稳定性，并验证IPv6与IPv4业
务互访影响。

最后，为全面掌握IPv6网络及业务的改造进度和业务质量，需要对运营管
理平台进行IPv6改造，确保运营管理平台具备IPv6数据采集和管理能力，并对
IPv6设备、应用及用户进行大数据分析、智能运维和智能调优等。

4. IPv6运营监测

此外，如果二级单位自主掌控IPv6改造步骤，建议集团建设IPv6发展监测平台，按照国家指标要求，从活跃用户、IPv6流量、网络就绪度、云端就绪度、数字资产、"IPv6+"创新应用6个维度进行统一监测，客观、准确地评估IPv6的改造进度、支持度情况，并持续监测IPv6流量占比。同时基于各个指标结果形成完整的监测报告和评分，实现IPv6进度可量化，支撑企业各二级单位统一布局、合理规划，加速IPv6改造。

| 4.5 小结 |

本章首先重点介绍了企业网络的整体架构，以及企业网络常见的几种业务互访场景。在网络架构最优、网络和业务平滑演进、经济可行三大原则的指导下，给出企业网络向IPv6演进的基本路线：网络先行，由中间向两侧逐步改造；端云协同，先试点再分批推进；从办公到生产；最终演进至网络、业务和终端的全面IPv6单栈化。同时，为了实现平滑演进，除了规划合理的改造路线之外，IPv6的改造步骤也非常重要，首先务必做好充分准备，改造前需对现网进行全面评估，并洞察行业和技术趋势，确保架构最优；然后，基于评估和洞察输入，进行顶层设计；最后，选择合理的演进方案和改造实施方案。在真正启动改造前，务必搭建环境和通过试点的方式进行验证，在保证方案可行的同时，提升交付运维人员对IPv6的技能水平。业务割接改造后，需进行业务质量的全面监测，尤其需要关注有互访关系的IPv4和IPv6应用。

在以上原则、路线和步骤的指导下，我们即将开启真正的IPv6演进旅程，从IPv6地址申请开始，一步步完成网络方案选择、终端改造、应用改造和IPv6网络安全升级的工作。

第5章
IPv6 地址申请、规划和管理

IPv4 时代，IP地址相对匮乏，企业大多采用私网地址，通常仅在互联网出口等位置由运营商分配极少量公网地址，甚至运营商也存在IPv4公网地址不足的情况，分配给企业的互联网出口地址采用私网地址，然后通过运营商的NAT技术转换为公网地址。私网地址的采用，造成IPv4地址系统不论是网络运维、故障定位，还是用户溯源都非常困难。IPv6拥有海量地址，几乎可以为地球上的每一粒沙子分配一个IP地址，从根本上解决地址短缺问题。因此，企业可以为每个终端和应用分配唯一的IPv6地址，以建立端到端IPv6连接，更有利于网络运维、故障定位和溯源，实现万物互联。所以，企业在做IPv6改造前，申请唯一的IPv6 GUA块成为首要任务。

同时，IPv6采用128 bit的地址长度，有充裕的空间实现地址的语义化，通过地址的合理规划和分配，可以提升IPv6的可阅读性并进行层次化管理。当然，如果单纯靠人工管理IPv6的海量地址空间，效率仍然较低，需要管理工具的辅助。

本章将给出IPv6地址相关问题的诸多答案，如从哪些机构、如何申请IPv6地址，申请多大空间的IPv6地址，对申请到的IPv6地址如何进行规划和管理等。

| 5.1 IPv6 地址申请 |

本节着重介绍IPv6地址申请的几种方式，以及分别适用于什么类型的企业和场景。同时，在申请IPv6地址时，给出默认申请的地址空间大小和建议申请的地址空间大小。

5.1.1　IPv6 地址申请方式

当前IPv6地址的申请方式主要有如下3种。

1.　从CNNIC申请地址

中国互联网络信息中心（China Internet Network Information Center，CNNIC）为工业和信息化部直属事业单位，是中国唯一的国家级互联网注册机构（National Internet Registry，NIR），是负责向本地区内的网络服务提供商和企事业单位分配IP地址、AS号码资源的权威机构。申请条件如下。

- 是ISP（Internet Service Provider，因特网服务提供方）或提供互联网络服务的单位。
- 是CNNIC会员。
- 不是终端站点。
- 计划给用户提供IPv6连接并提供/48的地址分配，通过单一聚合的地址为这些单位通告分配的IPv6地址。
- 计划两年内至少给200个用户提供/48的地址分配。

目前的地址分配通常是/32的地址空间，申请周期在2周左右。若希望详细了解IP地址管理和申请办法，读者可登录CNNIC的官方网站了解。

企业选择直接从CNNIC申请地址，需要在当地省级通信管理局进行IPv6地址备案，或者通过运营商进行路由发布（代播）时由运营商进行IPv6地址备案。

2.　从运营商申请

国内中国移动、中国联通、中国电信等运营商已经获取IPv6地址资源，企业可以根据需要，选择当地运营商进行IPv6地址的申请。具体流程对于不同的运营商可能会有差异。一般运营商每省（自治区、直辖市）分配到/40的地址段，其余的为省（自治区、直辖市）内自行规划，分配到某个具体的资源池一般为/48，可按照/48向运营商申请地址。具体申请多少位，需要根据企业规模等综合确定。

3.　从CERNET申请

目前，赛尔网络是国内最大的IPv6网络CERNET的运营者，主要服务对象为教育行业（例如高校等），其拥有的IPv6地址资源主要分给拥有赛尔网络会员资格的教育行业客户。

考虑到地址的可扩展性等，建议具备条件的企业从CNNIC申请GUA，表5-1给出了从CNNIC和运营商申请GUA的对比分析。

表 5-1　从 CNNIC 和运营商申请 GUA 的对比分析

对比项	从 CNNIC 申请 GUA（适合大型企事业单位）	从运营商申请 GUA（适合中小型企事业单位）
优势	• 端到端可溯源：企业使用 GUA，全球公网可达，端到端可溯源。 • 自主可控：与 ISP 解耦，地址规划完全自主可控。 • 地址空间大、费用低：当前 CNNIC 分配 /32 前缀超大地址空间，且费用低。IPv6 作为网络基础资源，建议企业优先获取，由总部统一申请、统一规划后，分配给各个机构使用	• 端到端可溯源：企业使用 GUA，全球公网可达，端到端可溯源。 • 地址易获取：较容易从 ISP 获取 GUA
劣势	地址块最小申请 /32，中小型企业可能无法从 CNNIC 获取 GUA	• 被 ISP 强绑定，更换 ISP 时地址需重新配置。 • 可扩展性差：多 ISP 接入时，需要部署 NAT66 或配置多家 ISP 的 IPv6 地址，增加运维工作量

5.1.2　IPv6 地址数量评估

对于 IPv6 地址使用者，如果申请的 IPv6 地址前缀太短，有可能导致小规模企业空置大量地址，造成浪费，地址申请机构也可能会打回申请要求。如果申请的地址前缀过长，则有可能导致申请者多次申请地址，造成企业内地址碎片化，不利于企业进行路由汇聚、流量引导、安全策略部署等操作。因此，企业在 IPv6 地址申请之前，评估、核算自身所需的 IPv6 地址资源是非常重要的。

通常，IPv6 地址需求量评估可从如下几个方面考虑。

第一，网络中有什么类型的地址，各类地址的需求量是多少？可以从以下角度评估梳理。

• 总的地址空间分为哪些类型，比如网络地址、用户/终端地址、平台/应用系统地址等。
• 整个集团有什么类型的网络和区域，比如广域网络、城域网、园区网络、DCN、互联网出口区域、安全防护区域、运管区域等。
• 每类网络和区域有多少设备，包括路由器、交换机等网络设备，也包括防火墙、DNS、网络管理等安全设施和运维支撑系统。
• 网络地址有哪些地址需求，比如 Loopback 地址、设备接口互联地址、带外管理地址、SRv6 Locator 地址等。通过分析各类型地址的规划需求（如 Loopback 地址典型前缀是 /128，设备接口互联地址典型前缀是 /127），结合设备数量和互联链路数量统计，以此评估网络地址的总体需求量。

- 整个企业的用户和终端有哪些类型，不同类型的用户和终端数量是多少，各用户和终端需要规划的地址数量是多少，以此评估用户和终端地址的总体需求量。

- 整个企业的平台/应用系统有哪些类型，不同类型的平台/应用系统的数量是多少，包括支撑应用系统的硬件资源需求是多少，如服务器数量、存储数量、虚拟机和容器数量等，以此评估平台/应用系统的地址需求量。

第二，明确哪些类型的地址会用来做策略过滤。这一点非常重要，如果不提前梳理此类场景，并在IPv6地址设计时考虑地址划分和隔离，那么在网络上配置基于地址的策略过滤时，可能会带来几十倍的工作量，本来配置一条命令行可以完成过滤的场景，现在可能需要配置上百条命令行才能完成。这部分需要考虑基于哪些场景的IP地址来配置路由过滤、流量过滤、安全和策略过滤，同时需要考虑未来可能会用到的其他场景。

第三，网络有哪些路由域，以及需要在哪些地方进行路由聚合。在需要进行路由聚合的路由域内部，必须分配独立且连续的地址空间，这样可以避免网络发布大量过细路由，便于路由聚合和配置，并减少聚合后的路由数量。例如，子公司内部的独立网络需要有连续的地址空间，并发布聚合路由到集团广域网络。

以上所有地址数量评估和策略场景规划，均需要考虑未来可以预见的网络、业务和用户的规模扩展。

| 5.2　IPv6 地址规划 |

在了解了如何申请IPv6地址后，本节给出IPv6地址的规划总体原则和企业IPv6地址通用的规划建议。

5.2.1　IPv6 地址规划总体原则

IPv6设计通过扩展地址长度到128 bit，有效解决了IPv4地址数量不足的问题，同时也解决了IPv4发展中地址分配无序化、不合理的问题。但是，IPv6巨大的地址空间对路由表规模也提出了挑战，因此在路由聚合、路由管理等方面提出了更高的要求。基于以上诉求，对于IPv6地址规划，建议遵循以下总体原则。

- 聚合和层次化原则：IPv6海量地址空间对路由聚合能力提出了更高的要求，IPv6地址规划的首要任务在于减少网络地址碎片，增强路由聚合能力，提高网络路由效率。层次化设计就是将IPv6地址划分为相对独立的几个字段，每个字段可以单独规划，方便进行路由聚合。层次化设计还有利于缩小路由表规模，可扩展性好，便于实施和管理，便于排除故障和进行容量规划。

- 语义化原则：在层次化原则基础上，IPv6地址规划要能够表达一定的含义，增强地址可读性。地址所属区域、网络类型、业务用途等信息需要映射到IPv6地址中，并对不同字段进行定义，赋予业务类型、物理位置等含义，便于运维和故障定位。

- 分离原则：不同业务用途的地址需分开规划。比如网络设备地址、用户地址和业务地址分开规划，方便在网络边缘进行路由控制和流量安全控制。

- 安全性原则：为了达到IPv6地址可快速溯源的目标，需要在IPv6地址中嵌入关键的溯源信息，包括地址属性、地址所属地域、地址用户权限等信息。相同业务属性具有相同的安全要求，为便于业务互访间的安全控制，将同一种业务属性划分到同一段地址空间，有利于安全设计和策略管理。

- 可扩展性原则：进行IPv6地址规划时，应充分考虑未来用户数量增加和业务增长需求，预留一定的裕量；如果预留不足，则未来的地址扩充可能会出现碎片、不连续等情况，导致地址无法满足聚合性、安全性等原则要求。

- 国家和行业遵从原则：IPv6地址规划需预留出专门的地址空间，满足国家或行业对IPv6地址的监管等要求。同时，也要按照行业标准编址编码，比如，各级别政府机关接入政务外网的IPv6地址规划，需遵从国家电子政务外网标准要求。

同时，为了更好地保留IPv6的优势，在IPv6地址设计中还有一些关键规划点，需要重点关注。

- 使用GUA规划地址空间：建议在IPv6改造前即申请GUA，以满足后续地址发布和管理运维需求。不建议使用IPv6的ULA，它类似IPv4的私网地址，无法对外发布。如果采用ULA，对外发布时仍需要采用NAT等方式，会破坏IPv6的连续性，且采用NAT增加了转发开销和时延，不利于业务长期发展。

- 尽量不要破坏半字节（4 bit）的边界结构：IPv6地址在设备或者管理界面以十六进制显示配置（采用4 bit），如果破坏半字节边界结构，信息嵌入组合复杂，策略设置复杂，不便于语义标记。

· IPv6地址前缀长度建议不大于64 bit：考虑SLAAC等特性的正常使用，建议预留后64 bit作为主机标识符。

5.2.2　企业 IPv6 地址规划建议

本节将重点介绍大中型企业IPv6地址的规划。大中型企业做地址规划时，需遵循IPv6地址规划总体原则，尤其关注安全性原则和分离原则（不同的安全属性/安全诉求的地址划分到不同的地址空间，如网络地址、用户/终端地址、平台/应用地址划分到3个独立空间，工控生产网业务和办公信息类业务划分到不同的地址空间），实现平台/应用地址、网络地址、用户/终端地址按照不同的地址空间分配以及路由的高效聚合。

结合以上原则，对于大中型企业IPv6地址规划方案，首先，建议将地址空间类型放在最前面，考虑将企业生产类和信息类地址进行严格隔离，如划分工控生产类和信息类等子网络空间，方便做路由隔离，同时建议在地址空间后携带网络类型空间，完成业务的隔离。其次，地址规划需要考虑区域位置和下属机构信息，方便做路由聚合和路由发布，根据不同企业类型，两种信息的侧重不同，预留地址长度也不同，需要按照实际情况进行规划。最后，根据不同的地址空间，进行用户/应用/子网信息的细分设计，比如网络地址空间的管理地址、Loopback地址等。

IPv6地址规划举例如图5-1所示。

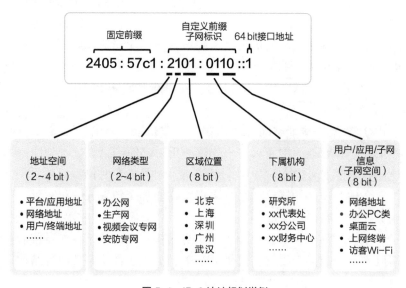

图 5-1　IPv6 地址规划举例

图5-1中各字段介绍如下。

- 地址空间：推荐预留2～4 bit，用于标识企业不同类型的地址空间。出于安全、聚合和发布方式的考虑，企业IPv6地址规划一般至少需要包含三大地址空间，彼此独立、分别设计。三大地址空间介绍如下。

  - 平台/应用地址：比如服务器地址、应用地址、业务地址等，侧重路由聚合和对外发布。
  - 网络地址：包括设备管理地址、设备互联地址，要求安全性高，侧重于网络隔离和路由受限发布。
  - 用户/终端地址：与业务无关，侧重于路由聚合。

- 网络类型：也称子业务类型，推荐预留2～4 bit，即对应企业中存在的物理/逻辑隔离的网络，这些网络之间不互通或者通过网闸/边界防火墙互通，比如办公网络、工业互联网、视频会议专网等。同时，在网络地址空间内，该地址段还包含集团广域网络、数据中心网络和二级单位园区网络的地址划分。

- 区域位置：需要根据省份、地市等进行划分，通过统一编码标识具体省/市/区县位置信息，便于位置定位以及基于网络层次等进行路由聚合和发布。根据需要，为进行位置定位的行政级别预留长度。

- 下属机构：根据二级单位、三级单位、市县公司等进行划分，便于定位到具体单位，同时可以基于下属机构粒度进行路由聚合和策略控制。

- 用户/应用/子网信息（子网空间）：可以基于不同地址空间进行划分，同一地址空间内不同网络类型的各个子网可统一定义，也可以由二级机构的业务需求自定义、自分配。比如：用户/终端地址可以基于组织架构或者楼层位置进行划分；平台/应用地址可以通过业务类型划分，便于进行业务逻辑隔离和策略控制；网络地址可以基于网络地址类型（如Locator地址、Loopback地址、互联地址）进行细分。该字段下文简述为"子网空间"。

整体上，中大型企业的IPv6地址划分样例如表5-2所示。

表 5-2　大中型企业的 IPv6 地址划分样例

序号	字段	长度 /bit	子网空间地址数 / 个	说明
1	地址空间	4	16	总部统一规划
2	网络类型	4	16	总部统一规划
3	区域位置	8	256	总部统一规划
4	下属机构	8	256	总部统一规划
5	子网空间	8	256	子公司负责规划

以上是IPv6地址整体的规划建议。由于不同的地址空间在细分时存在部分差异，接下来重点基于不同地址空间类型给出详细的规划建议和样例，包括用户/终端地址、平台/应用地址、网络地址。

1. 用户/终端地址规划建议

用户/终端地址规划样例如图5-2所示，"地址空间"假设规划值为"1"，"网络类型""区域位置"和"下属机构"字段由总部统一规划，"子网空间"由相应的子公司按需规划。子公司分配地址时可将子网空间字段划分为"用户类型"和"可分配子网空间"。其中对于"用户类型"字段，根据实际用户和终端类型的数量预留字段长度，可以分为内部VIP用户、内部普通用户、驻场用户、办公哑终端、访客等。考虑各类用户的可扩展性以及用户间的策略控制，一般建议在该字段规划时充分考虑未来演进和场景划分，确保为各类用户类型分配连续的地址空间。"可分配子网空间"字段则根据用户类型内的不同属性进行细分，如部门、区域、楼层等信息，该字段已是最小粒度的地址规划空间，需要与实际物理组网关联，规划到具体业务网关配置的网段地址。

用户/终端地址	NA	总部负责规划				子公司负责规划		
	固定前缀	地址空间	网络类型	区域位置	下属机构	子网空间		接口地址
						用户类型	可分配子网空间	
长度/bit	32	4	4	8	8	4	4	64
IPv6地址前缀位数	1~32	33~36	37~40	41~48	49~56	57~60	61~64	65~128
取值：十六进制表示	XXXX:XXXX	固定为1	0~F	00~FF	00~FF	0~F	0~F	0001~FFFF:FFFF:FFFF:FFFF

用户类型	
取值	说明
0	内部VIP用户
1	内部普通用户
2	驻场用户
3	办公哑终端
4~E	预留
F	访客

图5-2 用户/终端地址规划样例

由于接入终端往往数量庞大，对全部128 bit地址进行分配的工作量太大，通常把位置/类型等需要语义化的信息在前64 bit中进行统一规划分配。后64 bit可以通过SLAAC/DHCPv6动态生成和分配，或SLAAC/DHCPv6结合EUI-64，通过终端MAC映射为后64 bit地址，实现类静态方式的地址分配。采用动态方式分配地址，存在不方便溯源的问题，可以配合IPAM/准入控制等方法实现终端溯源。

2. 平台/应用地址规划建议

平台/应用地址规划样例如图5-3所示，"地址空间"假设规划值为"2"，"网络类型""区域位置"和"下属机构"等字段由总部统一规划。其中"区域位置"与"下属机构"的地址规划中需要同时考虑总部为整个集团提供的平台/应用系统的地址规划，此处"区域位置"可以代表集团分布在不同区域的数据中心所在位置。

具体子公司在进行IPv6地址细化分配时，可以通过"子网空间"字段代表"业务系统"字段标识业务系统类型，"业务系统"字段用来表示数据中心的各类业务，比如开发测试、办公业务、视频会议等。其中，子公司也包含总部信息中心，负责总部平台/应用系统的IPv6地址规划。

平台/应用地址多为静态分配地址，需要规划后64 bit地址。考虑较好的易读性和IPv4时代的规划习惯，可先将后64 bit的前32 bit（即bit 65～96）预留，默认为"0"，只规划后32 bit。通过后32 bit对各类平台/应用系统地址进行灵活划分和编号等，如果全网平台/应用系统存量改造，也可考虑将后32 bit直接填入原有系统的主机IPv4地址。

平台/应用地址	NA	总部负责规划			子公司负责规划		
	固定前缀	地址空间	网络类型	区域位置	下属机构	子网空间	接口地址
						业务系统	预留	可分配地址空间
长度/bit	32	4	4	8	8	8	32	32
IPv6地址前缀位数	1~32	33~36	37~40	41~48	49~56	57~64	65~96	97~128
取值：十六进制表示	XXXX:XXXX:	固定为2	0~F	00~FF	00~FF	00~FF	默认为0	0000:0001~FFFF:FFFF

业务系统	
取值	说明
00	开发测试
01	办公业务
02	视频会议
03	门禁卡
04	财务系统
05~FE	预留
FF	运维管理

接口地址（64 bit）	预留	IPv4地址
长度/bit	32	32

图5-3　平台/应用地址规划样例

3. 网络地址规划建议

由于网络地址类型与网络的物理拓扑、网络层级等关联紧密，IPv6地址中需要携带更多的物理设备信息,如节点位置信息、节点角色信息和链路信息等。所以网络地址类型的字段划分与整体的划分建议略有不同。网络地址规划样例如图5-4所示,"地址空间"字段假设规划值为"0",定义"网络类型""一级区域""二级区域""地址类型"等字段,并由总部统一规划。接口地址由子公司负责规划。

网络地址	NA		总部负责规划				子公司负责规划		
	固定前缀	地址空间	网络类型	一级区域	二级区域	地址类型	接口地址		
							子网空间	节点ID	其他可分配空间
长度/bit	32	4	4	8	8	4	4	16	48
IPv6地址前缀位数	1~32	33~36	37~40	41~48	49~56	57~60	61~64	65~80	81~128
取值:十六进制表示	XXXX:XXXX	固定为0	0~F	00~FF	00~FF	0~F	0~F	0000~FFFF	0000:0000:0000 ~ FFFF:FFFF:FFFF

地址类型	
取值	说明
0	接口互联地址
1	带外管理地址
2	Loopback地址
3	SRv6 Locator地址
4~F	预留

图5-4 网络地址规划样例

图5-4中各主要字段详细解释如下。

- 地址空间:与整体规划一致,假设规划值为"0"。
- 网络类型:需要考虑有独立物理组网的网络类型,比如数据中心网络、广域网络、园区网络、办公网络等。
- 一级区域、二级区域:根据网络层级进行划分,原则为便于层次化和聚合。比如数据中心的区域为一级区域,AZ(Availability Zone,可用区)为二级区域;广域网络可以根据网络层级位置指定一级区域和二级区域;园区网络可以根据二三级单位分层级。
- 地址类型:包含接口互联地址、带外管理地址、Loopback地址、SRv6 Locator地址等。
- 子网空间:由子公司根据单位内部的网络划分进行分类,同样需要考虑层次化和可聚合性。
- 节点ID:代表设备节点。为了便于定位,建议接口互联地址、带外管理地址、Loopback地址和SRv6 Locator地址中的节点ID数值保持一致。考虑到 SRv6 的地址压缩方案，建议节点 ID 位数为 16，且节点 ID 前的长度为 16 bit 的倍数，比如 48 bit、64 bit、80 bit 等。

图 5-4 中"地址类型"字段有不同的地址类型，不同地址类型的网络地址划分方案也不相同，下面逐一介绍。

（1）接口互联地址

设备的接口互联地址规划样例如图 5-5 所示，其中"地址类型"字段假设规划值为"0"，"子网空间"和节点 ID 如前文统一规划。同时，互联地址在互联的两个节点上需要配置为相同网段，且希望同时携带互联节点的节点信息，因此增加"上游节点 ID"和"下游节点 ID"字段。比如核心层和汇聚层，核心层在前，为上游节点，汇聚层在后，为下游节点。

bit 97～104 表示两端设备之间的互联链路数，默认值为 0，若设备间有多条链路，此字段由 0 开始取值，并依次类推。

考虑互联地址建议规划 127 bit 掩码长度，因此 bit 105～127 为预留或称为对齐标记位，建议固定为 0。

根据节点 ID，上游节点的接口互联地址第 128 位的"P2P link"字段值取"0"，下游节点的接口互联地址的"P2P link"字段值取"1"。

网络地址	NA	总部负责规划					子公司负责规划				
								接口互联地址			
	固定前缀	地址空间	网络类型	一级区域	二级区域	地址类型	子网空间	上游节点ID	下游节点ID	链路数	对齐标记位	P2P link
长度/bit	32	4	4	8	8	4	4	16	16	8	23	1
IPv6地址前缀位数	1～32	33～36	37～40	41～48	49～56	57～60	61～64	65～80	81～96	97～104	105～127	128
取值：十六进制表示	XXXX:XXXX	固定为0	0～F	00～FF	00～FF	固定为0	0～F	0000～FFFF	0000～FFFF	00～FF	固定为0	0/1

图 5-5　网络地址规划样例——接口互联地址

（2）带外管理地址

设备的带外管理地址规划样例如图 5-6 所示，其中"地址类型"字段假设规划值为"1"，bit 65～112 作为预留，默认值为 0，最后 16 bit 标识设备的节点 ID。

网络地址	NA	总部负责规划					子公司负责规划		
								接口互联地址	
	固定前缀	地址空间	网络类型	一级区域	二级区域	地址类型	子网空间	预留	节点ID
长度/bit	32	4	4	8	8	4	4	48	16
IPv6地址前缀位数	1～32	33～36	37～40	41～48	49～56	57～60	61～64	65～112	113～128
取值：十六进制表示	XXXX:XXXX	固定为0	0～F	00～FF	00～FF	固定为1	0～F	默认为0	FFFF

图 5-6　网络地址规划样例——带外管理地址

（3）Loopback地址

Loopback地址规划样例如图5-7所示，其中"地址类型"字段假设规划值为"2"，bit 65～80标识设备统一规划的节点ID，bit 81～124作为预留，默认值为0。如果企业由于业务和管理需要，要使用多个Loopback地址，可考虑使用最后4 bit，即bit 125～128，表示具体Loopback ID。

网络地址	NA	总部负责规划					子公司负责规划			
							接口互联地址			
	固定前缀	地址空间	网络类型	一级区域	二级区域	地址类型	子网空间	节点ID	预留	Loopback ID
长度/bit	32	4	4	8	8	4	4	16	44	4
IPv6地址前缀位数	1~32	33~36	37~40	41~48	49~56	57~60	61~64	65~80	81~124	125~128
取值：十六进制表示	XXXX:XXXX	固定为0	0~F	00~FF	00~FF	固定为2	0~F	0000~FFFF	默认为0	0~F

图 5-7　网络地址规划样例——Loopback 地址

（4）SRv6 Locator地址

网络设备的SRv6 Locator地址规划样例如图5-8所示，其中"地址类型"字段假设规划值为"3"，bit 65～80为节点ID，考虑SRv6的16 bit压缩方案，建议节点ID预留为16 bit，且节点ID的前序位为16 bit的倍数。节点ID之后则为SRv6的Function标记位和Args地址，可压缩Function标记位和不可压缩Function标记位根据压缩方案按需取值。SRv6的压缩方案请参考"SRv6/IPv6+"的相关图书。

网络地址	NA	总部负责规划					子公司负责规划				
							接口互联地址				
	固定前缀	地址空间	网络类型	一级区域	二级区域	地址类型	子网空间	节点ID	可压缩Function	不可压缩Function	Args
长度/bit	32	4	4	8	8	4	4	16	16	24	8
IPv6地址前缀位数	1~32	33~36	37~40	41~48	49~56	57~60	61~64	65~80	81~96	97~120	121~128
取值：十六进制表示	XXXX:XXXX	固定为0	0~F	00~FF	00~FF	固定为3	0~F	0000~FFFF	0000~FFFF	0000:00FFFF:FF	00~FF

图 5-8　网络地址规划样例——SRv6 Locator 地址

| 5.3　IPv6 地址管理 |

在IPv6时代，地址数量和地址长度的增加使得地址管理更为复杂，依赖手动更改或者简单脚本配置的传统操作模式已经无法满足要求，需要自动化程度更高的地址管理方法。

本节主要针对IPv6地址管理的流程方法进行说明，以便于正确、合理分配及使用IPv6地址，帮助网络管理人员和IT网络的管理者高效管理IPv6地址，包括对IPv6地址进行及时申请、规划、分配、管理、上报和跟踪等。

5.3.1　IPv6 地址管理职责划分

IPv6地址管理总体上遵循集团总部统一管理、各子公司逐级申请的原则，分配到各子公司的地址由子公司负责进一步细化管理，子公司逐级申请，如图5-9所示。

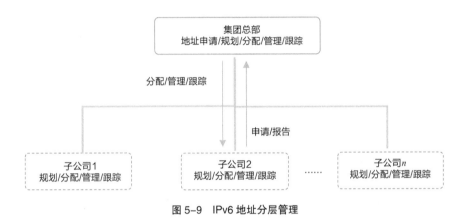

图 5-9　IPv6 地址分层管理

IPv6地址管理的总负责部门通常为集团总部网络资源管理部门，负责整个集团的IPv6地址空间的申请、规划、分配、管理和跟踪。各子公司向集团总部申请自己的地址空间。子公司的网络资源管理部门负责为下属的网络、终端、业务系统进一步规划、分配、管理和跟踪，并向集团总部上报地址规划和使用情况。为实现重要业务统一管理，部分企业也会将一些重要业务和设备地址单独规划，由集团总部相关专业负责部门进行统一管理分配，对于该类地址，各子公司需向集团总部相关专业负责部门申请。

集团总部和子公司的IPv6地址规划分工，建议参照5.2.2节中各类IPv6地址空间的地址规划举例。

5.3.2　IPv6 地址管理要求

集团总部制定统一的地址规划规则、分配和申请规范、跟踪和上报规范等操作流程，并给各子公司发文，统一执行。比如，规定地址规划的职责部门，地址统一规划的周期，地址分配的原则，子公司向集团总部申请地址的条件、流程和时间，集团总部负责接收地址分配申请的职责部门及分配完成时长，子公司地址使用和上报的规范要求，地址跟踪和回收的规范要求等。

1. 地址规划管理要求示例

IPv6地址分配遵循"统一规划，分批启用"原则。

集团总部根据整体的业务发展规划，按固定周期对各子公司的IPv6地址需求进行预规划。总部可以根据整体业务和网络发展规划确定具体周期，比如以5年为周期进行规划。

各子公司在规划周期内，根据各自的网络建设和业务发展需求，在得到自己单位所分配的IPv6地址块后，完成内部地址使用的二次规划，并将规划上报至集团总部。

在一个规划周期内，集团总部原则上不再向子公司追加IPv6地址规划，其间若个别单位业务大发展导致地址需求超出预规划量，集团总部对申请进行审核，酌情批复。

2. 地址申请和分配管理要求示例

集团总部周期性地为子公司统一分配地址后，子公司周期性地为其下属子公司分配地址。当下属子公司的地址不足时，可依据以下要求向子公司申请分配新地址；当子公司的地址不足时，也可依据以下要求向集团总部申请分配新地址。

- 各子公司在IPv6地址利用率超过70％或剩余可用IPv6地址无法满足网络扩容或业务发展需求时，可向集团总部提出地址申请。每次申请的IPv6地址数量应保证一个规划周期内的使用量，避免多次申请。
- 各子公司应在集团总部规定的时间向集团总部信息部提交IPv6地址申请；如遇特殊情况，各子公司也可以在其他时间向集团总部信息部提出IPv6地址申请，但需说明具体原因。

集团总部信息部审核地址申请材料，对不合格材料，要求各子公司修改或补充；若审核合格，集团总部信息部应按规定时间统一批复各子公司的IPv6地址申请。

3. 地址使用和上报管理要求示例

各子公司依照集团总部发布的IP地址管理相关要求进行本单位内的IPv6地址的规划、分配和使用。

各子公司定期将IPv6地址的使用详细情况向集团总部报备。报备内容可以包括：本单位地址利用率，详细说明每个地域、业务的地址使用情况，以及每一个地址的归属位置、业务板块、应用和对外发布需求等属性。

集团总部按照地址管理流程要求，定期将报备情况进行全网通报。对于未按照要求提供IP地址信息的使用部门，IP地址管理部门有权利拒绝分配IP地址。

4. 地址跟踪管理要求示例

集团总部根据各子公司的IPv6地址使用报备信息，定期统计、分析各子公司的IPv6地址使用情况和空闲情况。通过IPv6地址占比、地址块分配数量、IPv6地址利用率等信息，形成全集团IPv6地址分配和使用地图，并及时识别地址使用不当的情况，定期进行全网通报。

同时，集团总部对长期空闲未使用的地址进行回收，提高集团整体的地址利用率。

5.3.3　IPv6 地址管理工具

通过Excel表格等传统管理方式维护IPv6地址，效率低且可读性差，无法适用IPv6海量地址管理。因此，建议部署专门的IPv6地址管理工具，以解决IPv6地址管理混乱、规划不合理等问题。

IPv6地址管理工具需要匹配地址管理要求，实现IPv6地址全生命周期管理，主要功能介绍如下。

- 地址规划：建议根据地址规划原则，进行语义化地址规划建模，如根据地址空间、网络类型、区域位置、下属机构等不同维度定义语义树，并为不同语义节点分配合适的地址块，实现组织或业务架构与IPv6地址空间的映射关系。同时，地址管理工具需要支持分层级地址规划，如总部和子公司。语义化地址规划建模由集团总部的地址管理工具统一制定，IPv6地址块统一分配，并将统一分配的地址块下发到子公司的地址管理工具。子公司在地址管理工具上完成地址细化，并上报给集团总部的地址管理工具，从而形成统一的IPv6地址规划地图。
- 地址分配：基于地址规划，结合DHCP服务器或本地地址池，实现终端地址分配。
- 地址可视化、管理可视化：为了辅助IPv6地址管理，地址管理工具需要对IPv6子网的地址分配进行可视化，可视化信息包括已分配IPv6地址占比、地址块数量、地址类型（静态地址、固定地址、动态地址等）分类统计、已分配地址在线统计等，以满足企业内部统计管理和对外监管需求。
- 地址跟踪定位：地址管理工具需要支持通过资产管理+主动探测[Ping/SNMP（Simple Network Management Protocol，简单网络管理协议）]

等方式主动发现网络中所有的IP资产，并实时监测地址在线状态。另外，它还需要支持根据路径信息还原地址所处的上联设备/端口/VLAN（Virtual Local Area Network，虚拟局域网），跟踪资产状态变化，辅助完成IPv6地址溯源定位。

IPv6地址管理工具部署建议和管理层级保持一致，根据管理终端的规模，可以采用多平台分级部署，集团总部和子公司部署各自的IP地址管理平台，通过上下级联动实现IPv6前缀分配、地址规划上报、监测和统计数据的上报等功能。或者集团总部统一部署一套平台，通过角色授权，对不同用户赋予不同的资源访问权限，实现访问控制和安全隔离分权分域的管理机制，子公司在同一套系统分别对各自的地址进行管理。

| 5.4 小结 |

本章介绍了IPv6地址的申请机构和申请方式，考虑业务去除NAT所造成的影响和IPv6地址主导权等因素，推荐有一定规模的大中型企业通过CNNIC申请独立的IPv6 GUA空间。同时，建议基于IPv6地址的层次化和聚合、语义化、分离、安全性、可扩展性等原则进行地址规划，并基于不同地址空间给出规划案例和建议。考虑IPv6海量地址的特征，建议各企业制定详细的IPv6地址管理要求，并建议通过IPv6地址管理工具辅助完成IPv6地址管理。

第 6 章
广域 "IPv6/IPv6+" 网络演进设计

第 5 章介绍了 IPv6 地址的申请、规划与管理，企业获得 IPv6 地址并完成地址规划后即可开始考虑网络的演进设计。广域网络连接园区网络和数据中心，是用户和应用互访的关键通道，在企业全网 IPv6 演进的过程中需要优先考虑。本章将从基于 "IPv6/IPv6+" 的广域网络方案架构开始，逐步介绍网络协议设计、网络业务设计、网络业务质量保障设计、网络可靠性设计和网络管理与运维设计，最后重点介绍广域 "IPv6+" 网络升级改造演进策略和方案。

|6.1 广域 IPv6 网络整体方案及场景介绍|

企业网络中一般包括生产、办公、视频、互联网访问等多种业务，具有多个分支的大中型企业，特别是业务系统对网络质量及安全要求较高的企业，大多通过自建广域网络实现各种业务的承载。从数据的流向角度分析，一般主要包括以下几种业务场景。

- 企业自建广域网络实现总部与分支、分支与分支之间的数据互访，例如总部与分支人员之间的办公通信、分支与分支之间的数据交互等。这种场景下，一般会针对不同的部门或业务进行逻辑隔离，采用的技术主要有 L2VPN（Layer 2 Virtual Private Network，二层虚拟专用网络）、L3VPN（Layer 3 Virtual Private Network，三层虚拟专用网络），其中 L2VPN 又包括点到点和点到多点两种场景。
- 企业自建广域网络实现总部、分支与数据中心之间的数据互访，例如总部、分支的人员访问位于云内或数据中心内的门户网站、生产或办公系统。在这种场景下，一般会针对业务系统的重要程度，通过 VPN 限制可以访问的人员或网络范围，通常采用的技术为 L3VPN。
- 企业自建广域网络实现多个数据中心之间的数据互访或备份，例如主用数据中心与灾备数据中心之间的数据交互等。多个数据中心之间一般通过 L3VPN 对需要互访或备份的业务系统进行互联。

- 企业自建广域网络为总部或分支提供集中的互联网出口。访问互联网的业务可以采用Native IP或L3VPN方式承载,从安全性角度考虑,推荐采用L3VPN方式承载。

在企业网络向IPv6演进的过程中,以上业务场景需要同时支持IPv4、IPv6,并能够逐渐向IPv6 Only演进。广域网络面向IPv6演进涌现出了多种多样的技术,应用较多的有3种:双栈网络、6PE[IPv6 Provider Edge,IPv6提供商边缘(路由器)]/6vPE、"IPv6+"。

1. 双栈网络

双栈是指网络节点支持IPv4/IPv6双栈,这样的节点既可以基于IPv4与IPv4节点通信,也可以基于IPv6与IPv6节点通信,因此它可以作为IPv4网络和IPv6网络之间的衔接点。双栈技术可以在一个单一的网络节点上实现,也可以是一个双栈网络。对于双栈网络,其中的所有设备必须支持IPv4/IPv6双栈,连接双栈网络的接口必须同时配置IPv4地址和IPv6地址。

双栈网络需要同时支持IPv4和IPv6两个协议栈,并同时计算、维护与存储IPv4和IPv6两套表项。对网络设备而言,还需要对IPv4和IPv6的栈进行报文转换和封装,所以设备负担更重,对设备的性能要求更高,维护和优化的工作也复杂。同时,IPv4和IPv6都是无连接的通信,只能提供尽力而为的服务,无法提供路由隔离、流量工程等高阶能力。

2. 6PE/6vPE

6PE和6vPE是针对IPv6网络互通跨越IPv4网络场景的技术。如图6-1所示,6PE没有VPN,CE将IPv6路由通告PE,PE向对端PE发布IPv6公网路由时,打上MPLS标签,中间节点无须感知IPv6路由,仅进行MPLS标签转发。

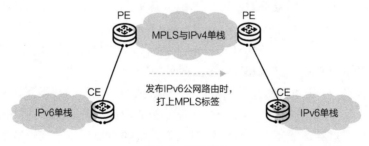

图6-1 6PE技术

如图6-2所示,针对IPv6站点在VPN内的场景,CE向PE通告IPv6路由,PE和CE对接的接口绑定VPN;PE对IPv6 VPN路由打上VPN标签,向对端PE通告,外层标签为MPLS。

图 6-2　6vPE 技术

　　6PE/6vPE的演进思路是为IPv6分配MPLS标签路由，使得IPv6业务可以在MPLS域内转发。这样虽然解决了IPv6路由发布的问题，但其实是对协议做了加法，MPLS通过在原有IGP基础上增加LDP（Label Distribution Protocol，标签分发协议）来实现标签的分发，又因为LDP不具有流量工程，增加了RSVP-TE（Resource Reservation Protocol-Traffic Engineering，针对流量工程扩展的资源预留协议）。由于RSVP信令非常复杂，同时还得维护庞大的链路信息，因此信息交互效率低，扩展也非常困难。MPLS标签分发目前主要采用IPv4路由实现，基于IPv6的MPLS标签分发协议如LDPv6（Label Distribution Protocol over IPv6，基于IPv6的标签分发协议）、SR-MPLSv6（Segment Routing-MPLS over IPv6，基于MPLS转发平面的IPv6段路由）等目前主流网络设备生产商均不支持，标准进展缓慢，因此6PE/6vPE的演进思路本质上是在IPv4上做加法，以支持IPv6路由发布及数据包转发，无法实现向IPv6单栈网络演进的目标。

3.　"IPv6+"

　　"IPv6+"指基于IPv6技术体系"再"完善、"再"创新、"再"提升和"再"升级。"IPv6+"的演进思路是将网络划分为Underlay和Overlay两层，Underlay层采用IPv6单栈，结合SRv6隧道技术，为Overlay层的业务提供服务，如图6-3所示。

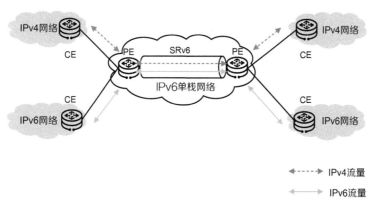

图 6-3　"IPv6+"技术

　　"IPv6+"网络以SRv6为基石,在Overlay层支持二三层业务以及IPv4、IPv6业务,同时通过对SRv6报文进行扩展,支持基于SRv6 Policy进行流量工程,基于网络切片实现不同业务的SLA差异化保障,基于IFIT实现对真实业务流的随流监测及故障自动定界,基于APN6实现基于应用的网络感知及管理等一系列创新能力。目前,基于"IPv6+"的广域骨干方案已经在国内外多家大中型企业网络中商用部署,其中包括政府、银行、教育、能源等关系国计民生的重要网络。"IPv6+"的演进方案实现了广域网络IPv6 Only一步到位,支持IPv4业务平滑演进,具备丰富的创新能力,是广域骨干网络面向IPv6演进的最优选择。

　　在"IPv6+"承载方案中,可采用Underlay IPv6 Only,Overlay层同时承载二层业务、三层IPv4/IPv6业务的方式进行规划,基于不同业务SLA的要求可以选择划分网络切片,针对关键业务,可以通过IFIT进行业务监测及故障快速定位定界。这样可以避免IGP同时维护IPv4、IPv6两套协议栈,降低设备协议维护压力。同时,基于"IPv6+"的网络切片、IFIT等技术有利于基于业务进行SLA差异化保障,提升业务体验,提高网络运维效率,从而降低网络架构复杂度及维护成本。

　　基于"IPv6+"的总体承载方案设计如图6-4所示。

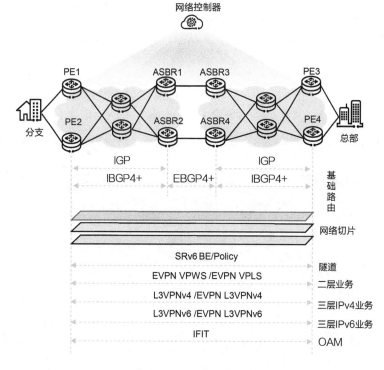

图6-4　基于"IPv6+"的总体承载方案设计

在Underlay层，通过部署如IS-ISv6（IS-IS over IPv6，基于IPv6的IS-IS，即通过组建IS-ISv6网络在自治域内发现并计算IPv6路由信息）、BGP4+等路由协议，发布设备Loopback接口路由、SRv6 Locator路由等基础路由，实现IPv6路由互通，为通过SRv6承载Overlay业务提供基础。

在Overlay层，根据业务类型的不同，选择不同的BGP地址族，传递业务路由信息（IP/MAC等）。业务部署建议如下。

- 二层业务：使用SRv6 EVPN（Ethernet Virtual Private Network，以太网虚拟专用网络）作为承载协议，提供点到点、点到多点的连接模型。相对于传统的VSI（Virtual Switching Instance，虚拟交换实例）/PWE3（Pseudowire Emulation Edge-to-Edge，端到端伪线仿真），EVPN具有部署简洁、带宽利用高效、收敛快速等优势，是L2VPN业务承载的最佳选择。
- 三层IPv4业务：可以使用传统的SRv6 L3VPN，也可以使用SRv6 EVPN L3VPN，建议部署SRv6 EVPN L3VPN。
- 三层IPv6业务：可以使用传统的SRv6 L3VPNv6，也可以使用SRv6 EVPN L3VPNv6，建议部署SRv6 EVPN L3VPNv6。

下面将详细介绍"IPv6+"在广域网络的部署设计。

| 6.2 广域网络协议设计 |

本节主要介绍IGP和BGP的网络协议设计。

1. IGP设计

在进行Underlay网络的基础路由设计时，首先需要选取一种IGP来承载广域网络设备之间的互联网段路由和Loopback地址路由。在以"IPv6+"技术组网的广域网络中，还需要通过IGP来承载各路由器之间的SRv6 Locator路由。IGP的设计直接关系到网络流量模型、收敛性能、可靠性和安全性等重要参数。

IS-IS和OSPF是目前使用十分广泛、成熟的两个IGP。根据经验，在IP承载网中，公网路由多数使用IS-IS，尤其国内大型运营商承载网几乎全部使用IS-IS，中小型网络采用OSPF较多。下面从几个维度对OSPF和IS-IS进行对比，供网络设计时参考。

- 相对而言，IS-IS比OSPF更加安全，这是因为IS-IS协议报文封装在链路层，属于二层组播报文，不可路由；而OSPF报文是靠IP来承载的，是可路由的，这就为远端攻击OSPF提供了可能。

- IS-IS通过新增TLV就可以容易地支持IPv6，而OSPF要支持IPv6，整个协议要重新开发。从这一点来讲，IS-IS可扩展性更强。
- 从路由收敛性能比较，IS-IS对超大区域部署更具备优势，区域内叶子节点故障不影响整个区域路由计算，可大大降低网络设备CPU计算负载；而OSPF区域内每个单点拓扑发生变化，均会引起整个区域SPF（Shortest Path First，最短通路优先）重计算，更适合中小区域拓扑。IS-IS整体收敛性能优于OSPF。

因此，在新建网络时建议采用IS-IS作为IGP。如果是对现网进行升级改造，现网已经部署OSPF，则可以在网络中新增IS-ISv6进程，用于发布设备各接口的IPv6路由。IS-IS支持分层路由，Level-1路由是区域内路由，Level-2路由是区域间路由。根据位置不同，IS-IS可以工作在Level-1、Level-2和Level-1-2这3种模式下。在网络规模不大的情况下，可以将全网划分在一个IS-IS Level-2内；对于大型网络，建议进行分层设计，核心层划分为Level-2，汇聚层划分为Level-1-2、接入层划分为Level-1，通过分层控制设备路由表大小。以全网划分在一个IS-ISv6 Level-2内为例，如图6-5所示。

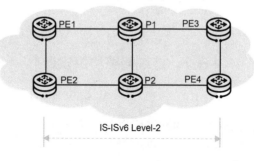

图6-5 IS-ISv6 设计

IGP域内需要发布各设备Loopback路由、互联接口路由以及SRv6 Locator路由，其中，Loopback路由用于网络管理和建立BGP邻居，SRv6 Locator路由用于指导封装于SRv6隧道的数据流量在IGP域内转发。设备的IS-IS关键配置如下。

```
[HUAWEI-isis-1] is-level level-2
[HUAWEI-isis-1] network-entity 10.0000.0000.0002.00
[HUAWEI-isis-1] ipv6 enable topology ipv6
```

IS-IS负责将网络的拓扑信息、前缀信息、SRv6 Locator和SID信息在全网进行通告。为了实现上述功能，标准组织对IS-IS协议报文的TLV进行了一些扩展。IS-IS通过命令使能SRv6扩展能力之后，可以根据指定的Locator生成End

和End.X SID。IS-IS生成的SRv6 SID一方面会加入本地的Local SID表，另一方面也会通过IS-IS LSP报文对邻居发布，其关键配置举例如下。

```
[HUAWEI] segment-routing ipv6
[HUAWEI-segment-routing-ipv6] locator as1 ipv6-prefix 10::1 64 static 32
[HUAWEI-segment-routing-ipv6-locator] quit
[HUAWEI-segment-routing-ipv6] quit
[HUAWEI]isis 1
[HUAWEI-isis-1] segment-routing ipv6 locator as1
[HUAWEI-isis-1] quit
```

2. BGP设计

BGP邻居根据域内邻居和跨域邻居可分为IBGP（Internal Border Gateway Protocol，内部边界网关协议）邻居和EBGP（External Border Gateway Protocol，外部边界网关协议）邻居两种。一般为了减少域内BGP邻居数量，需要在AS域内规划RR，建议部署独立RR，也可以由某台性能较高的设备兼做RR。相对于IGP，BGP侧重于对业务路由的控制和发布，同时兼顾多AS场景下跨AS的Locator/Loopback路由发布。在多AS场景下，完成IGP部署之后，跨AS的Locator/Loopback路由需要在ASBR间通过IPv6 unicast（单播）地址族的EBGP Peer传递，并在ASBR上将Locator/Loopback路由在IGP与BGP进程间互引。针对业务路由，各PE节点在AS域内与RR建立IBGP邻居，在多AS域场景下，RR之间还需要建立EBGP 邻居，PE与RR基于业务承载方式的不同，选择不同的BGP地址族发布业务路由。例如，不需要VPN隔离的业务直接通过IPv4/IPv6 unicast地址族发布业务路由，需要VPN隔离的业务则可以通过VPNv4/VPNv6或EVPN地址族发布业务路由，BGP邻居关系如图6-6所示。

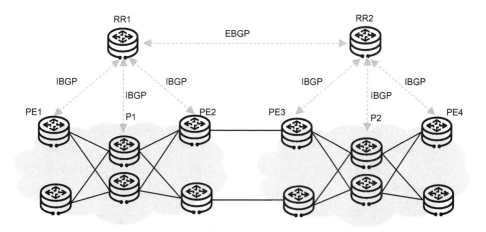

图6-6　BGP 邻居关系

以部署RR场景为例，IBGP关键配置如下。

RR端：

```
[HUAWEI-bgp] peer 2000::1 as-number 100
[HUAWEI-bgp] ipv6-family unicast
[HUAWEI-bgp-af-ipv6] peer 2000::1 enable
[HUAWEI-bgp-af-ipv6] peer 2000::1 reflect-client
```

Client端：

```
[HUAWEI-bgp] peer 2000::2 as-number 100
[HUAWEI-bgp] ipv6-family unicast
[HUAWEI-bgp-af-ipv6] peer 2000::2 enable
```

跨AS域时需要建立EBGP邻居，通常情况下，EBGP对等体之间必须具有直连的物理链路，如果不满足这一要求，则必须使用peer ebgp-max-hop命令，允许它们之间经过多跳建立TCP连接。EBGP的关键配置如下。

```
[HUAWEI-bgp] peer 2000::2 as-number 200
[HUAWEI-bgp] peer 2000::2 ebgp-max-hop
[HUAWEI-bgp] ipv6-family unicast
[HUAWEI-bgp-af-ipv6] peer 2000::2 enable
```

在基于SRv6的广域网络方案中，BGP除负责业务路由的发布外，还针对SRv6部分场景做了能力扩展，包括BGP-LS和BGP-SRv6 Policy，下面将分别介绍。

（1）BGP-LS设计

在广域网络部署SDN网络控制器的场景下，通过在SDN网络控制器和网络设备之间部署BGP-LS邻居，BGP-LS负责从网络中将IGP拓扑、IPv6 TEDB（Traffic Engineering Database，流量工程数据库）、各网络设备SRv6能力收集到SDN网络控制器。SDN网络控制器可以直接与网络设备建立BGP-LS邻居关系，也可以通过RR反射的方式建立邻居关系，推荐采用RR反射的方式。如图6-7所示，网络的拓扑、IPv6 TEDB、设备SRv6能力信息已经通过IGP在IGP域内进行泛洪，网络中的每台设备都有全网各网元的信息，所以只需在网络中选择两个节点（互为主备），通过BGP-LS进行信息发布即可。如果IGP划分了多个区域，由于信息不能够在区域间传递，则需要在网络的ABR（Area Border Router，区域边界路由器）节点通过BGP-LS进行网络拓扑、IPv6 TEDB、设备SRv6能力信息的发布。

BGP-LS的配置步骤如下。

第一步：全网所有设备使能IS-ISv6 TE扩展，在IGP域内泛洪网络拓扑信息、带宽、SRLG（Shared Risk Link Group，共享风险链路组）、默认度量（Default Metric）等信息。

第二步：全网所有设备使能IS-ISv6扩展，在IGP域内泛洪设备SRv6能力，如Locator、End、End.X、MSD（Maximum SID Depth，最大SID深

度）、PSP（Penultimate Segment POP of the SRH，SRH倒数第二段弹出）/
USP（Ultimate Segment POP of the SRH，SRH最后一段弹出）等。

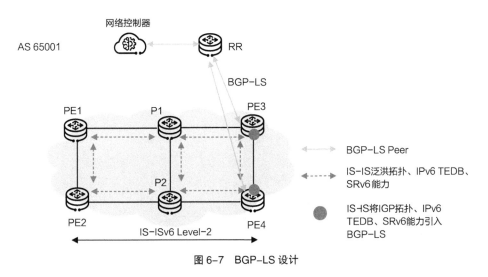

图 6-7　BGP-LS 设计

　　第三步：在网络中选择两个节点，如PE3、PE4，使能IGP拓扑发布功能，
将第一、二步内的IGP泛洪信息引入BGP-LS。

　　第四步：网络控制器与RR、RR与第三步使能IGP拓扑发布的节点（PE3、PE4）
建立BGP-LS邻居关系，通过BGP-LS将第三步收集的信息反射给网络控制器。

　　BGP-LS的关键配置举例如下。

```
[HUAWEI] isis 1
[HUAWEI-isis-1] ipv6 bgp-ls enable level-2
[HUAWEI-isis-1] quit
[HUAWEI] bgp 100
[HUAWEI-bgp]link-state-family unicast
[HUAWEI-bgp-af-ls] peer 2020::2 enable
```

　　（2）BGP-SRv6 Policy设计

　　SRv6 Policy隧道可以通过命令行配置静态显式路径的方式建立，也可以
通过网络控制器编排生成，通常通过网络控制器编排生成。在网络控制器编排
场景中，SRv6 SID、链路的TE属性等通过BGP-LS上报给网络控制器。网络
控制器基于业务的SLA要求计算转发路径，在网络控制器上生成SRv6 Policy。
BGP-SRv6 Policy主要应用在广域网络部署网络控制器的场景下，网络控制器
通过BGP-SRv6 Policy将满足业务约束的转发路径下发给网络设备，在所有PE
节点的BGP 视图下使能BGP-SRv6 Policy能力，RR与所有的PE节点建立BGP-
SRv6 Policy Peer，网络控制器与RR建立BGP-SRv6 Policy Peer，网络控制器

将计算的SRv6 Policy路径下发给RR,之后由RR反射给网络设备。BGP-SRv6 Policy设计如图6-8所示。

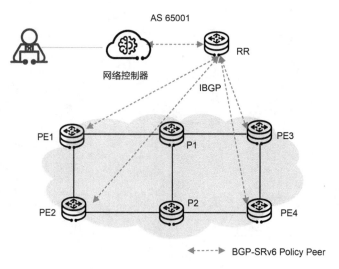

图 6-8　BGP-SRv6 Policy 设计

BGP-SRv6 Policy的配置步骤如下。

第一步:网络控制器根据从BGP-LS收集到的网络拓扑、IPv6 TEDB、SRv6 Locator/SID等信息,按照业务要求(带宽、时延、路径)计算路由、进行调优,将满足要求的路径生成SRv6 SID列表,通过BGP-SRv6 Policy下发给网络设备。

第二步:路由器收到从网络控制器下发的BGP-SRv6 Policy之后,生成SRv6 Policy隧道,同时负责维护隧道状态,并对隧道流量进行统计,隧道状态通过BGP-LS进行通告。

第三步:隧道下发成功后,网络控制器对SRv6 Policy隧道进行可视化呈现。

BGP-SRv6 Policy的关键配置举例如下。

```
[HUAWEI-bgp]ipv6-family sr-policy
[HUAWEI-bgp-af-sr] peer 2020::2 enable
```

| 6.3　广域网络业务设计 |

企业网络中一般包括生产、办公、视频、互联网访问等多种业务,并且随着云计算与大数据的普及,企业业务逐步向云上迁移,不同的云之间往往还有互访的诉求。在进行业务承载方案设计时，企业应根据自身业务情况，评估需采用的业务承载技术，同时考虑安全性，不同业务系统应该进行隔离，防止越权访问。例如，企业办公和生产类业务，一般采用三层VPN方式承载，考虑到生产业务敏感性，在园区内通过VLAN进行隔离，在广域网络中需要通过VPN对业务进行隔离。再如，电力网络中继电保护业务，由于存在较多低速接口，可考虑采用L2VPN方式进行承载。在企业进行IPv6网络建设时，IPv6业务承载方案应尽量与IPv4承载方案一致，便于网络管理。

不同业务的广域网络承载技术如表6-1所示。

表 6-1　不同业务的广域网络承载技术

业务类型	承载技术	备注
生产业务	L3VPN、EVPN L3VPN、EVPN L2VPN/VPWS/VPLS	对于采用大二层组网的生产业务或非IP业务，可采用EVPN L2VPN/VPWS/VPLS技术承载，对于采用三层组网的IP生产业务，可采用L3VPN、EVPN L3VPN技术承载
办公业务	L3VPN、EVPN L3VPN	总部—分支、分支—分支的办公业务
视频业务	L3VPN、EVPN L3VPN	视频会议、视频监控业务可采用L3VPN、EVPN L3VPN承载
上云业务	L3VPN、EVPN L3VPN	总部、分支访问云内资源
云间互联业务	L3VPN、EVPN L3VPN	云之间进行数据备份或业务访问
互联网业务	Native IP、L3VPN、EVPN L3VPN	互联网业务建议放在一个独立的VPN内承载，与其他业务隔离，也可采用Native IP方式承载

下面将分别介绍生产业务、办公/视频业务、上云业务、云间互联业务、互联网业务在广域网络的承载方案设计。

1. 生产业务承载方案设计

不同的生产系统采用的组网模式可能会有差异，如图6-9所示，针对不同的生产系统规划独立的VPN，路由根据RT控制，同一VPN业务配置相同的RT（如100:1）。业务层面基于E2E VPN模型，BGP VPNv4/EVPN地址族内使用IPv6 Loopback地址建立BGP邻居关系，各种业务路由在PE之间通过IBGP发布，路由经过中间节点时不修改下一跳信息。业务支持迭代SRv6 Policy，可通过路由策略对业务路由进行染色（Color，是BGP路由携带的一种扩展团体属性）并配置隧道选择策略，迭代到SRv6 Policy隧道，头端网络设备根据路由携带的Color值和下一跳信息与SRv6 Policy携带的Color和Endpoint信息进行匹配，实现业务基于SRv6 Policy隧道转发。

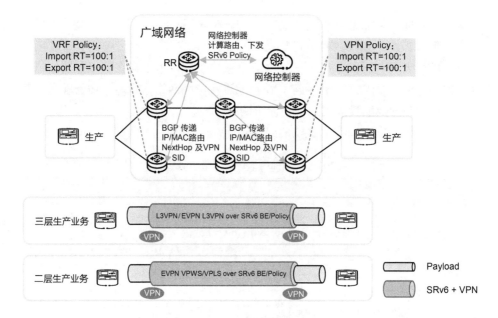

图6-9　生产业务承载方案设计

2. 办公/视频业务承载方案设计

办公/视频业务在广域网络一般采用三层路由方式承载，可为各业务划分独立的VPN，通过L3VPN/EVPN L3VPN over SRv6 BE/Policy承载。如图6-10所示，全网路由根据RT控制，同一VPN业务配置相同的RT（如100:1）。业务层面基于E2E VPN模型，BGP VPNv4地址族内使用IPv6 Loopback地址建立BGP邻居关系，各种业务路由在PE之间通过IBGP发布，路由经过中间节点时不修改下一跳信息。

3. 上云业务承载方案设计

当云内网络与广域网络对接时，如果广域网络PE与云直连，可采用背靠背方式对接，基于VLAN区分不同的VPN；当广域网络PE与云之间距离较远，中间部署有其他设备时，可在云GW（Gateway，网关）与广域网络PE之间部署EVPN over VXLAN（Vitrual Extensible Local Area Netuork，虚拟扩展局域网）对接，在广域网络PE上使能路由重生成功能，将云内业务路由发布到广域网络中。业务在广域网络内采用E2E L3VPN，包括BGP L3VPN和EVPN L3VPN，创建E2E SRv6隧道。上云业务承载方案设计如图6-11所示。

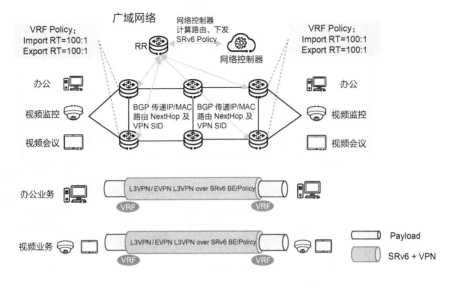

图 6-10 办公 / 视频业务承载方案设计

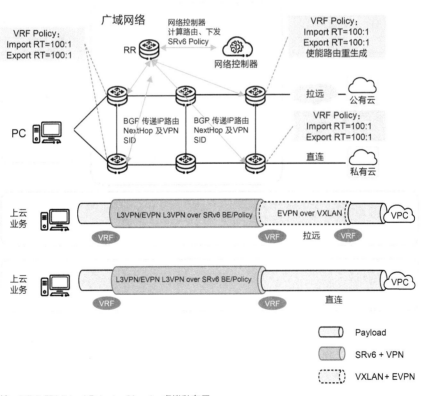

注：VPC 即 Virtual Private Cloud，虚拟私有云。

图 6-11 上云业务承载方案设计

4. 云间互联业务承载方案设计

云间VPC互访,云内GW与云PE之间采用三层网络对接,业务在广域网络内采用E2E L3VPN(包括BGP L3VPN和EVPN L3VPN)创建E2E SRv6隧道。云内GW与广域网络PE对接时,如果广域网络PE与云直连,可采用背靠背方式对接,基于VLAN区分不同的VPN;当广域网络PE与云之间距离较远,中间部署有其他设备时,可在云GW与广域网络PE之间部署EVPN over VXLAN对接,在广域网络PE上使能路由重生成功能,将云内业务路由发布到广域网络中。云间互联业务承载方案设计如图6-12所示。

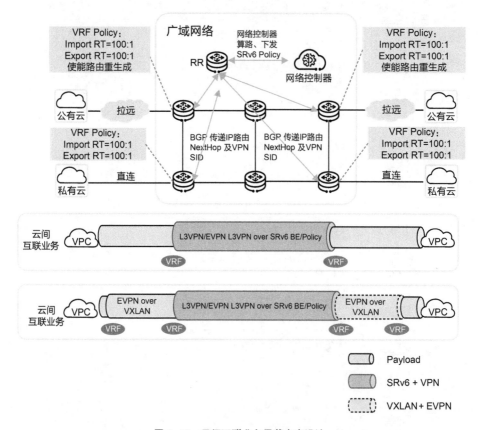

图6-12 云间互联业务承载方案设计

5. 互联网业务承载方案设计

互联网业务可以采用公网承载,也可以设计一个VPN独立承载。建议放在一个独立VPN内承载,与其他业务隔离,存在互联网业务的各PE之间部署IBGP邻居,可部署RR进行路由反射。PE之间通过BGP动态分配或静态配置的

方式为互联网业务分配SRv6 SID，使得基于BGP发布的业务路由迭代到SRv6
BE隧道进行转发。当互联网业务需要迭代SRv6 Policy时，可通过Route Policy
对业务路由进行染色，同时在BGP IPv4/IPv6地址族下配置隧道选择策略，迭
代到SRv6 Policy隧道，头端网络设备根据Color和Endpoint把流量匹配入SRv6
Policy隧道，实现业务基于SRv6 Policy隧道转发。互联网业务承载方案设计如
图6-13所示。

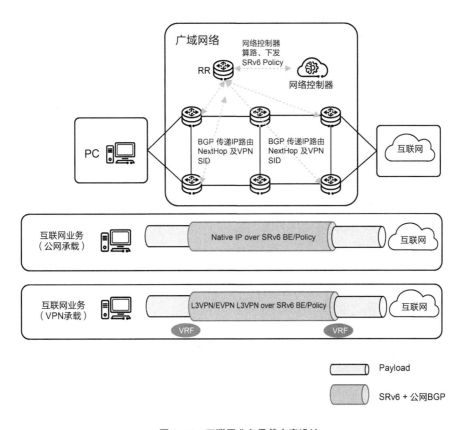

图 6-13　互联网业务承载方案设计

　　综上所述，企业广域网络主要有二层点到点业务、二层点到多点业务、
三层IPv4业务和三层IPv6业务4种业务场景。二层点到点业务推荐采用EVPN
VPWS over SRv6方案承载，二层点到多点业务推荐采用EVPN VPLS over
SRv6方案承载，三层IPv4业务推荐采用EVPN L3VPNv4承载，三层IPv6业务
推荐采用EVPN L3VPNv6承载。广域网络的业务承载方案实现了IPv4、IPv6、
L2VPN业务的统一承载，控制平面由BGP发布业务路由，转发平面采用SRv6
BE/Policy隧道承载。

| 6.4　广域网络业务质量保障设计 |

IP网络基于统计复用，提供尽力而为的转发服务。企业网络中的生产、办公、视频等不同业务往往有着不同的SLA诉求，如带宽、时延、抖动等多层次要求，流量本身的微突发也越来越多，对IP网络提出新的挑战，传统QoS的8个优先级队列调度和流量工程的方案已难以保证新业务的实际需求。采用网络切片技术，将网络资源划分为不同的切片，不同切片满足不同的SLA要求。每个切片可视作单独的网络，通过规划业务引流，将业务引入不同切片承载，既能实现业务隔离，又能实现为时延、抖动有严格要求的关键业务（如视频、工业生产网络等）提供更好的SLA保障。通过网络切片，可以实现如下目标。

- 可承诺时延：基于确定的业务需求，分配专用资源，实现时延可承诺。
- 共享+专用资源：网络可根据业务诉求，在一个网络上按需提供共享或专用的资源，满足各种业务灵活精细化的SLA保障要求。
- 智能的切片全生命周期管理：支持北向对接，实现从用户意图到业务开通的全流程打通，支持切片规划、部署、业务灵活映射切片、业务SLA可视，实现对资源的最优分配，提高网络利用率。

企业在进行网络切片的规划和设计时，主要涉及切片资源预留和网络切片控制平面两个方面。切片资源预留是从物理网络的角度分析如何选择适合自身业务的切片拓扑和技术，网络切片控制是从业务管理的角度分析如何让业务在预期的网络切片内运行。下面分别从切片资源预留设计和网络切片控制平面设计两个方面进行详细介绍。

1.　切片资源预留设计

物理网络资源的精细化管理需要基于企业的应用场景和业务诉求，采用多种资源预留技术对资源进行合理规划，以满足不同业务的隔离和SLA诉求。例如，接入层到汇聚层采用10 Gbit/s链路的网络，汇聚层到核心层采用100 Gbit/s链路的网络。为了保障某业务对隔离和时延的诉求，采用FlexE资源预留技术，提供一个端到端1 Gbit/s带宽的业务切片平面，提供隔离和可承诺的时延保障。同时，默认切片和新的业务切片内可以继续采用QoS技术，针对不同优先级的业务提供差异化调度，最大化统计复用。

整体上，切片资源预留可以隔离不同业务流之间的微突发干扰，确保平稳流的有界时延，使网络可以为业务提供更丰富的差异化SLA保障。在企业进行网络切片规划时，为了更好地平衡统计复用和业务SLA保障，业务和资源的分配及映射需要合理规划。

- 有隔离诉求和可承诺时延诉求的业务应分配独立的资源，例如，电力差动保护这种生产类应用，采用FlexE技术提供独立的资源。
- 对于大突发类业务，将其规划到一个大带宽切片资源中，同时结合不同的QoS优先级，对不同种类业务进行差异化保障。
- 将突发特征相似的业务流量放在相同的切片资源中，若对这些业务流量再进行切片资源预留，并不会明显提升流量的SLA保障水平。

实际部署时，可基于不同的业务诉求采用FlexE接口、信道化子接口等不同的物理层资源预留方案。FlexE技术在大管道物理接口上通过FlexE的时隙复用划分出若干个子通道端口，从而实现对接口速率的灵活配置和对接口资源的精细化管理。各个资源按照TDM时隙划分，满足资源独享与隔离诉求。在部署中可以通过命令将标准的以太网物理接口切换为灵活以太网模式，例如"50GE 1/1/0"接口使能为灵活以太网模式后，物理接口名称变为"FlexE-50GE 1/1/0"。FlexE物理接口可以加入FlexE Group，多个FlexE物理接口的带宽之和即FlexE Group的可分配带宽。FlexE接口配置示例如下。

```
[HUAWEI] interface FlexE-50GE 1/1/0
[HUAWEI-FlexE-50G1/1/0] phy-number 5     //5是phy-number，phy-number是FlexE
物理接口在FlexE Group内的编号，是通信参数。两端直连的FlexE物理接口需配置相同的编号
[HUAWEI] flexe group 1   //数字1是group-index，是对象标识，供本设备使用，整机唯一
[HUAWEI-flexe-group-1] flexe-groupnum 200     //200是group-number，flexe-
groupnum是通信参数，互通的两端设备间配置值要相同，不同的Group对象标识视图下可以配置相同的通信参数
[HUAWEI-flexe-group-1] binding interface FlexE-50G 1/1/0
```

一个FlexE Group下可配置多个FlexE Client，对应不同切片内的链路，每配置一个FlexE Client，即生成一个FlexE业务接口，配置示例如下。

```
[HUAWEI]flexe client-instance 1 flexe-group 1 flexe-type full-function port-
id 129   //port-id唯一
[HUAWEI-flexe-client-1] flexe-clientid 1     //clientid为通信参数，在Group内唯
一，对接的两端FlexE Client需配置相同的值
[HUAWEI-flexe-client-1] flexe-bandwidth 4  //FlexE Client的带宽
```

信道化子接口技术在普通子接口模型基础上结合硬管道技术，实现带宽的严格隔离，根据业务的SLA要求，为每个业务分配相应的硬件缓存资源。在部署中，用标准的以太网物理接口即可配置，其配置模型如下。

```
[HUAWEI]interface gigabitethernet 1/0/0.1   //进入指定物理子接口
[HUAWEI-GigabitEthernet1/0/0.1] vlan-type dot1q 30001 100 //配置子接口的封装方式为Dot1q方式
[HUAWEI-GigabitEthernet1/0/0.1] mode channel enable //使能子接口信道化功能
[HUAWEI-GigabitEthernet1/0/0.1] mode channel bandwidth 200 //配置信道化子接口的带宽
```

基于业务诉求确定资源预留技术后，需要进行资源部署。资源部署主要有3种部署方式。第一种部署方式是端到端资源部署，如图6-14所示。这种部署方式是对全网所有链路进行资源预留，提供隔离和SLA保障。

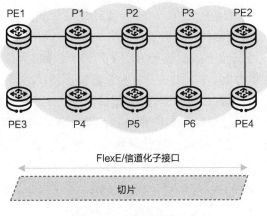

图 6-14　端到端切片示意

第二种部署方式是局部资源部署，如图6-15所示，即仅对部分网络区域进行切片部署，主要用于仅在部分区域内存在的业务，可在区域内采用FlexE或信道化子接口进行资源预留，区域外的链路无须预留带宽资源。

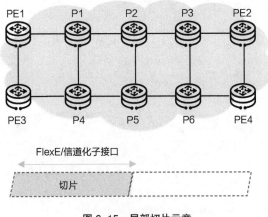

图 6-15　局部切片示意

第三种部署方式是点到点资源预留，如图6-16所示，该场景主要为企业点到点的业务所经过的每一跳路径创建资源预留，提供一条端到端资源隔离的路径，为业务提供预留专线独享资源。

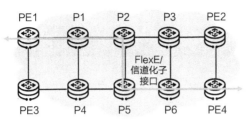

图 6-16　点到点切片示意

在网络实际部署过程中，一般需要网络控制器来对切片进行全局的规划、部署和管理，避免逐个设备配置。以华为iMaster NCE-IP网络控制器为例，其可以通过图形化界面进行切片的端到端管理，其创建切片的步骤如下。

第一步：创建切片。如图6-17所示，在iMaster NCE-IP主界面选择 "网络切片" App，单击 "创建"，在弹出的界面中，设置 "切片类型" 为 "硬切片"，自定义切片名称， "切片ID" 可按规划配置，也可以不配置，由控制器自动分配，设置 "承载子切片" 为 "否"，设置 "承载小颗粒" 为 "否"，设置 "FlexE带宽步长" 与设备配置的FlexE时隙带宽一致，然后单击 "确定" 按钮。在弹出的对话框中依次单击 "确定" 按钮，最后可看到已经创建的切片。

图 6-17　创建切片界面

第二步：添加链路。首先，在网络切片主页上，对新建切片单击 "管理"，进入切片管理界面，如图6-18所示。

图 6-18　切片管理界面

接着，如图6-19所示，单击"链路添加"，在弹出的对话框中选择带宽，链路带宽可以选择占物理带宽的百分比，也可以选择带宽值。然后选择子网，通过搜索链路添加链路，此链路为物理接口（对于信道化子接口，为主接口，对于FlexE接口，为FlexE物理接口）。最后单击"确定"按钮，在弹出的对话框中依次单击"确定"按钮。

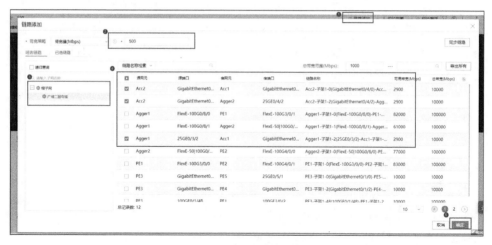

图 6-19　添加链路界面

继续重复该步骤，完成该切片内其他链路的添加。

第三步：部署切片。如图6-20所示，在切片管理界面，单击"切片部署"，在弹出的对话框中单击"确定"按钮。界面切换到"切片链路管理"标签，单击"刷新"可查看切片链路的部署状态，当显示为"成功"时，链路部署成功；如果部署失败，可查看失败原因。

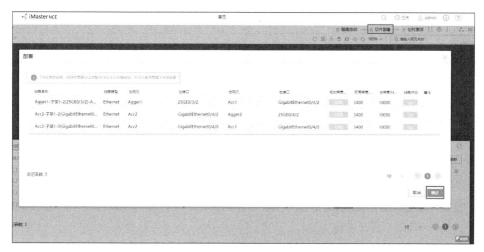

图 6-20 切片部署界面

第四步,激活切片。如图6-21所示,在切片管理界面,单击"切片激活"选项,在弹出的对话框中,设置"解决方案基线"为"路由器-sliceID方案",设置"模板"为"路由器-SliceID-模板",单击"激活"按钮。界面切换到"激活管理"标签,单击"刷新"查看SliceID激活状态,显示"激活成功"即表示切片链路已成功下发。如果激活失败,可查看详细信息。

图 6-21 切片激活界面

通过iMaster NCE-IP下发业务切片之后,在设备上即可生成相关配置命令。配置示例如下。

```
#
network-slice instance 1
#
flexe client-instance 3 flexe-group 2 flexe-type full-function port-id 1000
 flexe-clientid 2
 flexe-bandwidth 1
flexe client-instance 4 flexe-group 1 flexe-type full-function port-id 1001
 flexe-clientid 2
 flexe-bandwidth 1
#
interface FlexE0/8/1000
 undo shutdown
 ipv6 enable
 ipv6 address auto link-local
 basic-slice 0
 network-slice 1 data-plane
#
interface FlexE0/8/1001
 undo shutdown
 ipv6 enable
 ipv6 address auto link-local
 basic-slice 0
 network-slice 1 data-plane
#
interface 25GE0/3/2.1
 vlan-type dot1q 1
 ipv6 enable
 ipv6 address auto link-local
 mode channel enable
 mode channel bandwidth 500
 basic-slice 0
 network-slice 1 data-plane
 lldp enable
#
```

2. 网络切片控制平面设计

物理层链路资源预留之后，还需要通过控制平面设计使得业务流按照预期的转发路径在切片内转发，包括设计业务如何与网络切片对接、业务在网络切片内如何承载。

（1）业务如何与网络切片对接

网络切片与业务最理想的对接及隔离方式是各切片业务分别接入网络不同物理接口，每个物理接口具有独立的转发资源，网络侧为各网络切片预留资源，可实现端到端切片转发资源隔离。在企业广域骨干网络中，多个切片业务往往通过广域网络设备的同一个物理接口接入,所以需要采用逻辑接口的模式,通过定义多个逻辑接口区分不同的切片业务,部分场景也可在一个逻辑接口下通过不同的报文标识区分不同的切片业务。

下面介绍主要使用的两种切片业务对接方案。

第一种方案:上下游节点识别不同切片业务,通过不同VLAN对应广域网络设备不同的逻辑接口。

如图6-22所示,业务通过3个VLAN接入广域网络,分别对应3个逻辑接口,3个逻辑接口分别绑定3个VRF,每个VRF绑定隧道,每个隧道对应网络切片转发资源,所以VRF内所有流量均在指定网络切片内进行转发。

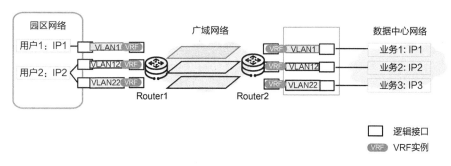

图 6-22 按 VLAN 区分业务

第二种方案:上下游节点识别不同切片业务,映射到相同的广域网络的物理或逻辑接口,但是不同业务的DSCP值不同。

如图6-23所示,3个有相同VLAN、不同DSCP值的切片业务,对应广域网络的同一个逻辑接口,因广域网络的一个逻辑接口只能归属一个VRF实例,所以3个切片业务共享同一个VRF实例。VRF实例公网侧对应一个隧道组,隧道组内包含3个对应切片的隧道,每个隧道配置一个DSCP值以对应特定网络切片的转发资源。VRF实例通过DSCP值匹配对应切片的隧道,确保每个切片业务在指定网络切片内转发。

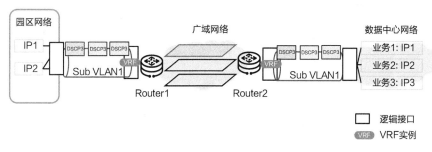

图 6-23 按 DSCP 值区分业务

由以上可以看到，第一种方案为广域网络每个逻辑接口对应一个切片业务，第二种方案为广域网络每个逻辑接口对应多个切片业务。

（2）业务在网络切片内如何承载

在"IPv6+"技术体系中，业务在网络切片内的承载通过在IPv6 Hop-By-Hop扩展报文头内添加SliceID实现。通过引入全局网络切片标识SliceID，转发平面报文携带SliceID，中间逐跳节点识别SliceID并约束流量在特定预留资源中转发，满足切片业务的SLA要求。

如图6-24所示，3个切片业务对应3个不同的VLAN/DSCP接入网络的不同逻辑接口，每个逻辑接口分别绑定一个VRF实例。网络侧为每个网络切片规划全局唯一的SliceID，公网侧通过SliceID映射到转发平面特定的预留资源，满足每个切片业务的SLA要求。切片使能之后，首先会创建一个默认切片，每一个物理接口下的所有转发资源分配给默认切片及各业务切片。物理接口的IP层属性对所有网络切片共享，包括物理主接口上的IPv6地址、链路开销、TE属性、基于物理主接口测量得出的链路时延、基于物理主接口分配的邻接SID标签等。每个网络切片"资源预留"子接口占用物理主接口下的预留资源，只需要在这些"资源预留"子接口下配置SliceID即可。

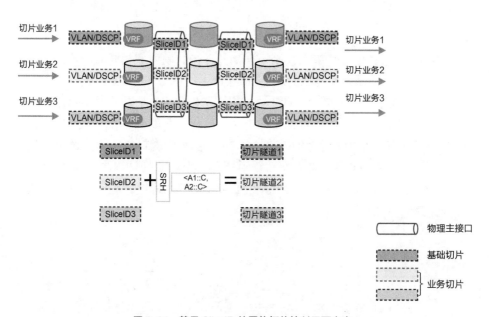

图6-24　基于SliceID的网络切片控制平面方案

业务数据经过网络切片时，通过SRv6 BE或SRv6 Policy隧道叠加SliceID来承载切片业务。首先，网元基于SRv6 BE或SRv6 Policy隧道选择物理出接口，再根据SliceID选择物理出接口下特定的转发资源进行转发，以此实现业务走在预期的网络切片内。SliceID在网络中的端到端映射过程如图6-25所示。

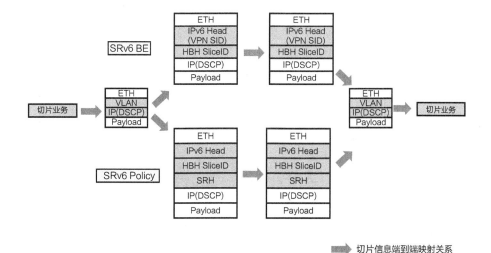

图 6-25　SliceID 在网络中的端到端映射过程

SliceID端到端映射过程及具体说明如下。

第一步：切片业务基于不同的SLA要求或引流策略为切片业务分配VLAN ID或DSCP值。

第二步：广域网络PE识别接入报文头中的不同VLAN/DSCP，接入不同VRF实例，不同VRF实例对应广域网络中不同的隧道和切片（SRv6 BE/SRv6 Policy + SliceID）。

第三步：广域网络尾节点终结SRv6隧道，将原始报文发送到出接口，其中DSCP值继承原始报文中的字段，转发时未修改。

| 6.5　广域网络可靠性设计 |

可靠性设计是网络规划的重要组成部分，一般广域网络在物理层会采用双平面架构进行冗余设计以确保广域网络高可用，园区网络或数据中心网络通过双归接入方式接入广域网络。同时，在协议层还需进行可靠性设计以确保网络发生故障时快速收敛。本节主要介绍在SRv6组网的广域网络中，针对不同的业务场景，在接入侧、网络侧如何进行网络可靠性设计。

1. 接入侧可靠性设计

对于接入侧的可靠性，主要通过双归接入的方式进行链路冗余，二层点到点业务、二层点到多点业务和三层业务通过CE双归广域网络PE的方案进行保护。当主用PE与CE之间的链路发生故障，业务流量可以绕行到备用PE然后发到CE，从而减少网络丢包。

（1）二层点到点业务接入侧可靠性设计

如图6-26所示，CE2在接入广域网络时，通过双归到两台广域网络PE的方式进行冗余保护，当PE2—CE2间链路发生故障，PE2感知故障，进行FRR（Fast Reroute，快速重路由）切换，数据流量下一跳指向PE3，PE2按照最短路径将数据流量转发给PE3。PE3收到流量以后，查找Local SID表，将IPv6报文头去除，从指定的AC接口将原始二层报文转发给CE2。

PE2的VPWS转发表					
EVI	ESI	Tag ID	NextHop	VPN SID	Out IF
Eline	1	200	—	—	AC to CE2
		Backup	PE3	2003:1::311	SRv6

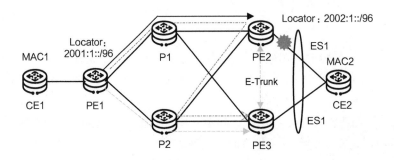

PE3的Local SID表		
SID	Function	转发指令
2003:1::310	End.DX2	通过AC接口转发给CE2
2003:1::311	End.DX2L	通过AC接口转发给CE2

- 故障点
- 主路径
- Bypass保护路径
- 收敛后的备份路径

注：ES 即 Ethernet Segment，以太段。

图6-26　EVPN VPWS 双归场景 AC 侧故障保护

此后，PE2通过BGP EVPN邻居关系发布BGP路由撤销消息给PE1，撤销发布的VPN路由，PE1收到BGP路由撤销消息以后，优选从PE3收到的VPN路由，后续的数据流量直接转发给PE3。

（2）二层点到多点业务接入侧可靠性设计

如图6-27所示，CE2在接入广域网络时，通过双归到两台广域网络PE的方式进行冗余保护，当PE2—CE2间链路发生故障，PE2感知故障，进行FRR切换，查询PE2上的MAC表，主路径故障后选择备份路径，将数据流量下一跳指向PE3，PE2按照最短路径将数据流量转发给PE3。PE3收到流量以后，查找Local SID表，将IPv6报文头去除，从指定的AC接口将原始二层报文转发给CE2。

PE2的MAC表					
BD	MAC	VLAN	NextHop	VPN SID	Out IF
BD1	MAC2	10	—	—	AC to CE2
		Backup	PE3	2003:1::311	SRv6

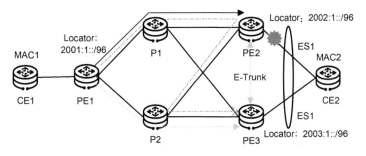

PE3的Local SID表		
SID	Function	转发指令
2003:1::310	End.DX2	通过AC接口转发给CE2
2003:1::311	End.DX2L	通过AC接口转发给CE2

故障点
主路径
Bypass保护路径
收敛后的备份路径

注：BD 即 Broadcast Domain，广播域；VPLS 即 Virtual Private LAN Service，虚拟专用局域网业务。

图 6-27　EVPN VPLS 双归场景 AC 侧故障保护

此后，PE2通过BGP EVPN邻居关系发布BGP路由撤销消息给PE1，撤销发布的MAC路由，PE1收到BGP路由撤销消息以后，优选从PE3收到的路由，后续的数据流量直接转发给PE3。

在EVPN VPWS双活或EVPN VPLS双活场景中，CE双归到PE1和PE2，当PE2与CE之间的链路发生故障，执行local-remote frr命令，下行单播流量发送到PE3后，可以绕行到PE3，然后发送到CE，减少丢包。配置举例如下。

```
<HUAWEI> system-view
[HUAWEI] evpn vpn-instance evpn1
[HUAWEI-evpn-instance-evpn1] local-remote frr enable
```

（3）三层IPv4业务接入侧可靠性设计

对于CE双归场景，如图6-28所示，为了提高业务接入的可靠性，通常要在双归的两台PE之间部署VRRP（Virtual Router Redundancy Protocal，虚拟路由冗余协议）。如果VRRP备份组较多，推荐部署mVRRP，减少VRRP报文交互。由mVRRP识别主备PE，实现业务接入点备份。部分业务，如视频业务，对业务倒换的收敛时间要求较高，而VRRP的倒换时间为秒级，无法满足业务需求，推荐在PE之间以及PE和CE之间部署BFD（Bidirectional Forwarding Detection，双向转发检测）。mVRRP通过监视BFD的状态，精确感知故障发生的位置，实现更快的主备倒换。

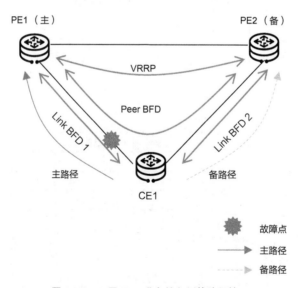

图6-28　三层IPv4业务接入侧故障保护

（4）三层IPv6业务接入侧可靠性设计

如图6-29所示，三层IPv6业务接入与IPv4业务接入可靠性设计类似，区别在于三层IPv6业务需部署VRRPv6，在双归的两台PE之间部署VRRPv6，对业务倒换的收敛时间要求较高时，在PE之间以及PE和CE之间应部署BFDv6。VRRP通过监视BFDv6的状态，实现IPv6业务更快的主备倒换。

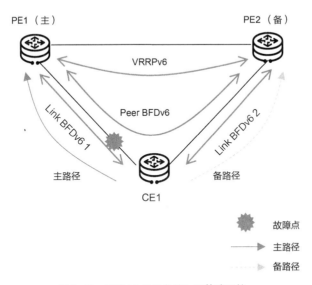

图 6-29　三层 IPv6 业务接入侧故障保护

2. 网络侧可靠性设计

在SRv6网络中，无论是二层业务还是三层业务，流量进入PE节点后都会由SRv6隧道承载，因此，二三层业务在广域网络内网络侧的保护主要是针对SRv6隧道的保护。SRv6隧道分为SRv6 BE和SRv6 Policy两种，通常对SRv6 BE隧道采用TI-LFA（Topology-Independent Loop-Free Alternate，拓扑无关的无环替换路径）技术进行保护，对SRv6 Policy隧道采用多级保护的方式进行保护。

（1）SRv6 TI-LFA

SRv6 TI-LFA技术可以实现任意网络拓扑的故障保护，对拓扑无约束，提供了可靠性更高的快速重路由技术。SRv6 TI-LFA能为SRv6隧道提供链路及节点的保护，其实现如图6-30所示。

当PE1和PE2之间发生故障时，PE1直接启用TI-LFA备份表项，给数据包增加新的路径信息（PE3和PE4的End.X SID信息），保证数据包可以沿着备选路径转发。

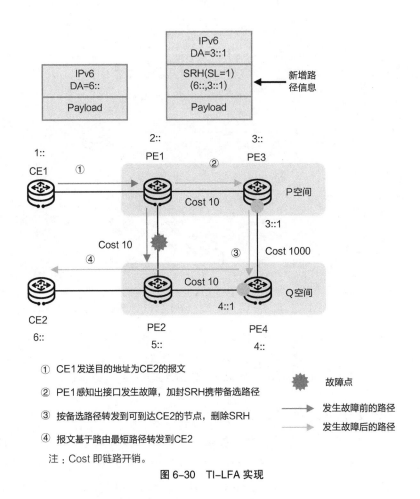

① CE1发送目的地址为CE2的报文

② PE1感知出接口发生故障，加封SRH携带备选路径

③ 按备选路径转发到可到达CE2的节点，删除SRH

④ 报文基于路由最短路径转发到CE2

注：Cost 即链路开销。

故障点

发生故障前的路径

发生故障后的路径

图6-30　TI-LFA实现

（2）SRv6 Policy多级保护

由SRv6 Policy的技术原理我们了解到，每个SRv6 Policy中可以有多个备选路径（Candidate Path），每条备选路径有各自的优先级，优先级用来选出最佳的备选路径，每个策略（Policy）只会选出一条备选路径。每条备选路径中会包含一个或者多个Segment List，Segment List代表一个特定的源路由路径，在实际部署中，需要通过BFD等技术检测Segment List的可靠性，如果Segment List发生故障，将触发SRv6 Policy的故障切换。如图6-31所示，SRv6 Policy1的头端是PE1，尾端是PE3。另外，SRv6 Policy2的头端是PE1，尾端是PE4。SRv6 Policy1和SRv6 Policy2可以形成VPN FRR。SRv6 Policy 1下形成了由主路径和备选路径组成的HotStandby保护。备选路径中的Segment List可以直接使用SRv6的本地保护技术，例如TI-LFA保护。这样就对整个网络形成了多层次的故障保护。

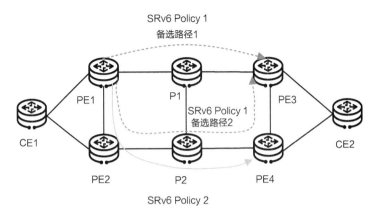

图 6-31 SRv6 Policy 多级保护

在图6-31中，当P1发生故障，或者PE1和P1之间的链路发生故障时，PE1上局部本地保护生效。PE1上对应Segment List的BFD如果在局部保护恢复流量之前就检测到故障，则BFD联动将SRv6 Policy 1 的Candidate Path 1置Down，并且通知SRv6 Policy 1切换到Candidate Path 2。当PE3发生故障时，SRv6 Policy 1的所有备选路径都不可用，则BFD可以感知，并将SRv6 Policy 1置Down，同时触发VPN FRR切换到SRv6 Policy 2。

|6.6 广域网络管理与运维设计 |

网络管理系统需要对整网提供综合管理能力，提供基本的网络资源管理、拓扑管理、故障管理、性能管理、用户管理，实现网络资源、用户和业务的融合管理。网络管理有两种组网方式，一种是通过组建独立的管理网络，使用各网元的管理接口或Console接口对网元实施管理，另一种是通过在设备中配置本地环回接口作为管理接口对网元进行管理。网络管理系统通过路由协议与各网元的管理接口实现路由可达，即可纳管广域网络的设备。基于IPv6的管理网络与基于IPv4的管理网络在拓扑上相似，差异在于基于IPv6的管理网络使用IPv6地址进行网络管理，所以需要网络管理系统与网元具备基于IPv6进行管理协议通信的能力。在SDN时代，网络管理系统已经进化为网络控制器，其不再是简单地对网络进行管理，还需要集中对业务的转发路径进行计算和控制，对网络的质量进行智能化的监控与分析等。基于"IPv6+"的广域网络，网络控制器与网元之间主要通过表6-2所示的协议通信。

表 6-2　网络控制器与网元之间的通信协议

协议类型	功能说明	部署说明
SNMP	从设备采集端口、链路、隧道的流量性能数据（包括流速和带宽利用率），以及质量检测数据。从设备接收告警信息，进行网元运维、告警监测	网络控制器与每台设备建立 SNMP 连接
NETCONF	向设备下发业务和隧道的配置信息、检测配置信息，以及设备上线预配置信息	网络控制器与每台设备建立 NETCONF 连接。设备先进行 NETCONF 的基础配置，设备在网络控制器上线时，网络控制器指定连接设备的 IP 地址和 NETCONF 用户名、密码等配置，在设备上线时自动建立 NETCONF 连接
BGP-SRv6 Policy	隧道建立、托管和 LSP 路径下发	网络控制器与核心 RR 设备建立 BGP-SRv6 Policy 连接
BGP-LS v6	通过 BGP-LS v6 从设备收集拓扑信息和 SRv6 Policy 路径状态	网络控制器与核心 RR 设备建立 BGP-LS v6 邻居关系，收集拓扑信息
Telemetry	从设备采集端口、链路、隧道的流量性能数据（包括流速和带宽利用率）和采集 IFIT 数据	网络控制器与每台设备建立 Telemetry 连接

此外，网络管理人员在进行日常维护时还可能用到Telnet（远程登录）协议、SSH（Secure Shell，安全外壳）协议、FTP（File Transfer Protocol，文件传送协议）等，这些协议也需要支持IPv6。

网络管理系统与各网元之间实现通信之后，即可对网络进行管理和维护。基于"IPv6+"的广域网络，除具备传统网络的基础网管能力外，还具备网络业务自动部署、业务路径按需调度、网络故障自动定界等能力，可以帮助网络管理人员实现广域网络管理的自动化、智能化。

1. 网络业务自动部署

基于"IPv6+"的广域网络可以通过网络控制器实现网络业务的端到端部署，从传统的业务逐跳部署变为端到端自动部署，业务部署周期也从数周变为分钟级，能够满足用户上云、快速开通部署的诉求。

对VPN业务来说，如果采用传统的手动方法需要配置命令行、建立隧道、配置VRF实例等过程，不仅对人的要求高，而且容易因为人为配置错误，影响客户的业务。基于"IPv6+"的广域网络提供基于SDN的VPN业务自动发放，简化部署过程，大大降低了对人的要求，主要体现在如下方面。

- VPN的创建图形化、参数模板化。通过层次化、可视化网络管理，提供完善的多层管理能力，可实时获取网络承载关系；可视化操作，无须记忆命令行即可进行端到端业务发放。例如，需要开通分支到总部的VPN业务，网络控制器只需要通过简单的图形化操作过程，快速选择VPN的起点和终点设备，设置相应参数即可。
- 提供模板配置功能。在配置VPN的业务时，可以选择之前预定义的模板，快速设置业务参数，提高配置效率。
- 提供隧道和VPN等业务导入功能。可在Excel中配置业务参数，并将其直接导入管理系统中，进行业务参数检查后，直接进行业务下发。
- 提供端到端的业务管理。可以查看整个业务的业务状态，了解业务运行情况；可以查看业务的路由信息，并对路由进行调整；可以查看VPN业务的承载关系，了解资源使用情况。
- VPN隧道的可视化。在广域网络设计中，网络往往有不同的业务平面，具有不同SLA要求的业务有不同的网络路径选择，使得不同级别的VPN可以通过不同的平面接入。隧道路径的可视化，使得VPN业务开通后管理维护人员能够确认流量是否按照规划的业务平面路径转发。
- VPN的开通需要设置速率参数，如CAR（Committed Access Rate，承诺接入速率）参数、QoS参数。网络控制器提供图形化界面管理、配置这些信息，VPN开通之后，还需要可视化查看当前各个节点VPN线路的状态，例如当前的端口速率、流量、SLA信息等，提前预测网络状态。

2. 业务路径按需调度

基于"IPv6+"的广域网络可按需部署基于全局资源视图的流量调度方案，充分利用网络带宽，避免流量分布不均衡导致域内一些链路带宽空闲而另一些链路带宽拥塞的情况。如图6-32所示，网络控制器（以iMaster NCE-IP为例）通过实时监控网络中各网元和链路的状态，感知网络中的带宽和时延变化，当网络中发生拥塞或业务质量劣化时，可以基于预设的规则，用手动调优或自动调优的方式对业务的转发路径进行合理调整。

业务路径调优过程如下。

第一步：拓扑收集。网络控制器与设备之间建立BGP-LS、BGP-SRv6 Policy等连接。网络控制器通过BGP-LS协议自动收集网络的拓扑信息。

第二步：流量采集。网络控制器通过SNMP、Telemetry收集接口及隧道速率、链路时延等信息。

第三步：算路策略。网络控制器配置隧道路径计算策略。

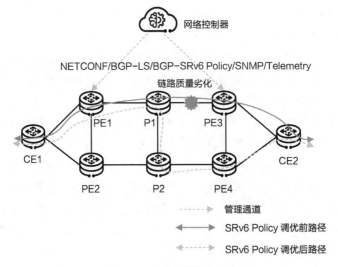

图 6-32 网络流量调优示意

第四步：路径调优。网络控制器根据调优策略进行算路，当链路带宽、时延等指标不能满足要求时，自动触发重新算路。隧道路径计算成功后，在网络控制器调优界面将调整前后的路径进行对比呈现，网络管理人员对计算结果进行确认。计算失败时，在网络控制器调优界面呈现失败原因；计算结果确认后，返回算路结果信息。

第五步：路径下发。网络控制器通过BGP-SRv6 Policy向设备下发隧道新路径。

第六步：隧道重建。设备通过Make-Before-Break（先建后断机制）方式重建隧道，先下发新路径表项，再删除旧路径表项，避免路径切换过程中流量丢包。

业务路径调优包含手动调优和自动调优两种方式，下面分别介绍。

（1）手动调优

iMaster NCE-IP支持用户自己分析网络状态，并手动对指定隧道进行调优。分析单元每5 min采集一次IP链路和SRv6 Policy隧道的流量，控制单元会定时从分析单元获取全网的隧道流量，用于算路的参考。调优时，分析单元将用户选择的链路或隧道下发给控制单元进行算路，并将算路结果呈现给用户进行确认。用户通过算路前后的对比结果（隧道路径的变化和链路流量的变化），以及网络的流量分布状况，评估调优计算的效果，决定是否执行调优。当用户选择执行调优的时候，控制单元修改路由器上的SRv6 Policy路径，使网络流量得到调整。上述流量采集、调优算路、网络调整的操作，可使网络的流量分布达到最优。

SRv6网络手动调优支持以下两种方式。

- 局部调优：当局部子网出现拥塞时，推荐做局部调优，按需调优，不影响全部。
- 全局调优：大面积整网流量不均衡的，推荐做全局调优。

（2）自动调优

除手动调优方案外，iMaster NCE-IP还支持根据用户设定的策略，监测全网链路或隧道的流量，对满足条件的隧道进行自动调优。分析单元每5 min采集一次IP链路和SRv6 Policy隧道的流量，控制单元会定时从分析单元获取全网的隧道流量，用于算路的参考。调优时，分析单元将用户选择的链路或隧道下发给控制单元进行算路，并将算路结果呈现给用户进行确认或者自动确认。

SRv6网络自动调优是局部调优，不影响全局，支持两种自动调优模式。

- 自动调整，手动确认：满足自动调优条件时，自动算路，但需要人工确认是否下发生效。
- 自动调整，自动确认：满足自动调优条件时，自动算路生效，无须人工干预。

3. 网络故障自动定界

基于"IPv6+"的广域网络基于IFIT和SDN技术实现业务性能故障快速分析、业务及网络故障快速定界的功能。IFIT是一种单向的随流性能监测标准技术，通过直接对业务报文进行测量得到IP网络的真实丢包率、时延等性能指标。IFIT精度高，部署简单，具有扩展能力，能够实现业务实时感知和故障精准定位定界。

IFIT依赖网元时钟同步。如果用户网络对业务逐跳时延无明确诉求，推荐使用NTP时钟同步，对业务丢包进行IFIT。如果希望对业务逐跳时延进行IFIT，但不具备逐跳部署高精度1588v2时钟的条件，可选择部署轻量化1588时钟，在下游设备使能轻量化、亚毫秒级时间同步功能，以支持亚毫秒级时延测量。

根据实际部署条件可以选择如下的时钟同步方式。

- NTP时钟同步：租用专线场景，不支持时延检测，仅支持丢包检测。建议部署独立的NTP时钟源，或使用核心设备作为NTP服务器，iMaster NCE-IP和其他节点的时钟与核心设备的NTP时钟同步。
- 轻量化1588v2时钟同步：租用点到点专线场景，支持检测时延与丢包。需要部署独立的时钟源，不能使用部署IFIT的设备作为时钟源。端口需配置公网IPv4地址，作为三层单播报文的源/目的地址。

- 轻量化1588ATR时钟同步：租用点到多点专线场景，支持检测时延与丢包。需要部署独立的时钟源，不能使用部署IFIT的设备作为时钟源。核心设备作为1588ATR服务器，其他设备作为客户端，需配置公网IPv4地址，保证服务器与客户端之间IPv4公网互通。

为了减小对系统性能的影响，IFIT部署推荐先进行端到端质差分析，阈值超限后再自动触发逐跳IFIT，进行逐跳检测和诊断。IFIT部署如图6-33所示。

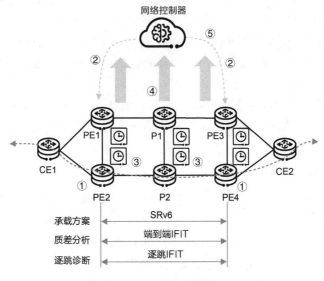

图 6-33　IFIT 部署示意

IFIT部署的关键步骤如下。

第一步（图6-33中①）：在所有节点配置时钟同步，保证业务流经过的每个节点的丢包统计周期匹配、时延染色周期同步，以确保测量精度。

第二步（图6-33中②）：iMaster NCE-IP配置使用逐跳监控的策略。一般在对业务进行IFIT时，先进行端到端的质差分析，端到端质差超过阈值时再启动逐跳检测，这一步即设置在什么条件下iMaster NCE-IP需要将端到端检测切换为逐跳检测，以及什么条件下可以将逐跳检测切换回端到端检测。iMaster NCE-IP可以设置业务性能的阈值，当发现所监测的业务性能超过阈值时，即启动逐跳监控，无须人工干预。

第三步（图6-33中③）：针对关键的业务（如视频会议、生产办公等）下发检测实例。选择关键业务流经的源宿网元下发端到端IFIT实例，配合第二步所描述的逐跳监控策略。业务未出现质差时，网元为业务流添加端到端检测IFIT报文头，源宿网元基于报文的特征染色标记进行包数统计、时间戳记录，对丢包、时延、实时流量进行性能测量；业务出现质差时，网元在越限流首节点添加逐跳检测IFIT报文头，学习到实时业务流的逐跳路径，使能逐跳诊断，在越限流经的每个网元的入口、出口，基于报文的特征染色标记进行包数统计、时间戳记录，对丢包、时延、实时流量进行性能测量，获得实时业务路径上逐个网元节点、逐段链路的SLA测量结果。

第四步（图6-33中④）：网络中所有网元通过Telemetry协议将自身IFIT实例统计的丢包、时延等统计结果周期性地主动上报iMaster NCE-IP。

第五步（图6-33中⑤）：iMaster NCE-IP根据各网元上报的统计结果，为各业务进行SLA测量结果呈现。未出现质差的业务，周期性计算源宿网元间端到端的丢包、时延指标并进行呈现。出现质差的业务，基于业务实时流逐跳路径，周期性计算每个网元端口的丢包、时延指标并进行呈现。

在实际部署时，可以选择针对一个VPN内的所有业务部署IFIT，也可以选择仅针对某条业务流部署IFIT，业务流可以通过数据报文的IP地址、协议、端口号等信息进行定义。可以对丢包、时延同时部署监测，也可基于业务需求仅监测其中一种。需要注意的是，部署IFIT端到端检测时，需要头尾节点都支持IFIT能力，如果头节点支持而尾节点不支持，则可能使尾节点无法识别IFIT报文头，造成业务丢包；同理，在部署IFIT逐跳检测时，需要业务数据经过的节点均支持IFIT能力。

| 6.7　广域 "IPv6+" 网络升级改造演进策略和方案 |

基于以上广域 "IPv6+" 目标网络的设计，从现有网络演进到 "IPv6+" 网络主要分为演进前准备、网络建设和业务割接以及割接完成腾退老网3个阶段。

1. 演进前准备

该阶段通过充足的资源准备和全面的评估验证，制定合理的演进方案，以支撑网络平滑演进，具体细分如下。

第一步：地址申请和规划。向地址管理单位或运营商申请满足企业需求的IPv6地址。申请和分配方式具体参见第5章，尤其需要考虑SRv6的Locator地址规划。

第二步：现网评估。主要评估网络基础设施、安全基础设施、业务支撑系统、业务应用等IPv6能力，用于制订设备替换和升级计划，以及业务应用的改造顺序。

第三步：网络规划。制定"IPv6+"建网规范和演进方案，支持企业平滑演进到IPv6 Only。

第四步：集成验证。基于"IPv6+"演进方案制定割接方案进行验证，并输出可行性报告。

2. 网络建设和业务割接

该阶段主要有新建以及升级两种网络建设和业务割接策略。

新建策略主要是针对现网设备生命周期即将结束或现网设备不支持"IPv6+"的广域骨干网络，新建一张骨干网络，直接采用IPv6单栈部署，基于"IPv6+"技术实现IPv4、IPv6业务共同承载，逐步完成办公、生产、管理等业务由IPv4向IPv6迁移，如图6-34所示。

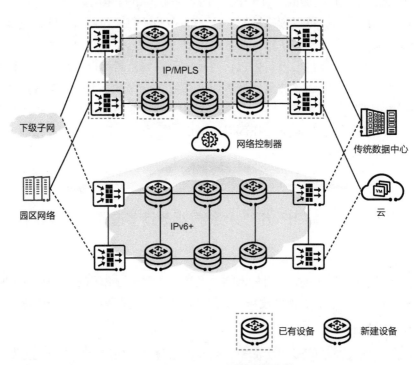

图6-34 新建"IPv6+"网络的演进策略

新建"IPv6+"网络的主要步骤如下。

第一步：网络建设。按照网络规划进行"IPv6+"网络独立建设，部署SRv6、网络切片、IFIT、SDN等能力。

第二步：测试验收。基于新建IPv6网络进行业务测试，满足业务SLA、网络安全、管理运维要求。

第三步：业务割接。基于不同业务的要求，逐步完成业务从传统广域网络向新建IPv6广域网络的迁移。

在现网设备生命周期结束前，可通过升级或部分替换现网设备的方式支持 "IPv6+" 的广域骨干网络。升级策略是：从边缘到核心，逐点升级替换；从简单到复杂，渐进式部署 "IPv6+" 技术；从普通业务到重要业务，逐步进行业务割接，如图6-35所示。建议将业务割接与IPv6网络改造分开，先完成网络的 "IPv6+" 升级，再进行相应的业务改造，以降低割接复杂度。

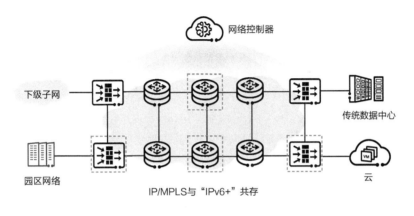

图6-35 升级 "IPv6+" 网络的演进策略

升级 "IPv6+" 网络的主要步骤如下。

第一步：边缘设备升级。边缘设备升级到具备 "IPv6+" 能力，优先选择云网关、互联网出口、园区网络出口的PE设备。

第二步："IPv6+" 基础能力部署。升级后的设备同时部署SRv6与传统IP/MPLS，与旧设备之间采用IP/MPLS对接，新设备之间采用SRv6 BE，中间节点需要配置IPv6 IGP/BGP。部署网络控制器进行全网统一管控。"IPv6+" 基础能力的具体部署建议如下。

（1）IPv6地址部署建议

建议保留IPv4/IPv6双栈地址，原有设备的管理地址可以继续保持IPv4地址不变。

在原有Loopback接口上使能IPv6能力并配置IPv6地址，Loopback接口地址建议掩码配置为128 bit。

在原有互联接口上使能IPv6能力并配置IPv6地址，掩码配置为127 bit，路由器间互联接口的MTU建议调整为较大值。

基于Locator规划为设备配置SRv6 Locator。

（2）IGP部署建议

对于现网原部署的IS-ISv4，建议在原IS-IS进程中新增IS-ISv6配置。对于现网部署的OSPFv2，建议新增部署IS-ISv6进程。

（3）BGP部署建议

需评估已有RR是否能够满足功能和性能要求，推荐新增IPv6的RR设备，以避免对原有IPv4业务造成影响。边缘设备与RR建立IPv6 BGP Peer。边缘设备上新建的BGP IPv6 Peer和原有BGP IPv4 Peer可以共享一些参数，具体如下。

- AS number：与BGP IPv4 Peer共用一个AS number。
- Router ID：与BGP IPv4 Peer共用一个Router ID。
- RR：如果现网RR设备满足要求，或RR同时为转发节点，新增RR对路径和拓扑影响较大，则可以与IPv4共用RR。

第三步：普通业务割接。SRv6的一大优势就是在中间节点不支持SRv6的情况下，可以用SRv6 Overlay方案快速开通业务，这是在存量网络上快速部署SRv6的最佳方式。

当两端业务接入节点部署SRv6 BE时，RR节点传递SRv6 VPN路由，通过修改VPN业务路由优选IPv6下一跳，迭代SRv6 BE隧道，即可实现VPN over SRv6 BE业务的开通。选择部分普通业务通过SRv6 BE承载，验证"IPv6+"方案基础能力。

第四步：核心设备升级。逐步升级核心设备，直至全网支持"IPv6+"。

第五步："IPv6+"高阶能力部署。部署SRv6 Policy、网络切片、IFIT、SDN等高阶能力。

第六步：业务割接。基于不同业务的要求，逐步完成业务从IP/MPLS向"IPv6+"的迁移。

3. 割接完成腾退老网

本阶段包含运维观察、老网腾退和冗余配置删除。

- 运维观察：业务完成从传统网络向"IPv6+"网络迁移后，需设置观察期，观察业务运行状态。
- 老网腾退和冗余配置删除：对于新建场景，原有网络观察期满后，业务运行无重大问题，方可拆除老网，完成广域"IPv6+"网络演进。对于升级场景，业务完成迁移后，设置观察期，观察业务运行状态，业务运行无问题后删除IP/MPLS冗余配置，完成广域"IPv6+"网络演进。

|6.8　小结|

　　企业广域网络解决方案基于"IPv6+"技术，将广域网络划分为Underlay和Overlay两层。Underlay层采用IPv6单栈，结合SRv6隧道技术为Overlay层的业务提供IPv4/IPv6双栈服务，实现IPv4业务的平滑演进，并为后续业务系统向IPv6演进打好网络基础。在广域网络的质量保障和管理运维方面，通过对SRv6报文进行扩展，使广域网络具备基于SRv6 Policy的流量工程能力、基于网络切片实现不同业务的SLA差异化保障的能力、基于IFIT实现对真实业务流的IFIT及故障自动定界能力，结合SDN网络控制器实现业务快速下发及业务路径灵活调整，实时感知网络动态，帮助企业广域网络实现自动化、智能化、服务化。

第 7 章
数据中心"IPv6/IPv6+"网络演进设计

第6章介绍了广域"IPv6/IPv6+"网络的改造策略和方案,广域网络的IPv6改造是一个系统性工程,改造过程不是一蹴而就的,需要对网络协议、网络业务、可靠性、管理与运维层面等进行全方位的升级改造,对数据中心网络进行IPv6改造也同样复杂。本章将详细介绍数据中心网络的IPv6设计,包括数据中心内网络、数据中心间网络、周边支撑系统的IPv6设计,以及网络部署与运维设计,并针对数据中心网络面向IPv6改造给出演进策略和目标方案。

| 7.1 数据中心 IPv6 网络演进设计原则 |

在国家政策的支持引导和巨大市场需求助推下,我国数据中心IPv6网络改造稳步推进,三大基础电信企业的IDC已基本完成IPv6改造。截至2020年7月,三大基础电信企业已经完成全部907个IDC的IPv6改造,863个IDC接入国家IPv6发展监测平台。根据《中国IPv6发展状况》报告,阿里云、华为云、腾讯云等主流云厂商也已经支持IPv6访问,数据中心IPv6网络的改造已经相对成熟。参考国内外主要云厂商的IPv6改造经验,以及数据中心内业务的特点,基于IPv6的数据中心网络设计应遵循如下原则。

1. 稳定性原则

数据中心内网络通常存在多种业务应用系统,数据中心IPv6网络改造应平滑过渡,不能因IPv6改造导致业务受损。因此,网络设计首先需要遵循稳定性原则。在企业数据中心IPv6网络改造的实践中,对业务中断时间特别敏感的行业,如金融等,通常选择新建网络资源池的方式,在新建的网络资源池中直接部署IPv6单栈,与存量的IPv4网络资源池同时对外提供服务。对中断时间要求不高或投资规模敏感的行业,往往在原有数据中心资源池上进行IPv6设计,由同一套硬件资源池对外提供IPv4和IPv6服务。

2. 实用性原则

由于数据中心IPv6网络的改造往往需要较长时间,为了能够缩短改造时间，网络设计应遵循实用性原则。优先将对外提供业务访问的出口进行改造，已成为行业数据中心IPv6网络改造普遍达成的共识。在出口改造完成后，数据中心网络就具备对外部IPv6终端提供应用访问的能力，之后逐步进行数据中心内和数据中心间IPv6网络的改造，包括网络、服务器、网络管理等相关组件的改造，直至全部完成。

3. 兼容性原则

数据中心网络作为新型基础设施，一次性投资大，建设完成后往往需要运行很长一段时间，不能仅为了支持IPv6导致现有数据中心网络被废弃。因此，网络设计应遵循兼容性原则，兼容现有设备，保护现有投资。

| 7.2　数据中心 IPv6 网络整体方案 |

数据中心网络经过几十年的演进，按IT架构可以分为传统数据中心网络、虚拟化数据中心网络和云数据中心网络，按建设规模可以分为中小型数据中心和大型数据中心。但不同类型的数据中心的分区规划区别不大，典型分区规划如图7-1所示。

从图7-1中的典型分区规划可以看出，数据中心一般包括数据中心资源池（包括核心交换区、核心生产区、一般业务区、开发测试区）、数据中心互联区、数据中心出口区（包括互联网出口区、广域出口区）以及运维管理区。根据数据中心的规模大小，可以灵活拆分或者合并区域。在数据中心网络向IPv6演进的过程中，仍采用分区分域方式建设，可保持原有数据中心网络分区规划不变。

基于典型分区规划，下面分别介绍数据中心资源池、数据中心互联区、数据中心出口区和运维管理区向IPv6演进的关键要点。

1. 数据中心资源池向IPv6演进

数据中心资源池按照业务类型可以分为核心交换区、核心生产区、一般业务区和开发测试区，其中核心生产区、一般业务区和开发测试区由业务网络和存储网络两部分组成。IPv6网络的改造方案涉及业务网络和存储网络两部分，但更多是和IT技术架构相关，与业务分区关系不大，因此本节主要基于不同IT架构来阐述IPv6改造要点。

企业数据中心内的不同分区基于其规划建设时所处的阶段，会选当时的主流IT技术架构进行建设。因此一个数据中心内可能存在多种不同的IT技术架构，通常一个分区内使用一种IT技术。

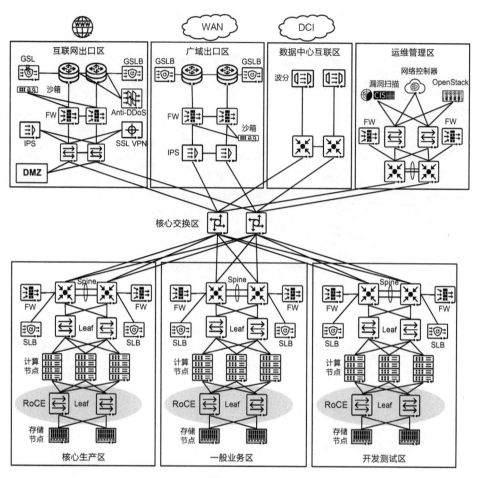

图 7-1　数据中心典型分区规划

　　根据现有数据中心的IPv6改造经验，存量数据中心如果在网络Underlay层已部署IPv4，很难改造成为IPv6单栈，对此，可以新增部署IPv6协议栈，实现IPv4/IPv6双栈共存。下面介绍在数据中心网络向IPv6演进时不同IT架构对应的设计要点。

　　（1）传统数据中心分区

　　传统数据中心分区的网络通常由接入层、汇聚层和核心层组成。汇聚交换机是二层和三层网络的分界点，汇聚交换机下行是二层网络，上行是三层网络。传统数据中心部署的业务系统绝大多数仅支持IPv4协议栈，网络承载方案为Native IPv4。传统数据中心分区的IPv6设计建议说明如下。

　　对于新建场景：数据中心网络全面云化和虚拟化后，新建传统数据中心的比例越来越少。如果确有业务系统仍需要采用传统方案承载，且有IPv6改造需求，建议采用双栈部署方案。新建业务系统需支持IPv4/IPv6双栈。存量系统和IPv4终端与新建系统通过IPv4平面互通，IPv6终端与新建系统通过IPv6平面互通。

对于存量场景：存量数据中心网络建议通过IPv4/IPv6双栈改造，新增部署IPv6协议栈。存量数据中心的业务系统进行IPv6改造试点，逐步开始全面支持IPv6。未改造的系统、IPv4终端与已改造系统通过IPv4平面互通，IPv6终端与已改造的系统通过IPv6平面互通。

（2）虚拟化数据中心分区

虚拟化数据中心的概念最早在2012年由VMware阐述"软件定义数据中心"时提出，VMware因此也成为虚拟化数据中心解决方案的主流提供商。VMware有两个主要的虚拟化数据中心解决方案，一个是VMware NSX-V，业界网络厂商通常采用VXLAN作为其网络承载方案；另一个是VMware NSX-T，采用GENEVE（Generic Network Virtualization Encapsulation，通用网络虚拟封装）协议作为其网络承载方案。虚拟化数据中心面向IPv6改造设计，应遵循"先业务改造后管理改造"的原则，先对业务虚拟机、ESXi主机等进行IPv6业务平面改造，设计建议如下。

对于新建场景：新建虚拟化数据中心分区建议Underlay层采用IPv6单栈部署，Overlay层采用双栈部署，通过VXLANv6或者GENEVE Over IPv6承载。新建数据中心的应用系统需要支持IPv4/IPv6双栈。存量系统和IPv4终端与新建系统通过Overlay层的IPv4平面互通，IPv6终端与新建系统通过Overlay层的IPv6平面互通。

对于存量场景：存量虚拟化数据中心建议Underlay层保持IPv4不变，Overlay层采用双栈部署。存量数据中心业务系统先进行双栈改造试点，积累经验后再逐步开始全面支持双栈协议。存量系统和IPv4终端与已改造系统通过Overlay层的IPv4平面互通，IPv6终端与已改造的系统通过Overlay层的IPv6平面互通。

（3）云数据中心分区

云数据中心是一种基于云计算架构的数据中心，具备模块化程度高、自动化程度高、绿色节能等特点，可利用自身所拥有的计算、存储、网络、软件平台等资源向不同租户提供IaaS（Infrastructure as a Service，基础设施即服务）虚拟资源服务。云数据中心一般以OpenStack为架构底座，要求网络灵活部署、按需分配网络资源。为了应对这些变化，云数据中心引入了Overlay技术，采用VXLAN作为其网络承载方案，可使同一租户/业务的资源实现灵活分配和隔离。云数据中心的IPv6部署与云平台息息相关，现有主流的云平台都支持IPv6协议栈，具体可参考7.5节。云数据中心网络面向IPv6改造设计，与虚拟化数据中心网络一样，建议如下。

对于新建场景：新建分区Underlay采用IPv6单栈部署，Overlay层采用IPv4/IPv6双栈部署。

对于存量场景：存量分区Underlay采用IPv4栈，Overlay层进行IPv4/IPv6双栈改造。

2. 数据中心互联区向IPv6演进

随着数据越来越重要，需要在异地新建数据中心满足数据灾备的需求。随着数据量越来越大，已建的数据中心难以承载新增的数据，需要新建数据中心。此外，用户对业务体验的要求越来越高，需要让用户能够就近访问数据中心。上述多个因素叠加，逐步催生了多地多数据中心的建设诉求。因此需要整合跨地域、跨数据中心的资源，形成统一的资源池，分布式多数据中心成为当前的主流方案。数据中心间根据承载方案的不同，可以分为Multi-Pod数据中心场景和Multi-Site数据中心场景。

- Multi-Pod数据中心场景：Multi-Pod指一套网络控制器管理多个PoD（Point of Delivery，分发点），这些PoD通常是同城近距离部署的。网络承载方案是一个端到端VXLAN隧道。Multi-Pod场景的IPv6设计与虚拟化/云数据中心内网络技术方案相同。Multi-Pod场景的IPv6设计建议如下。
  - 对于新建场景：新建数据中心互联区建议Underlay层采用IPv6单栈，Overlay层采用双栈部署模式。
  - 对于存量场景：存量数据中心互联区建议Underlay层保持IPv4不变，Overlay层采用双栈部署模式。
- Multi-Site数据中心场景：Multi-Site是指多个数据中心网络管理域之间的互通，数据中心对距离不敏感，可同城远距或者异地部署。网络承载方案是多个VXLAN域，数据中心可以通过三段式VXLAN、VLAN HandOff（IGP/BGP路由）实现互通。Multi-Site场景的IPv6设计建议如下。
  - 对于新建场景：Multi-Site数据中心采用三段式VXLAN或者VLAN HandOff方式实现互通。在三段式VXLAN方案中，建议Underlay层采用IPv6单栈部署模式（VXLANv6），Overlay层采用双栈部署模式。VLAN HandOff方案互通在DCI GW和DCI PE之间背靠背部署IGP/BGP，在DCI PE之间部署SRv6，同时需要在DCI GW和DCI PE的业务平面部署IPv4/IPv6双栈。Multi-Site数据中心新建场景如图7-2所示。
  - 对于存量场景：Multi-Site数据中心采用VXLAN或者VLAN HandOff方式实现互通。在三段式VXLAN方案中，Underlay层建议保持IPv4协议栈不变，Overlay层采用双栈部署。对于采用IGP/BGP方式实现互通的，新增部署IPv6协议栈。VLAN HandOff方案互通在DCI GW和DCI

PE之间背靠背部署IGP/BGP，在DCI PE之间部署SRv6，同时需要在DCI GW和DCI PE的业务平面部署IPv4/IPv6双栈。

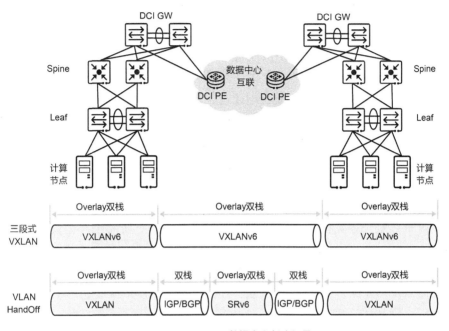

图 7-2　Multl-Site 数据中心新建场景

3. 数据中心出口区向IPv6演进

数据中心出口区（包含广域出口区和互联网出口区）作为数据中心的第一道安全防线，通常会部署防火墙、IPS（Intrusion Prevention System，入侵防御系统）、Anti-DDoS、SSL VPN（Virtual Private Network over Secure Sockets Layer，基于安全套接层的虚拟专用网络）网关、沙箱等安全设备，抵御来自外部网络的安全威胁。数据中心出口区安全的IPv6设计可参见12.5节。在数据中心网络向IPv6网络演进后，出口区一般不再部署NAT，但部分行业按照使用习惯也会部署NAT66。数据中心IPv6出口区设计建议如下。

对于新建场景：企业出于业务连续性和可靠性等考虑，可以选择新建一个IPv6出口区及其对应的资源池区（包括服务器、网络、安全和支撑系统等）提供IPv6访问服务。网络Underlay层采用IPv6单栈部署模式，通过部署IPv6的IGP/BGP打通出口路由，IPv6终端通过新建数据中心出口区访问，IPv4终端通过原有数据中心出口区访问。

对于存量场景：企业出于自身成本和网络建设周期考虑，也会选择在原出口区进行IPv6升级改造。应用系统（或前置机）改造为IPv4/IPv6双栈，网络在原有IPv4协议栈基础上新增IPv6协议栈、新增IPv6的IGP/BGP。IPv6终端通过IPv6平面访问，IPv4终端通过IPv4平面访问。

4. 运维管理区向IPv6演进

运维管理区主要提供网络管理和安全管理软件，通常会部署网络控制器、态势感知设备、堡垒机、安全审计设备等。运维管理区的网络承载方案以Native IP方案为主。IPv6设计与管理软件相关，由于在IPv6改造的初期，短期内很难将所有管理软件全部改造为支持IPv6，因此运维管理区面向IPv6设计时网络建议采用双栈的方式部署，即对于已经支持IPv6的管理软件，采用IPv6平面管理，对于不支持IPv6的管理软件，采用IPv4平面进行管理。运维管理区的IPv6设计建议如下。

对于新建场景：建议采用IPv4/IPv6双栈方式建设，一般通过部署IGP实现管理平面的IPv4和IPv6路由打通，对于新部署的管理软件，支持IPv6的，采用IPv6平面管理，不支持IPv6的，采用IPv4平面管理。

对于存量场景：网络在原有IPv4协议栈的基础上新增IPv6协议栈，新增IPv6的IGP/BGP。管理软件在未改造前仍通过IPv4平面管理，在完成IPv6改造后采用IPv6平面管理。

面向IPv6设计，数据中心互联区与运维管理区相对简单，基于以上原则改造即可。数据中心资源池和数据中心出口比较复杂，下文会重点展开介绍。

| 7.3 数据中心资源池 IPv6 网络设计 |

数据中心资源池基于IT架构，主要分为传统数据中心、虚拟化数据中心和云数据中心。这3种数据中心使用的网络承载方案分为4种，分别是传统承载方案、Network Overlay方案、Host Overlay方案、存储网络方案。

传统数据中心使用传统承载方案，虚拟化数据中心可采用Network Overlay和Host Overlay两种方案，其中Network Overlay方案是设备厂商的主推方案，Host Overlay方案是虚拟化厂商的主推方案。云数据中心与虚拟化数据中心相同，但不同的云平台有不同的细分方案，在不同的分区可以采用Network Overlay或者Host Overlay方案。存储网络可应对IP化的趋势，同步完成IPv6智能无损网络改造。

在面向IPv6的演进中，数据中心网络的演进策略主要与网络承载方案有关。下面对传统承载方案、Network Overlay方案、Host Overlay方案和存储网络方案分别进行详细阐述。

7.3.1　传统承载方案

本节主要介绍传统承载方案的路由设计和可靠性设计。

1. 路由设计

传统数据中心的网络承载方案是Native IP，一般通过OSPF进行路由扩散，传统承载方案的IPv6改造重点是路由协议。各区域路由协议的IPv6选择和部署可以与IPv4保持一致，通过在全网部署Native IP双栈，实现双栈业务的转发。

传统数据中心网络内部路由设计如图7-3所示。互联网出口区采用OSPFv3或者静态路由，其他区域一般采用OSPFv3。核心交换机、出口路由器和分区的汇聚上行接口组成骨干区域（Area 0），其他区域划分为非骨干区域。内部业务区可部署为OSPFv3 NSSA Area，限制LSA在区域间的传播，减小对接入交换机的压力。部署OSPFv3 IP FRR，关联BFD会话，保障网络发生故障时路由快速收敛。

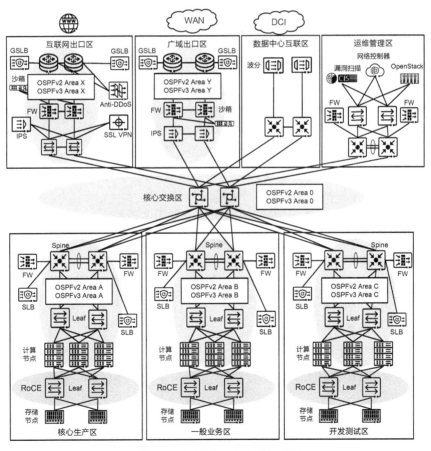

图 7-3　传统数据中心内部路由设计

2. 可靠性设计

传统数据中心是在网络架构不变的基础上，增加IPv6可靠性设计和接入链路冗余可靠性设计。

IPv6可靠性设计：新增OSPFv3的路由协议配置，增加OSPFv3 FRR、BFD for OSPFv3以提升网络可靠性，可实现IPv6路由的快速收敛。根据具体网络流量的分布情况，可按需针对IPv6流量配置ECMP或UCMP（Unequal Cost Multi Path，非等价多径）实现流量负载均衡。

接入链路冗余可靠性设计：针对IPv6服务器接入场景，在服务器网卡上开启IPv6协议栈能力，网络设备部署OSPFv3 over M-LAG实现双活接入，提升接入侧可靠性。在M-LAG双归接入IPv6网络时，M-LAG主备设备需要作为三层网关，保证M-LAG成员接口对应的三层接口具有相同的IPv6地址和MAC地址。两台设备建立OSPFv3邻居关系时，需使用M-LAG链路本地地址作为源IPv6地址，才能正常建立起OSPFv3邻居关系。

7.3.2　Network Overlay 方案

Network Overlay和Host Overlay的定义是伴随着VXLAN在数据中心的广泛应用而产生的。VXLAN是一种NVo3（Network Virtualization over Layer 3，三层网络虚拟化）技术，是基于IP转发的Overlay网络技术。

在Overlay技术中，根据不同的网关部署位置来区分是Network Overlay方案还是Host Overlay方案：如果网关部署在网络硬件交换机上，则为Network Overlay方案；如果网关部署在服务器的vSwitch（virtual Switch，虚拟交换机）上，则为Host Overlay方案。在已经实施部署的数据中心中，虚拟化数据中心大多采用Network Overlay方案，而云数据中心网络有向Host Overlay方案集中演进的趋势。

本节重点介绍Network Overlay方案的IPv6部署改造建议，主要包含网络模型设计、网络控制平面和转发平面设计、网络管理平面设计、网络可靠性设计和业务质量保障设计5个方面。

1. 网络模型设计

Network Overlay的网络模型从对象上可以分为物理网络模型和虚拟网络模型。

（1）物理网络模型

在Network Overlay组网中，典型网络由Spine-Leaf架构组成。其中，Spine节点作为中心节点，连接所有Leaf节点；而Leaf节点又分为Server Leaf、

Service Leaf和Border Leaf。

- Server Leaf：服务器叶子节点，该节点连接服务器，大多采用双归部署。
- Service Leaf：业务叶子节点，该节点连接防火墙、LB（Load Balancer，负载均衡器）等VAS设备。
- Border Leaf：本数据中心网络的边界叶子节点，提供本数据中心与外部网络的连接。

Network Overlay的物理网络模型的IPv6与IPv4没有区别。在进行IPv6改造时，如果仅通过Overlay方式承载IPv6业务，则只需要网关设备使能IPv6；如果采用Underlay IPv6、Overlay双栈的方案，则所有网络设备都需要使能IPv6。

根据部署位置不同，VXLAN L3网关可以分为集中式网关和分布式网关两种方案。集中式网关的三层网关主要部署在Border Leaf，分布式网关的三层网关分布在所有的Leaf节点。由于分布式网关具有部署灵活、扩展性强等技术优势，在实际部署中通常采用分布式网关方案。分布式Network Overlay的组网架构如图7-4所示。

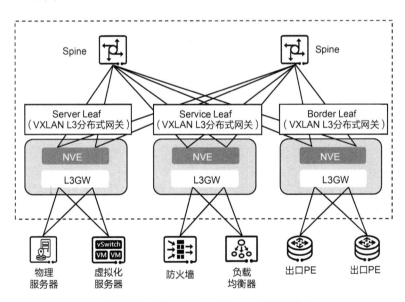

图 7-4　分布式 Network Overlay 组网架构

在IPv6改造中，对于分布式网关，如果采用Underlay IPv4单栈+Overlay双栈的方案，则需要改造升级所有Leaf节点。如果采用Underlay "IPv6+" Overlay双栈的方案，则除Leaf节点外，Spine节点也需要完成对IPv6的升级和改造。

（2）虚拟网络模型

Network Overlay方案通过对物理网络进行模型抽象，进行虚拟网络与物理网络的映射，从而实现对Network Overlay网络的编排，完成业务自动发放。不同厂商的网络模型不完全一致，略有差异。以华为数据中心网络解决方案为例，其虚拟网络模型如图7-5所示。

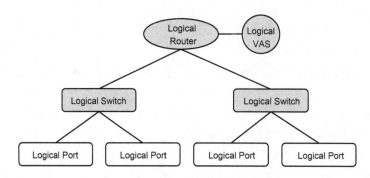

图7-5　华为数据中心网络的虚拟网络模型

基于VXLAN技术在物理网络上构建虚拟网络，虚拟网络模型由虚拟网络原子对象组成，这些对象主要包括Logical Router、Logical VAS、Logical Switch和Logical Port。

- Logical Router：提供Logical Port之间的L3路由服务和网关服务，由扮演网关角色的设备（在分布式Network Overlay中为所有Leaf设备）承担。
- Logical VAS：提供L4～L7服务，由FW、LB设备承担。
- Logical Switch：提供Logical Port之间的L2交换服务，由扮演网关角色的设备承担。
- Logical Port：提供接入服务，支持接入虚拟机/裸金属服务器/物理机/增值设备，由扮演NVE（Network Virtualization Edge，网络虚拟化边缘）角色的设备（在分布式Network Overlay中为所有Leaf设备）承担。

Network Overlay的虚拟网络模型的IPv6与IPv4没有区别。在IPv6改造中，Logical Router和Logical VAS与L3能力相关，因此对于控制器的编排能力，针对Logical Router需具备IPv6路由服务和网关服务编排能力，针对Logical VAS需具备IPv6业务的VAS编排能力，如采用IPv6策略等。

2. 网络控制平面和转发平面设计

Network Overlay方案的转发平面主要采用VXLAN隧道作为网络承载，同时引入EVPN技术作为路由平面协议，通过BGP EVPN路由实现VTEP（VXLAN Tunnel Endpoint，VXLAN隧道端点）的自动发现、主机路由信息和业务路由网段信息相互通告等特性。首先，简单介绍EVPN协议中与IPv6相关的几种路由类型，对于BGP EVPN的基本原理介绍请参见其他相关图书，本文不赘述。

- Type2路由——MAC/IP路由：该类型路由可以同时携带主机MAC地址和主机IPv6地址，实现ND表项的扩散传递。通过该路由可以实现如下功能。

  - NS组播抑制：当VXLAN网关设备收集到本地IPv6主机的信息后，生成ND表或ND代答表，然后通过MAC/IP路由进行扩散，其他VXLAN网关（BGP EVPN对等体）收到该路由后生成本地的ND代答表。这样，当VXLAN网关再收到NS报文时，先查找本地的ND代答表，查找成功就直接进行ND代答或组播转单播处理，从而减少或抑制NS报文泛洪。

  - 防止ND欺骗攻击：ND欺骗攻击是指攻击者将自己的MAC地址与某一主机的IPv6地址相关联，从而使发往该IPv6地址的任何流量都发送给攻击者。通过ND扩散功能，VXLAN网关之间可以同步同一IPv6主机的ND代答表。当攻击者上线后，针对同一IPv6主机，会重复生成ND代答表并扩散到其他VXLAN网关。这样通过ND代答表冲突检测触发IPv6地址冲突告警，进而提醒用户可能存在ND欺骗攻击。

  - 分布式网关场景下的IPv6虚拟机迁移：当一台IPv6虚拟机从当前网关迁移到另一个网关下之后，该虚拟机会主动发送免费NA报文，新网关收到报文后生成ND表，并通过MAC/IP路由扩散给原网关。原网关收到后，感知到IPv6虚拟机的位置发生变化，触发NUD。当探测不到原位置的IPv6虚拟机时，删除本地ND表并通过MAC/IP路由扩散给新网关，新网关收到后删除旧的ND表。

  - 主机IPv6路由通告：在分布式网关场景中，要实现跨子网IPv6主机的三层互访，网关设备需要互相学习主机IPv6路由。作为BGP EVPN对等体的VTEP之间通过交换MAC/IP路由，可以相互通告已经获取到的主机IPv6路由。其中，IP Address Length和IP Address字段为主机IPv6路由的目的地址，同时MPLS Label2字段必须携带三层VNI（VXLAN Network Identifier，VXLAN网络标识符）。此时的MAC/IP路由也称为IRBv6类型路由。

- Type3路由——Inclusive Multicast路由：该类型路由主要用于VTEP的自动发现和VXLAN隧道的动态建立。通过Inclusive Multicast路由互相传递二层/三层VNI和VTEP地址信息，对于VXLANv6（IPv6 Underlay），VTEP地址为IPv6地址，如果是VXLANv4（IPv4 Underlay），VTEP地址仍保持IPv4地址。

- Type5路由——IP前缀路由：该类型路由的IP Prefix Length和IP Prefix字段既可以携带主机IP地址，也可以携带网段地址。对于IPv6 Overlay业务路由，通过IP Prefix Length和IP Prefix字段携带IPv6网段地址，通过GW IP Address字段携带IPv6网关地址。

以上是在IPv6改造中需重点关注的几种EVPN路由类型。根据新建场景或存量场景，Network Overlay承载方案的转发平面主要有以下两种方案可供选择。

- 新建场景：建议Underlay层采用IPv6单栈部署，Overlay层采用双栈部署，即通过VXLANv6隧道同时承载IPv4/IPv6业务。
- 存量场景：建议Underlay层保持IPv4不变，直接增加Overlay层，采用双栈部署，即IPv6业务通过VXLANv4隧道承载。

下面分别介绍两种方案的控制平面和转发平面的改造关键点。

第一种方案：VXLANv6隧道 + IPv4/IPv6 Overlay。该方案需同时部署Underlay和Overlay的IPv6能力。

（1）控制平面

如前文所述，对于IPv6 Underlay，EVPN VXLAN采用IPv6类型的VTEP地址来建立隧道，因此数据中心内网络需要具备IPv6地址发布和转发能力，需要部署IPv6动态路由协议。IPv6动态路由协议可以采用OSPFv3或eBGP4+，路由协议选择与存量IPv4资源池保持一致即可。考虑方案成熟度和普适性，一般推荐采用OSPFv3。同时，由于IPv6 Underlay的路由除了数据中心网络内部互通，并将汇聚路由发布到运维管理区，一般不需要与其他区域互通，因此在各分区内采用不同的区域即可，如图7-6所示。

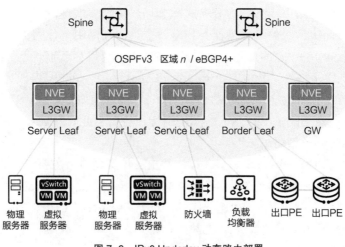

图7-6　IPv6 Underlay 动态路由部署

同时，需要在BGP对应的EVPN地址族中建立IPv6 Peer，用于建立IPv6
邻居并传递IPv6 VTEP路由。BGP EVPN邻居的建立模式与IPv4资源池的建立
方式可以保持一致，如果使用Spine节点作为RR，则IPv6也可以沿用该部署方
式，如图7-7所示。

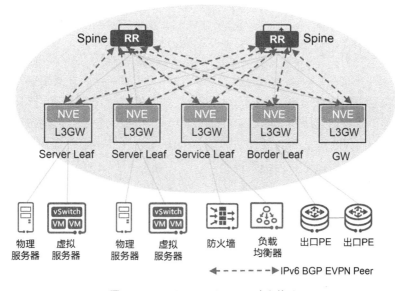

图7-7　IPv6 BGP EVPN Peer 建立关系

以华为设备命令行为例，IPv6 BGP EVPN邻居建立的配置如下。

```
[Device1] bgp 100
[Device1-bgp] peer 2001:DB8:2::2 as-number 100
[Device1-bgp] peer 2001:DB8:2::2 connect-interface LoopBack0
[Device1-bgp] l2vpn-family evpn
[Device1-bgp-af-evpn] peer 2001:DB8:2::2 enable
```

而对于业务路由（Overlay路由），需要通过BGP EVPN传递IPv4/IPv6双
栈路由，IPv6路由在BGP EVPN中的传递方式和原理与IPv4的相同，在改造配
置中使能IPv6能力并传递给IPv6主机和网段路由。

以华为设备命令行为例，IPv6 Overlay的改造关键点如下。

```
[Device1-bgp] l2vpn-family evpn
[Device1-bgp-af-evpn] peer 2001:DB8:2::2 advertise irbv6
[Device1-bgp-af-evpn] quit
[Device1-bgp] ipv6-family vpn-instance vpn1
[Device1-bgp-vpn1] import-route direct
[Device1-bgp-vpn1] advertise l2vpn evpn
```

（2）转发平面

对于IPv6 Underlay方案，需要建立IPv6 VTEP隧道，以确保流量通过IPv6转发。IPv6 VTEP隧道建立与IPv4的不同点主要在于源VTEP的指定，目的VTEP主要通过IPv6 BGP EVPN邻居发现。下面以华为设备指定源VTEP的命令行为例来说明。

```
[Device1] interface nve 1
[Device1-Nve1] source 2001:DB8:22::2
[Device1-Nve1] vni 10 head-end peer-list protocol bgp
```

第二种方案：VXLANv4隧道 + IPv4/IPv6 Overlay。该方案主要用于存量资源池快速上线IPv6业务。Underlay侧不需要改造，仍沿用已有的VXLANv4即可，也不需要建立IPv6 BGP EVPN Peer，只需要根据业务改造情况下发对应的IPv6 Overlay路由，同时需要使能现有的IPv4 EVPN Peer传递IRBv6路由。下面以华为设备的命令行为例来说明。

```
[Device1-bgp] l2vpn-family evpn
[Device1-bgp-af-evpn] peer 2.2.2.2 advertise irbv6
[Device1-bgp-af-evpn] quit
[Device1-bgp] ipv6-family vpn-instance vpn1
[Device1-bgp-vpn1] import-route direct
[Device1-bgp-vpn1] advertise l2vpn evpn
```

VXLANv4隧道+IPv4/IPv6 Overlay方案无法平滑演进到IPv6 Only方案，后续需进行二次改造，或可以逐步将业务切换到新建的IPv6 Underlay资源池中。

3. 网络管理平面设计

在进行控制平面、转发平面改造的同时，网络管理平面也需要具备IPv6能力，以完成IPv6业务的管理和下放。网络管理平面的IPv6改造应根据网络与安全设备的IPv6管理能力进行评估，在网络与安全设备不支持IPv6管理能力前，可先通过IPv4网络进行管理，再逐步演进到IPv6 Only。在Network Overlay场景中，交换机和安全设备的配置通过网络控制器下发，因此网络管理平面的IPv6改造不仅是服务器与设备的交互协议需要改造为IPv6，网络控制器也需要能够下发IPv6业务的相关配置。

网络控制器首先需要通过SNMPv6发现并获取交换机和防火墙的相关信息，通过NETCONFv6南向接口给交换机、防火墙、负载均衡设备下发IPv6网络的相关配置。下面以虚拟化数据中心为例来说明下发的配置。

（1）IPv6逻辑网络

在网络控制器上编排IPv6逻辑网络，实现IPv6类型的Logical Router、Logical Switch、Logical Port、End Port、Logical VAS等逻辑对象的实例化和配置自动化下发，下发配置包括：

- 创建IPv6外部网络和业务网络；
- 发放IPv6子网和IPv6网关地址；
- 在Logical Router和外部网络域上创建IPv6静态路由以及"BGP4+"配置；
- 发放Logical VAS以及其与Logical Router间的IPv6双向引流配置。

（2）IPv6 QoS

配置基于物理接口的QoS，对接口的IPv6流量提供QoS CAR、QoS整形、QoS队列调度、QoS风暴控制等功能。

配置基于Logical Port、Logical Switch、Logical Router应用IPv6 QoS流策略；基于源和目的IPv6地址的QoS分类器，提供QoS CAR、优先级映射等功能。

配置基于VMM（Virtual Machine Manager，虚拟机管理器）实施QoS，例如最大带宽限速、带宽峰值、平均带宽等；在vSwitch上实现对应的QoS业务。

（3）DHCPv6

虚拟化数据中心场景由第三方DHCP服务器提供DHCPv6服务，需定义配置DHCPv6模型，完成DHCPv6 Relay相关配置下发。

（4）IPv6安全策略

编排IPv6安全策略，实现面向防火墙等物理设备以及Logical FW等逻辑设备的精细化安全策略管理，以及面向租户的基于业务场景的安全策略自动化服务。

4. 网络可靠性设计

数据中心网络可靠性设计从设备级可靠性设计和网络级可靠性设计两方面考虑。设备级可靠性主要依赖于设备（如风扇、电源、转发引擎等）的部件冗余，与IPv6无关。网络级可靠性设计主要涉及网络节点冗余、接入冗余、链路冗余、协议可靠性设计。对于Network Overlay方案，有以下两类设计。

- VXLANv6隧道 + IPv4/IPv6 Overlay：采用IPv6 Underlay部署，可靠性设计可通过部署IPv6 ECMP实现流量负载均衡，同时部署BFD for OSPFv3提高链路检测效率，增强可靠性。新增的IPv6 Overlay接入侧配置的接入冗余方案与IPv4的一致，如部署M-LAG，此处不赘述。
- VXLANv4隧道 + IPv4/IPv6 Overlay：Underlay层保持IPv4不变，因此网络主要依赖于IPv4网络的可靠性方案。仅需要考虑新增的IPv6可靠性和IPv6服务器接入冗余可靠性，该部分的部署方案与IPv4的部署方案可以保持一致。

5. 业务质量保障设计

在业务质量保障设计方面，除在数据转发平面采用传统QoS外，对于分布式存储和AI场景，需重点设计。在这些场景下，还可以采用RoCEv2（RDMA over Converged Ethernet version 2）协议来减少CPU的处理和延迟，提升应用的性能。上述应用的特点是，"多打一"的Incast流量模型会造成交换机内部队列缓存瞬时突发拥塞甚至丢包，通过传统QoS已难以保障业务质量。通过数据中心无损网络方案，结合CNN（Convolutional Neural Network，卷积神经网络）、DQL（Deep Q-learning Network，深度Q网络）等机器学习能力，网络实现零丢包、最大吞吐和最小时延，满足分布式存储和AI场景的需求。由于传统QoS IPv6的设计与IPv4的设计相同，本节不进行相关介绍。无损网络QoS设计主要包括优先级设计、PFC无损设计、MTU设计和拥塞控制设计，前面两者在IPv4/IPv6双栈中无差别，下面介绍IPv6场景下的拥塞控制设计。

拥塞控制是一个全局性的过程，目的是让网络能承受现有的负载，往往需要转发设备、流量发送端、流量接收端协同作用，并结合网络中的拥塞反馈机制来调节整个网络流量才能起到缓解拥塞、解除拥塞的效果。DCQCN是目前RDMA（Remote Direct Memory Access，远程直接存储器访问）网络应用最广泛的拥塞控制算法，DCQCN只需要网络设备支持ECN功能，其他功能在主机的网卡上实现。

在设备缓存超过门限拥塞时，针对队列中的报文进行标记，ECN标记位在发生拥塞时从10变成11。接收端收到ECN=11标记报文后，反向向上游发送端服务器发送CNP进行降速。发送端在收到CNP后，根据DCQCN算法进行降速。ECN只会影响被标记的报文对应的报文流，因此ECN是基于流的降速，不会影响其他未标记的流量。

7.3.3　Host Overlay 方案

与Network Overlay不同，Host Overlay是指将VXLAN隧道的两个端点均部署在服务器上，由运行在服务器上的vSwitch承担VTEP职责。在该架构中，作为Leaf和Spine的网络交换机只进行Underlay路由转发，降低了云服务对网络设备的依赖。但是在商用实践中，为了提升网络转发性能并简化网络配置，也会同时存在于服务器和网络设备之间建立VXLAN隧道的情况。

Host Overlay的网络架构和云平台的实现强相关，不同云平台公司的实现架构类似，本节以华为云为例，介绍Host Overlay场景下的IPv6改造要点。

Host Overlay在网络模型、网络控制平面/转发平面与Network Overlay的原理类似；网络管理平面设计、网络可靠性设计策略与Network Overlay的相同；在网络架构和改造策略上略有差异。

1. Host Overlay网络架构

Host Overlay网络架构如图7-8所示，数据中心组网采用Spine-Leaf架构，通常会采用网络设备作为外部网关，采用物理墙作为网络边界。服务器类型包括计算节点和网络节点：服务器的计算节点负责将主机上的虚拟机流量封装成VXLAN报文；网络节点提供跨VPC、内外网互访以及部分L4～L7服务能力，Spine和Leaf设备只实现Underlay流量转发。当网络设备承担VTEP时，与Network Overlay场景下的出口网关角色相同，负责南北向流量的VXLAN报文解封装和路由寻址，实现数据中心南北向流量访问。

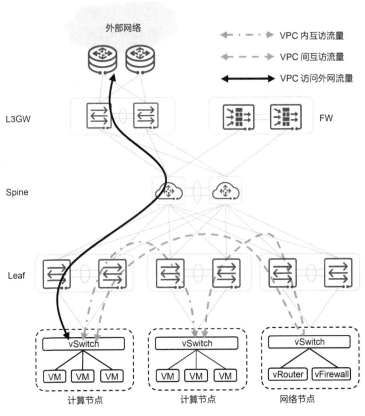

图 7-8 Host Overlay 网络架构

2. 网络流量模型

与Network Overlay相同，数据中心的流量可以分为东西向流量和南北向流量，主要包括VPC内互访流量、VPC间互访流量和VPC访问外网流量，如图7-8所示。

- VPC内互访流量：VPC内部跨服务器互访，互访流量通过VXLAN隧道承载，在Overlay层部署双栈，采用端到端VXLAN。VXLAN两端VTEP节点分别为服务器上的vSwitch。
- VPC间互访流量：跨VPC互访需要借助网络节点上的vRouter来实现，流量由两段VXLAN构成，在Overlay层部署双栈。源虚拟机所在服务器的vSwitch通过第一段VXLAN将流量送到网络节点，网络节点包含所有VPC互访路由和控制策略。网络节点根据IPv6网络路由转发信息，将流量通过第二段VXLAN送到目的虚拟机所在服务器的vSwitch。
- VPC访问外网流量：VPC访问本区域外部设备需要借助L3GW实现。L3GW可以由服务器网络节点承担，也可以由网络设备承担，在IPv6设计上没有区别。源虚拟机所在服务器的vSwitch通过VXLAN将流量送到L3GW上，在L3GW上进行VXLAN解封装后，根据IPv6网络路由转发信息，与外部完成三层流量交换。

3. 控制平面/转发平面改造策略

Host Overlay的改造策略与Network Overlay的相同，可以根据新建资源池和改造资源池两种情况制定网络演进策略。通常情况下，新建资源池场景建议采用IPv6 Underlay + 双栈Overlay；改造资源池场景建议采用IPv4 Underlay + 双栈Overlay。但是由于Host Overlay的网关及VTEP在vSwitch上，因此Host Overlay的承载方案主要依赖于云平台或虚拟化系统的支持情况。

在进行IPv6改造前，需要评估云平台或虚拟化系统，要求云平台或虚拟化系统至少支持双栈Overlay。根据不同场景，具体的改造动作如下。

（1）新建资源池场景

建议云平台或虚拟化系统支持IPv6 Underlay的VXLAN，即VXLANv6，同时需要支持双栈Overlay。在这种情况下，对网络设备来说，部署IPv6地址和IPv6动态路由协议即可，与Network Overlay相同。其中vSwitch多通过云平台结合控制器静态建立VXLAN隧道，理论上无须部署动态路由协议，该环节需与云平台厂商确认。

如果云平台或虚拟化系统暂不支持VXLANv6，只支持VXLANv4，但是不希望对网络进行二次改造，则可以考虑VXLANv4 over VXLANv6的方案，具体如图7-9所示。在网络已经改造为IPv6，云平台支持IPv6后，直接从vSwitch部署VXLANv6即可。然而，该方案因为需要增加两层IP报文头，整体开销较大，在有条件的情况下，建议在新建资源池时优先选择支持IPv6 Underlay的云平台或虚拟化系统。

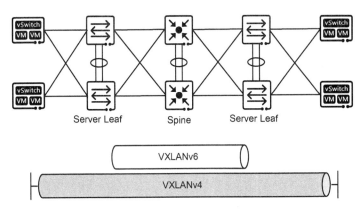

图 7-9　VXLANv4 over VXLANv6 方案设计

（2）存量资源池场景

存量资源池场景需要优先评估云平台是否支持Overlay双栈部署，如果不支持双栈部署，则要升级云平台或虚拟化系统。然后Underlay层保持IPv4不变，增加Overlay层的双栈配置。

7.3.4　存储网络方案

随着存储网络IP化的趋势越来越明显，存储网络的IPv6部署及改造也成为数据中心IPv6网络设计的关键要点。本节首先介绍存储网络的特点及架构设计，然后在此基础上，重点说明存储网络向IPv6演进的策略。

1. 存储网络架构设计

存储网络具有高性能的普遍诉求，因此一般情况下，存储网络与业务网络是两个独立的物理网络，计算节点提供两个网口接入业务网络，提供两个独立的RoCEv2高性能网口接入存储网络。

存储网络建议采用Spine-Leaf二级CLOS架构，Leaf作为主机或存储节点的网关，Spine和Leaf之间构建全IP Fabric网络，以支持大规模业务节点接入。下面从存储网络流量模型、路由设计、智能无损网络设计、高可靠性设计4个层面来介绍存储网络架构设计。

（1）存储网络流量模型

我们通常将计算节点与存储节点之间的I/O读写业务流量称为南北向流

量，将计算节点之间的互访流量称为东西向流量。由于存储网络通常采用与业务网络分离部署的方式，因此存储网络只有南北向流量，没有东西向流量。存储网络用于计算节点对存储节点中磁盘的I/O读写，业务流量仅在计算节点与存储节点之间，且仅在存储网络区域内部，在一个安全域内，不涉及安全域隔离，因此流量可以不经过防火墙。如果流量经过防火墙会增加网络时延，防火墙反而会成为性能瓶颈。

（2）路由设计

存储网络采用Native IP方案，Spine和Leaf之间配置成三层路由接口模式，一般选择OSPFv3或EBGP作为动态路由协议。同时，考虑网络快速收敛，需要部署OSPFv3联动BFD，或者EBGP联动BFD来保障网络发生故障时路由的快速收敛。

（3）智能无损网络设计

考虑存储业务的零丢包、低时延要求，需要部署智能无损网络。建议在Spine节点和Leaf节点上部署PFC及相关的PFC风暴控制及PFC预防特性。PFC通过管理两个端侧节点间的传输速率，避免发送端流量超过接收端的处理能力，来解决发送者快、接收者慢（即Fast Sender，Slow Receiver）的问题，从而提供一个无损网络。同时Spine节点和Leaf节点需要部署AI ECN，用交换机内置的智能算法来实现智能的网络参数动态调整能力，持续提供最合适的参数组合，确保100%吞吐下的网络零丢包，发挥最优的网络性能。

计算节点和存储节点中的RoCE网卡需同步开启PFC和ECN功能，配置与交换机相匹配的业务优先级，形成端到端的流量控制和拥塞控制。

计算侧网卡上配置合理的MTU值（建议配置为4500 Byte），减少报文分片和重组的时间，能有效提升吞吐性能。

（4）高可靠性设计

存储网络采用双平面高可靠性架构，如图7-10所示，计算侧和存储侧端口分别接入两个网络平面，每个平面为独立的路由域和故障域，两个平面之间在物理上相互独立、无耦合。

计算节点提供两个网口接入不同的网络平面，两个网口之间采用独立非Bond的接入方式。同时，计算侧通过多路径软件，实现存储流量在多条路径之间的负载均衡，以及检测路径发生故障后的流量切换。

存储节点按照可靠性要求和性能要求提供多个网口接入不同的网络平面，一般为每个存储控制器提供2个或者4个网口，不同的网口采用独立非Bond或平面内Bond的接入方式。

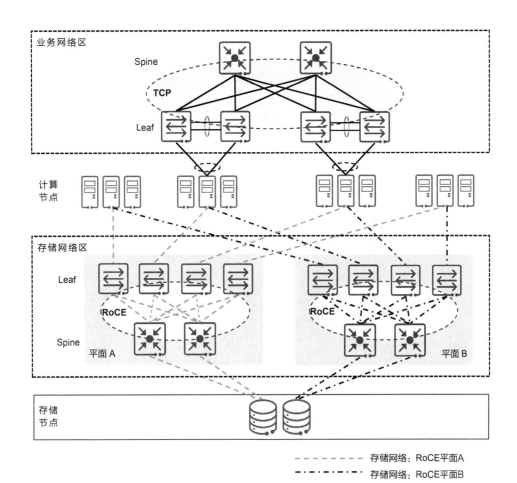

图 7-10　存储网络高可靠性架构

在数据中心交换机上部署iNOF功能，同时在计算节点、存储节点上开启与之适配的故障加速功能，这样可实现端到端故障1 s切换。在Spine-Leaf架构中，一般选择汇聚交换机Spine作为iNOF反射器，选择Leaf作为iNOF客户端，在反射器与客户端之间建立iNOF连接。iNOF连接基于TCP，需要保证反射器和客户端之间路由可达，底层需要通过OSPFv3或者EBGP打通路由。为了提升网络设备故障或设备间链路故障场景下的可靠性，可部署iNOF联动BFD，保障在网络内部发生故障时快速对域内的主机进行通告。

存储场景的常见故障分为存储网络接入侧故障、存储网络侧故障两大类，下面分别说明。

（1）存储网络接入侧故障

存储网络接入侧有多种故障场景，例如光纤故障、光模块故障、存储设备接口卡故障、存储设备控制器故障等。下面以存储网络接入侧链路故障为例，说明IPv6 iNOF快速切换原理。

如图7-11所示，存储接入交换机可感知到端口故障，而计算节点无法直接感知到存储侧的端口故障，此时网络需要向同一个域内的所有计算节点通告端口故障信息，再由计算节点的多路径软件进行路径切换。通过网络层面第一时间的故障感知、故障通告和计算层面的路径切换来减少业务流在故障路径上的转发。

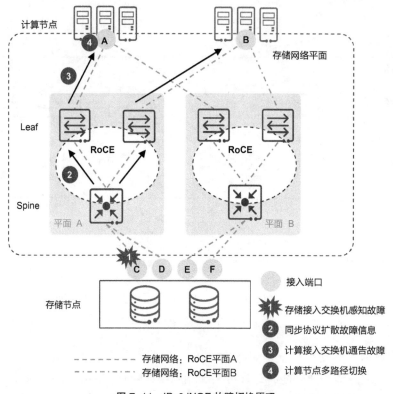

图 7-11　IPv6 iNOF 故障切换原理

（2）存储网络侧故障

存储网络侧故障包括网络设备（交换机）故障、设备间链路故障等导致的网络质量劣化、网络可达性受损甚至中断等情况。该类故障可以部署BFD，快速检测出网络故障，同时联动iNOF实现快速故障感知、快速故障通告，最终触发计算节点进行多路径切换，减少业务流在故障路径上的转发。IPv6 iNOF联动BFD的流程如图7-12所示。

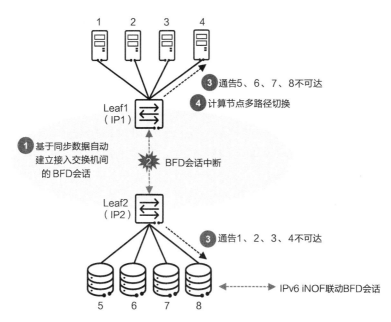

图 7-12　IPv6 iNOF 联动 BFD 的流程

2. 存储网络向IPv6演进

在数据中心全面向IPv6演进的过程中，集中式存储区域的演进也是一个关键要点，存量的存储分区由于其规划建设时所处的阶段不同，对应的存储网络（即计算节点访问存储数据时所使用的通信网络）可能是封闭的FC网络，也可能是高性能超融合RoCE以太网。同时，因为FC网络的封闭性和技术发展缓慢，存储网络有逐渐向高性能超融合RoCE以太网演进的趋势。所以在进行IPv6改造时，可以考虑同时进行存储网络的升级改造。存储区的IPv6升级改造有新建场景和存量改造场景两种方案，下面分别进行介绍。

（1）新建场景

对于新建的IP存储网络（包括存储扩容或者存量FC网络进入替换周期，希望新建IP存储网络的场景），可直接部署IPv6 Only协议栈。新增的IPv6主机和存储之间采用IPv6双栈互通，计算与存储同步进行IPv6改造。新建的存储网络需要满足业务的高性能和高可靠性要求。

· 高性能：存储系统的计算节点通常运行着数据库或备份软件等高性能应用，应用和存储设备之间需要传输大块数据，进行频繁的I/O读写操作，要求存储网络有可预计的响应时间，网络低时延、高吞吐、零丢包是基本要素。

· 高可靠性：整个存储系统对存储设备及存储网络均有高可靠性要求，对存储控制器有"4坏3"或者"8坏7"时系统仍可用的高可靠性要求，对存储网络有1 s级的故障切换时间要求，高可靠性和良好的故障切换能力可以最大限度地保证业务不中断。

（2）存量改造场景

对于存量的IPv4存储网络，网络承载方案为Native IPv4，为了平滑地向IPv6演进，可以新增部署IPv6协议栈，实现IPv4/IPv6双栈共存。未改造的IPv4主机与存储之间通过原有的Native IPv4互通，新增的IPv6主机和存储之间通过新增的IPv6协议栈互通。

对于存量的FC存储网络，由于FC具有封闭性而无法与以太网互通。建议待FC网络进入替换周期，按照新建场景部署IPv6单栈的存储网络。

| 7.4 数据中心出口区 IPv6 网络设计 |

数据中心出口区包含广域出口区和互联网出口区，其中广域出口区用于提供企业内部用户访问数据中心的接入服务，互联网出口区用于提供外部用户访问数据中心的公众服务系统的接入服务。两种出口区类型在IPv6改造中均同时存在新建场景和存量场景。

7.4.1 数据中心广域出口区改造方案

广域出口区主要用于数据中心网络与广域网络对接，广域网络往往一张网提供双栈业务承载能力。因此广域出口区建议与广域网络保持一致，通过双栈方式同时承载IPv4和IPv6业务，以减少对接配置和运维难度。首先评估广域出口网络的设备软、硬件支持能力是否满足双栈要求，以及是否临近生命周期，从而判断是采用新建方式建设还是通过存量改造的方式开通IPv6业务。

无论是新建方式还是存量改造方式，主要的网络对接模型都有两种，即DC-GW与DC-PE分设、DC-GW与DC-PE合设，下面分别进行介绍。

1. DC-GW与DC-PE分设

如图7-13所示，在DC-GW与DC-PE分设的场景中，数据中心出口有独立的路由器或交换机设备，与广域的PE设备通过背靠背方式连接。广域方案与数据中心方案分离，两者之间通过背靠背部署IGP/BGP路由协议实现互通。在IPv6改造中，需要分别配置广域出口区DC-GW的IPv6 IGP/BGP和对应的DC-PE之间的IPv6 IGP/BGP，使能双栈。

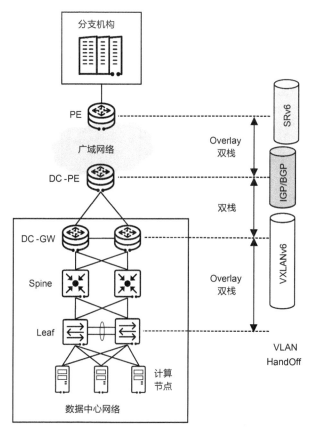

图 7-13　DC-GW 与 DC-PE 分设场景

2. DC-GW与DC-PE合设

因为数据中心网络和广域网络之间通过背靠背方式连接，后续新增上云业务均需要在广域网与数据中心之间的DC-GW和DC-PE间增加配置，存在配置工作量大、断点多、多段运维故障定位困难等问题。因此，建议通过DC-GW与DC-PE合设的方式，拉通数据中心网络和广域网络，通过VXLANv6与SRv6重生成实现互通，并且同时承载IPv4/IPv6双栈业务，以实现业务的IPv6改造和业务的快速上云，如图7-14所示。同时，VXLANv6与SRv6拼接方案还可以携带业务报文中的原始标记，如DSCP、APN6等标记，广域网络可以基于这些标记选择对应的SRv6 Policy，确保跨网络的策略保持一致。

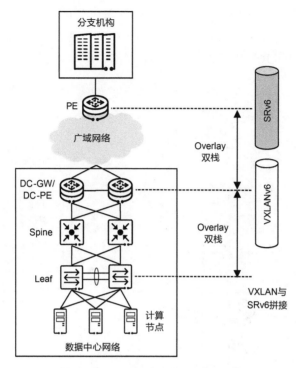

图 7-14　DC-GW 与 DC-PE 合设场景

7.4.2　数据中心互联网出口区改造方案

互联网出口区IPv6升级的目标是满足互联网中IPv4/IPv6用户对数据中心内公共服务的访问。数据中心互联网出口区IPv6改造涉及互联网出口区、DMZ网络以及相应的公众服务系统。为了实现这一目标，有以下3种技术方案供参考。

第一种方案：如果出口区进行IPv6改造，需确保对现网IPv4业务零影响、零中断，建议采用"新建IPv6互联网出口区和DMZ方案"。

第二种方案：如果现网设备生命周期还比较长，并且能够很好地满足双栈部署要求，可以考虑采用"互联网出口区和DMZ双栈改造方案"。

第三种方案：如果只是单纯提供临时的IPv6服务，也可考虑采用"互联网出口区NAT64方案"。但这个方案是短期的，后续还需要进行二次改造，而且在当前IPv6规模部署的背景下，需要海量的NAT64规格支撑，不推荐选择。

下面分别介绍这3种互联网出口区和DMZ升级改造方案，以及改造过程中使用的关键技术。

1. 新建IPv6互联网出口区和DMZ方案

在IPv6网络改造过程中，利用现有设备可能会涉及该设备的软、硬件版本升级或者部分硬件替换，对现有IPv4业务存在一定影响。为保证企业DMZ业务的连续性，确保对现网IPv4业务零影响，可新建单栈IPv6互联网出口区和DMZ。IPv4用户和IPv6用户分别通过不同的互联网出口区接入，分别访问IPv4 DMZ或者IPv6 DMZ，部署方案如图7-15所示。

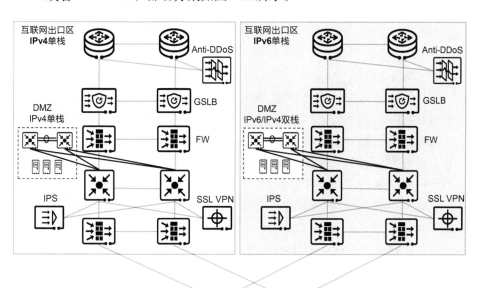

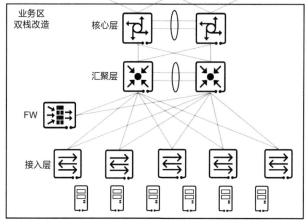

图7-15　新建 IPv6 互联网出口区和 DMZ 方案

一般情况下，新建的IPv6互联网出口区和DMZ的网络架构与IPv4互联网出口区和DMZ的保持一致，具体方案说明如下。

- 新建IPv6互联网出口区，并部署IPv6单栈（同时考虑到原IPv4互联网出口区通常随着生命周期或外部无IPv4用户访问会逐渐被废弃，新建的IPv6互联网出口区需同时具备双栈能力，待原IPv4互联网出口区停止使用之后，若互联网尚有IPv4单栈用户，需同时发布IPv4路由，确保对IPv4用户提供正常服务）。互联网出口区内新建设备包括Anti-DDoS、出口路由器、LB、FW、IPS/IDS（Intrusion Detection System，入侵检测系统）、WAF（Web Application Firewall，Web应用防火墙）等，并进行IPv6相关配置，包括配置路由协议（如OSPFv3）打通IPv6路由，部署相关IPv6安全访问控制、策略控制等，以保证IPv6安全防范不低于IPv4的同等网络能力。
- 新建DMZ部署IPv4/IPv6双栈，这是考虑到DMZ里的Web服务器有可能需调用数据中心内部业务系统的应用和数据，而这些应用和数据可能尚未完成IPv6改造，因此DMZ需以双栈运行。若新建的DMZ为传统架构或单层架构，则该区内的三层设备配置IPv4/IPv6双栈；若新建的DMZ使用基于Spine-Leaf架构的VXLAN技术，则使用VXLANv6+Overlay IPv4/IPv6技术，Underlay层配置IPv6，Overlay层需进行IPv4和IPv6的部署（具体方案参见7.3.2节）。
- 部署IPv6业务系统，如IPv6对外公众服务系统、DNS6等。其中，当企业对外提供IPv6的Web服务时，一般需要建设权威服务器DNS6（小型数据中心也可以直接将权威DNS交由运营商代理），DNS6和DNS4可以共用同一台服务器。但在新建互联网出口区和DMZ方案中，为便于部署实施和管理，建议在IPv6的DMZ独立部署权威DNS6，并在DNS6上添加AAAA记录，为IPv6用户提供域名解析。
- 新增互联网IPv6接入线路，对接ISP的IPv6互联网，通过静态路由或"EBGP4+"发布业务路由，满足IPv6用户的访问需求。
- IPv4互联网出口区设备生命周期结束之后，根据访问流量决定新建IPv6互联网出口区是否需要开启IPv4服务。

从整体来看，采用新建互联网出口区和DMZ方案，投资相对较多，但对IPv4业务无影响，能快速提供IPv6服务，可平滑演进到"全网单栈"的长期目标，同时还能积累IPv6运营经验，提前做好技能储备。对于业务连续性要求严格的客户，或者现有互联网出口区已建设多年、现网设备老旧的客户，均建议选择新建方案来满足互联网出口区对外提供公众服务的诉求。

从远期来看，对于新建场景，需考虑互联网出口区的整合以及DMZ的整合。原IPv4互联网出口区通常随着生命周期或外部无IPv4用户访问会逐渐被废弃，逐步切换至新建的双栈出口。DMZ的整合通常存在两种场景：一是随着原DMZ生命周期结束，逐渐废弃原有的IPv4 DMZ，使用新建双栈DMZ提供服务；另一种是由传统的DMZ提供服务逐渐迁移合并到由新建的SDN DMZ提供服务。

2. 互联网出口区和DMZ双栈改造方案

如果企业互联网出口区（含DMZ）对IPv6支持程度良好，设备尚有较长的生命周期，可以考虑利旧，在现有的互联网出口区和DMZ上全面启用双栈部署方案，低成本完成改造。采用双栈改造方案提供IPv6服务时，应聚焦于保持原IPv4网络架构和网络配置不变，新增相应的IPv6配置，具体改造方案如下。

进行双栈改造前，应先充分评估现网设备，对不满足要求的设备进行软、硬件升级，分阶段、分区域逐步推进IPv6双栈部署。

进行双栈改造时，需注意保持IPv4配置不变，避免影响原有的业务。

- 互联网出口区添加IPv6互联网接入链路，并发布IPv6路由，配置IPv6安全访问控制、策略控制等，以保证IPv6安全防范不低于IPv4的同等网络能力。
- DMZ根据现有DMZ方案架构完成双栈改造：若现有DMZ为传统架构，则需完成数据中心DMZ三层设备、核心交换机和互联网区三层设备的改造，升级、替换不满足IPv6开通要求的设备，增加IPv6配置，打通数据中心内外部IPv6路由；若现网DMZ使用的是基于Spine-Leaf架构的VXLAN技术，则现阶段使用VXLANv4 + Overlay IPv4/IPv6 技术，Underlay层IPv4配置保持不变，需新增Overlay层IPv6的部署（具体方案参见7.3.2节）。

双栈改造后，为IPv4用户提供服务时，保持原访问路径不变。为IPv6用户提供访问时，通过IPv6通道访问DMZ的对外公众服务Web服务器，若Web服务器调用数据中心内部业务区的应用或者数据，则通过IPv4通道访问。具体业务访问流程如图7-16所示。

该双栈过渡方案的关键在于充分评估网络设备的支持程度，有节奏地升级、替换不满足要求的设备和系统。本方案能充分利用现网设备，投资较少，方案能满足长期演进的诉求。但本方案对现有业务有少许影响，设备同时部署双栈系统，对设备性能及表项有一定要求，也增加了运维复杂度。

3. 互联网出口区NAT64方案

若现阶段数据中心内的业务暂不改造，仍保持为IPv4单栈形式，出于其他因素需要快速提供IPv6服务，此时可考虑使用NAT64方案，即数据中心内DMZ的IPv4服务器通过NAT64（在FW上实现）对外临时提供IPv4/IPv6双栈服务。此方案的具体部署如图7-17所示。

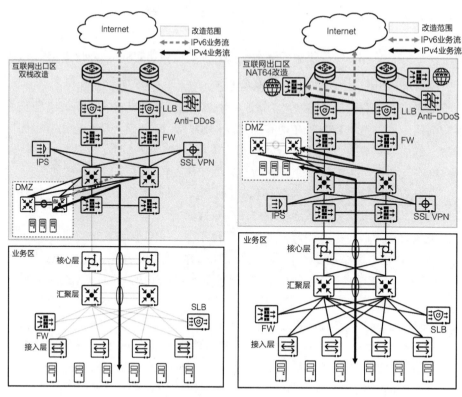

图 7-16 互联网出口区和 DMZ 双栈改造方案中
的业务流

图 7-17 互联网出口区 NAT64 方案

建议NAT64在互联网出口区的防火墙上开启，在原IPv4 DNS上开启DNS64功能服务（前提是原DNS支持DNS64功能）或者新增DNS64设备（与原DNS放在同一机房，并确保两者路由可达、外部用户与DNS64可达）。IPv6用户访问IPv4的DMZ对外的公众服务时，首先需要通过DNS64将查询信息中的A记录（将域名指向一个IPv4地址）合成到AAAA记录（将域名指向一个IPv6地址）中，使得IPv6用户获得IPv4服务的IPv6地址，然后通过IPv6通道去访问。用户的IPv6访问流量在互联网区的防火墙上进行NAT64，将IPv6流量转换为IPv4流量后再转发给对应的IPv4服务，使得DMZ对外提供的公众服务依然能被IPv6用户正常访问。另外，IPv4用户仍然通过原有的业务网络访问数据中心DMZ的IPv4服务，业务平稳运行不受影响。

该方案适合于快速提供IPv6服务，可评估作为临时方案。然而NAT64方案可能会产生NAT ALG（NAT Application Level Gateway，网络地址转换应用层网关）相关问题，随着IPv6用户逐渐增多，性能也存在很大问题。另外，本方案无法平滑演进到"全网单栈"的长期目标，基于当前的IPv6部署进程，不建议作为DMZ升级的演进方案。

4. 互联网出口区IPv6升级方案对比

如上所述，互联网出口区IPv6升级改造共有3个方案：新建IPv6互联网出口区和DMZ方案、互联网出口区和DMZ双栈改造方案、互联网出口区NAT64方案。每个方案有各自适用的场景，对比如表7-1所示。客户可基于自身现网情况选择合适的方案进行IPv6改造，但是业界普遍认为NAT64方案是临时方案，不具备可演进性，难以满足企业客户规模推广和持续建设的要求，所以不推荐使用。

表 7-1　互联网出口区 IPv6 升级改造方案对比

对比项	新建 IPv6 互联网出口区和 DMZ 方案	互联网出口区和 DMZ 双栈改造方案	互联网出口区 NAT64 方案
技术说明	新建 IPv6 互联网出口区，部署 IPv6 单栈；新建 DMZ，部署 IPv4/IPv6 双栈，其中 DMZ 部署的 IPv4 系统用于访问后端业务区 IPv4 的 App 和 DB	互联网出口区和 DMZ 需改造为双栈，在相关设备上部署 IPv6 能力	NAT64 与 DNS64 配合，实现 IPv6 地址转换为 IPv4，数据中心业务系统不需要改造
改造范围	中；原数据中心无须改造	大；开启双栈，根据评估情况升级软、硬件	小；仅需要改造互联网出口区
改造难度	低	中	低
投资	高	根据现网评估情况决定	低
现网业务影响	无影响	有一定影响	有少许影响
风险	低	高	中
长期演进	可以平滑演进到双栈或 IPv6 Only	演进能力中，需少量改造演进到 IPv6 Only	无长期演进能力
适用场景	现网设备不满足双栈部署要求；现网 IPv4 业务连续性考虑，直接新建 IPv6 互联网出口区，积累改造经验	现网设备具备双栈部署要求：对 IPv6 支持程度良好，设备尚有较长的生命周期	现阶段业务改造到 IPv6 有困难，面临短期内需要提供临时 IPv6 服务的情况

| 7.5　网络周边支撑系统 IPv6 设计 |

　　网络周边支撑系统是数据中心网络的重要组成部分，在数据中心向IPv6演进过程中，周边支撑系统需要支持IPv6协议栈。网络周边支持系统主要包括云平台、虚拟化平台、存储、网络管理软件、DHCP、服务器，下面一一进行介绍。

7.5.1　云平台

　　主流云服务商的基础服务和业务网络都已支持IPv4/IPv6双栈，主要的高级服务也已经支持IPv4/IPv6双栈，后续会持续演进到全栈IPv6。根据中国信息通信研究院和下一代互联网国家工程中心发布的云服务IPv6支持能力评测结果，目前主流云服务商对IPv6的支持程度如表7-2所示。

表 7-2　主流云平台服务商对 **IPv6** 的支持程度

云服务商	云服务名称	是否支持 IPv6
阿里云	ECS（Elastic Cloud Server，弹性云服务器）、容器服务、SLB（Server Load Balancing，服务器负载均衡）、DNS、对象存储、云数据库、API（Application Program Interface，应用程序接口）网关、WAF、DDoS（Distributed Denial of Service，分布式拒绝服务）基础防护等	是
华为云	ECS、SLB、OBS（Object Storage Service，对象存储服务）、APIG（API Gateway，API 网关）、云解析服务 DNS、云数据库 RDS（Relational Database Service，关系数据库服务）、WAF、CCE（Cloud Container Engine，云容器引擎）等	是
腾讯云	云服务器、负载均衡、对象存储、云数据库 MySQL、WAF、DDoS 等	是
移动云	云主机、弹性负载均衡、对象存储、Web 应用防护、Anti-DDoS 等	是

　　IPv6单栈是云平台网络的趋势，云平台IPv6网络的设计涉及管理平面网络和业务平面网络。管理平面网络指云平台内部模块间的网络通信平面，是用户业务角度不可见的网络平面。业务平面网络指租户VPC网络通信平面，业务网络平面的网络互访通常分为租户VPC和租户VPC间互访、租户VPC和外部网络间互访、租户VPC和云服务间互访。

　　由于应用必须保持前向兼容，在应用未全面支持IPv6单栈前，云平台业务平面网络需要支持IPv4/IPv6双栈。以华为云为例，典型的云平台业务组件如

图7-18所示。

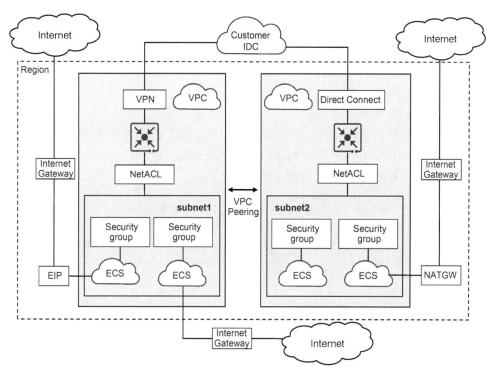

图 7-18 典型的云平台业务组件

云平台业务组件的IPv6改造步骤建议如下。

第一步：完成基础设施（如服务器、网络设备等）的IPv6改造，包括IPv6相关网络资源规划、IPv6地址/VLAN规划、路由规划等。

第二步：云平台服务按照"先业务平面后管理平面、先基础服务后高级服务"的原则进行改造。云平台基础服务改造主要聚焦于云平台的计算、存储、网络这3个层面提供的基础服务，如ECS服务、裸金属服务器服务、弹性云硬盘服务、虚拟私有云服务等，先完成它们的IPv4/IPv6双栈能力改造。

第三步：基础云服务改造完成后，对容器、PaaS（Platform as a Service，平台即服务）、大数据、数据库等高级云服务进行IPv4/IPv6双栈服务改造。在数据中心云服务未全面支持IPv6前，数据中心内的网络在较长一段时间内需保持双栈状态。对于不支持IPv6协议栈的服务，有如下建议。

· 管理平面不支持IPv6时，管理客户端软件通过IPv6网络对云平台管理平面或者服务Console进行访问时，需在运维管理区边界部署NAT64，管理客户端软件通过访问转换后的IPv6地址来实现资源管理。

- 高级服务不支持IPv6时，可先采用IPv4对外提供服务。如果行业客户要求提供IPv6对外服务能力，需在出口区通过部署硬件防火墙等设备进行NAT64，将高级服务转换为IPv6形式后对外发布。

7.5.2 虚拟化平台

主流虚拟化平台的基础功能已经支持IPv6单栈能力。VMware作为虚拟化方案的主要提供商，在VMware vSphere 6.0以上的版本，节点间可以通过IPv6方式通信，地址获取方式支持静态配置和动态分配。根据VMware官方文档，VMware vSphere对IPv6的支持能力如表7-3所示。

表 7-3　VMware vSphere 对 IPv6 的支持能力

连接类型	是否支持 IPv6	VMware vSphere 节点的地址配置方式
ESXi 到 ESXi	是	静态 自动：AUTOCONF/DHCPv6
vCenter Server 计算机到 ESXi	是	静态 自动：AUTOCONF/DHCPv6
vCenter Server 计算机到计算机	是	静态 自动：AUTOCONF/DHCPv6
ESXi 到 vSphere Client 计算机	是	静态 自动：AUTOCONF/DHCPv6
虚拟机到虚拟机	是	静态 自动：AUTOCONF/DHCPv6
ESXi 到 iSCSI 存储	是	静态 自动：AUTOCONF/DHCPv6
ESXi 到 NFS 存储	是	静态 自动：AUTOCONF/DHCPv6
ESXi 到 Active Directory	否	使用 LDAP（Lightweight Directory Access Protocol，轻量目录访问协议）通过 vCenter Server 将 ESXi 连接到 Active Directory 数据库
vCenter Server Appliance 到 Active Directory	否	使用 LDAP 将 vCenter Server Appliance 连接到 Active Directory 数据库

虚拟化对IP的应用主要集中在ESXi、虚拟机、管理平面等的基本功能上，对IPv6高级特性诉求不高。虚拟化平台建议改造初期以双栈运行，在所有计算节点完成改造后，再逐步变更为IPv6单栈。

7.5.3 存储

主流的集中式存储和分布式存储厂商及其产品均已全面支持IPv6，实施IPv6方案的条件已成熟。根据厂商官方整理的数据，主流厂商对IPv6的支持如表7-4所示。

表 7-4　主流厂商对 IPv6 的支持

存储方式分类	厂商	产品系列	业务类型	管理口是否支持 IPv6	业务口是否支持 IPv6
集中式存储	华为	OceanStor Dorado V6	IP SAN	是	是
			NAS	是	是
	浪潮	HF G5 系列	IP SAN	是	是
			NAS	是	是
		AS G5 系列	IP SAN	是	是
			NAS	是	是
	新华三	Alletra 系列	IP SAN	是	是
			NAS 套件	是	是
		Primera 系列	IP SAN	是	是
			NAS 套件	是	是
		3PAR 系列	IP SAN	是	是
			NAS 套件	是	是
		Nimble	IP SAN	是	是
	HDS	VSP 系列	IP SAN	是	是
		HNAS 系列	NAS	是	是
分布式存储	华为	FusionStorage	分布式块	是	是
			分布式对象	是	是
		OceanStor 9000 V5	分布式文件	是	是
		OceanStor Pacific	分布式块	是	是
			分布式对象	是	是
			HDFS	是	是
	新华三	X10000	分布式块	是	是
			分布式文件	是	是
			分布式对象	是	是
			HDFS	是	是
	浪潮	AS13000G5	分布式块	是	是
			分布式文件	是	是
			分布式对象	是	是
			HDFS	是	是

IP在存储方面主要应用于管理平面与部分业务平面，如集中式存储IP SAN、分布式存储的业务接口。存储对于IP的应用主要集中在基本功能，IP地址分配通常采用静态方式，对IPv6高级特性诉求不高。存储IPv6网段和计算IPv6网段分开，并采用局部试点到全部切换的方式来改造。存储网络IPv6改造建议使用双栈的方式，以降低整体改造成本。

7.5.4 网络管理软件

主流的商用网络管理软件和开源网络管理软件已经全面支持IPv6，网络管理软件一般通过SNMP、NETCONF等南向协议进行网络管理和配置。根据厂商官方整理的数据，当前主流厂商的管理软件对IPv6的支持如表7-5所示。

表 7-5 主流厂商的管理软件对 IPv6 的支持

厂商	管理软件	是否支持 IPv6
华为	iMaster NCE–Fabric	是
新华三	iMC	是
Zabbix SIA	Zabbix	是

在数据中心网络，一般采用带外管理模式。通过部署专用的带外管理网络，连接数据中心网络、安全等设备的专用管理网口，实现对设备的管理。网络管理系统的IPv6改造还涉及周边支撑系统的改造，如网络控制器、安全控制器、云平台等，在IPv6改造的初期，短期内很难对所有管理软件进行IPv6改造，IPv4单栈业务系统、前端双栈后端IPv4单栈的管理软件等多种过渡期业务形态将长期并存。

建议管理网络改造初期可采用IPv4/IPv6双栈模式，对IPv6支持能力成熟的业务通过IPv6平面管理，不支持IPv6的业务仍保持原有的IPv4平面管理，待业务侧IPv6改造完成后再进行管理通道的IPv6升级。

7.5.5 DHCP

由于数据中心业务应用较多，应用的网络地址分配一般通过DHCP实现。DHCPv6服务器可以选择网关设备或者物理服务器来承担。但考虑到将网关作为DHCPv6服务器来部署较复杂且不太灵活，在现网部署中主要以物理服务器作为DHCPv6服务器。在不同数据中心的技术方案中，DHCPv6的设计存在较大的差别，具体如下。

1. 传统数据中心场景

传统数据中心的业务地址为业务服务器网卡地址。业务服务器接入网络后，通过DHCPv6动态获取IPv6地址。建议传统数据中心将网关设备作为DHCPv6 Relay（中继），业务服务器接入M-LAG交换机工作组，DHCPv6上配置可动态分配的IPv6地址空间，这样业务服务器可以通过DHCPv6动态获取IPv6地址。在DHCPv6服务器的接入交换机上配置DHCPv6 Relay，通过对接DHCPv6服务器，实现动态IPv6地址分配。

2. 虚拟化数据中心场景

虚拟化数据中心的应用服务地址为服务器的Overlay地址，一般也按动态方式分配。与传统数据中心相同的是，虚拟化数据中心也可将网关设备作为DHCPv6 Relay。VMware作为虚拟化方案的主要提供商，已经全面支持动态分配网络地址。可以在ESXi主机上配置VMkernel适配器的地址分配，选择DHCP自动获取IPv6地址。

3. 云数据中心场景

云数据中心通过OpenStack提供DHCPv6服务，该服务通常部署在网络控制节点上。DHCPv6服务器与DHCPv6客户端之间二层互通获取IPv6地址。OpenStack自动地址分配有4种模式，具体说明如下。

SLAAC+OpenStack Router模式：SLAAC模式由OpenStack提供，IPv6地址使用SLAAC模式获取，IPv6地址前缀和其他DNS等信息都由OpenStack Router提供，利用RA来确定前缀和长度，利用EUI-64算法计算出接口ID。

SLAAC+External Router模式：SLAAC模式由OpenStack提供，IPv6地址使用SLAAC模式获取，IPv6地址前缀和其他DNS等信息都由External Router提供，利用External Router的RA报文来生成IPv6地址。

DHCPv6无状态（Stateless）模式：IPv6地址使用SLAAC模式获取，由OpenStack Router提供SLAAC模式，利用OpenStack Router RA报文来生成IPv6地址前缀，其他的DNS地址、NTP服务器地址、WINS（Windows Internet Name Service，Windows网络名称服务）服务器地址、TFTP（Trivial File Transfer Protocol，简易文件传送协议）服务器地址、IP电话服务器地址、证书服务器地址等，则由OpenStack DHCPv6提供。

DHCPv6有状态（Stateful）模式：从OpenStack DHCPv6服务器获取IPv6地址及其他信息，比如DNS地址、NTP服务器地址、WINS服务器地址、TFTP服务器地址、IP电话服务器地址、证书服务器地址等。

实际企业进行云数据中心IPv6设计时，考虑到地址回溯方便，一般以

DHCPv6 Stateful模式为主。虚拟机获取IPv6地址的流程如图7-19的①～④所示。

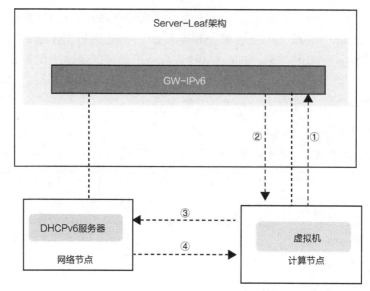

图 7-19　虚拟机获取 IPv6 地址的流程示意

虚拟机获取IPv6地址的流程说明如下。

第一步：虚拟机发送DHCPv6 Router Solicitation报文。

第二步：网关回复Router Advertisement报文，设置Managed Configuration Flag=1、Other Configuration Flag = 1，表示IPv6地址和其他配置信息（如DNS、NTP）通过DHCP获取。

第三步：虚拟机发送DHCP Solicit报文，请求IPv6地址和其他配置信息。

第四步：DHCPv6服务器通过DHCP Reply返回虚拟机的IPv6地址、DNS、NTP等信息。

7.5.6　服务器

数据中心网络内主流的服务器已经全面支持IPv6。数据中心网络内的功能区域一般可以划分为通用计算区、高性能计算区和存储区。

1. 通用计算区

通用计算区的服务器网卡通常配置为Bond模式，根据不同的业务诉求，网卡可以选择绑定为负载均衡模式或者主备模式。推荐使用服务器链路聚合负载均衡接入Leaf，如图7-20中①所示，即负载均衡模式；服务器主备接入Leaf单机，如图7-20中②所示，即主备模式。

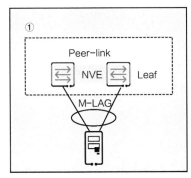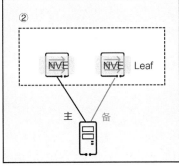

图 7-20　服务器接入的两种模式

通用计算区服务器在进行IPv6改造时，可以在网卡完成Bond绑定后设置IPv6地址，同时在网关上使能IPv6协议栈，实现通用计算区域的IPv6改造。

说明： Host Overlay场景下需配置服务器IPv6地址。Network Overlay场景下，服务器业务平面通过不同的VLAN与网络设备对接，只需在Overlay层面配置IPv6地址，在虚拟机（VM）启动后由DHCPv6自动分配，服务器不涉及IPv6地址配置。

2. 高性能计算区

高性能计算区的主流网络组网方式为IB组网和以太网组网，根据不同种类的网络，网卡设置为不同模式。

在IB组网中，网卡设置为IB模式，通过IB网络进行数据通信，流量转发与IP无关。IB网络有自己的寻址体系，不涉及IPv6改造。

在以太网组网中，网卡配置为RoCE模式，通过RDMA技术实现远程直接内存访问，减少网络传输中服务器端数据处理的时延，满足高性能计算场景对网络低时延的要求。高性能计算区的网卡一般不配置为Bond模式。进行IPv6改造时，需要在网卡和对应网关上使能IPv6协议栈，配置IPv6地址。

3. 存储区

存储网络的主流组网方式为FC SAN和IP SAN。由于FC网络有自己的寻址体系，因此其流量转发与IP无关，不涉及IPv6改造。但随着RDMA技术的不断演进，已经在金融等行业实现通过以太网技术替换FC SAN，存储区需要将服务器网卡配置为RoCE模式来实现以太网组网，与高性能计算区的方案相同。

IP SAN是在传统IP以太网上架构一个SAN，把服务器与存储设备连接起来的存储技术。IP SAN在FC SAN的基础上，把SCSI（Small Computer System Interface，小型计算机系统接口）协议完全封装在IP之中。对IP SAN进行IPv6改造时，需要在网卡上和对应的网关上使能IPv6协议栈，配置IPv6地址。

7.5.7 DNS

DNS6主要用于域名和IPv6地址的相互转换。企业对外提供IPv6的Web服务时，一般需要建设DNS6，提供IPv6域名的解析能力。原则上，DNS的发布和管理建议与IPv4时保持一致。在DMZ存量场景中，建议直接在原DNS4上开启DNS6服务；在新建互联网出口区和DMZ的场景中，为便于部署实施和管理，建议在IPv6的DMZ独立部署DNS6，为IPv6用户提供域名解析。

如果数据中心内置了DNS，则DNS需要升级支持IPv6，即需要同时支持A和AAAA记录的查询（A记录域名对应的IPv4地址，AAAA记录域名对应的IPv6地址）。

当前BIND（Berkeley Internet Name Domain，伯克利因特网名称域）和Microsoft提供的DNS是目前市场上主流的DNS，市场份额超过90%。BIND 9.1开始支持IPv6地址解析，如已部署BIND 9.1或之后的版本，只需要进行简单的配置，即可实现对IPv6地址的解析。Microsoft从Windows Server 2003开始支持IPv6，如已部署Windows Server 2003或以后的版本，则可以提供IPv6地址解析能力。

DNS改造需要配合互联网出口改造，同时需要确认上级DNS（通常为域名注册商）已经提供IPv6支持。具体改造步骤和IPv6访问流程如下。

第一步：根据上文所述方式完成互联网出口区和对外服务IPv6改造。

第二步：数据中心网络内置的DNS使能IPv6能力，增加对外服务的AAAA记录。

第三步：当接入用户访问上级DNS（运营商DNS或域名注册商DNS）时，上级DNS向企业DNS查询AAAA记录（仅首次同步需要查询）。

第四步：数据中心网络内置DNS返回AAAA记录给上级DNS。

第五步：上级DNS将AAAA记录查询结果返回给用户。

|7.6 网络部署与运维设计|

随着数据中心网络云化以及 NFV技术的发展，虚拟机的动态迁移及应用的弹性扩缩导致配置变化频繁，传统网络运维手段已无法适应数据中心网络的发展，运维痛点日益凸显。自动部署、智能运维、仿真校验等新技术在数据中心网络运维中的应用越来越普及。面对数据中心网络向IPv6演进，网络运维的"规建维优"均需要进行相关的IPv6设计，主要包括数据中心网络规划与部署、业务规划与部署、业务动态监测、业务故障恢复。

7.6.1 数据中心网络规划与部署

新建数据中心面临大量网络配置部署工作，接入交换机设备数量极大，如果这些设备均通过手动配置，则非常容易出错，且出错后很难排查具体错误位置。可使用ZTP（Zero Touch Provisiong，零接触部署，也称零配置开局）实现开局部署流程自动化，加快业务上线速度。

管理员在使用ZTP功能前，需要对整网做详细规划，包括设备组网、设备间互联接口、设备可使用的IPv6地址（管理IPv6地址、互联IPv6地址、VTEP IPv6地址）、OSPFv3、设备位置等。管理员将网规信息依据精细粒度形成概要设计和详细设计文件，用户根据文件按照网络控制器提供的模板，生成网规文件。通过网络控制器与设备交互，将网规信息中的设备特定信息，如管理网口IPv6地址、互联接口IPv6地址、VTEP IPv6地址、OSPFv3等，以中间文件的形式传递到设备，设备运行脚本将关键参数替换到预先准备的配置模板中，完成Underlay自动配置。以华为设备为例，具体的启动过程如下。

第一步：用户将拓扑模板导入网络控制器，包括设备数据和二、三层链路信息，网络控制器解析并保存拓扑数据。

第二步：用户选择待上线设备，启动ZTP功能，网络控制器将待上线设备索引写到已上线设备端口描述中。

第三步：设备连线并上电，从DHCPv6服务器获取临时IPv6地址，并依据选项字段中配置的参数，从文件服务器下载配置脚本。

第四步：设备运行配置脚本，使能LLDP，读取上层设备端口描述并写到设备主机名（sysname）中，向网络控制器发起上线请求。

第五步：网络控制器响应设备请求，读取设备名称，识别设备身份并生成配置文件，包括管理IPv6地址、VTEP IPv6地址、互联接口及互联IPv6地址等信息，另外还包括设备配置模板、参数替换脚本所在文件服务器的IP地址、账号等信息，CSV文件存放在网络控制器自带的SFTP（Secure File Transfer Protocol，安全文件传送协议）服务器中。

第六步：网络控制器通知设备下载该配置文件，设备依据文件服务器账号信息下载配置模板及脚本文件。

第七步：设备运行脚本文件，将配置文件中的管理IPv6地址、VTEP IPv6地址、互联IPv6地址等具体的值替换到配置模板的占位符中，设置配置模板为下次启动文件，然后自动重启设备。

第八步：设备重启后，加载完整的Underlay配置，并向网络控制器发起第二次上线请求。控制器将以正式的管理IPv6地址来管理该设备。

7.6.2　业务规划与部署

随着软件开发模式的不断变革，DevOps已成为主要的软件开发模式，这就要求网络能够匹配数据中心业务的快速上线，SDN在这个背景下应运而生。SDN是对传统网络的一次演变已成为大部分企业数据中心的技术最佳实践。SDN的核心是通过SDN控制器实现匹配应用的网络自动化部署。本节描述的业务部署设计围绕虚拟化和云数据中心网络，以SDN技术为基础，向读者介绍在IPv6时代业务是如何快速部署和上线的。虚拟化数据中心和云数据中心场景的部署思路相同，都是先进行资源规划和网络控制器预部署，再根据各自的模型完成业务发放，下面将一一介绍。

1. 资源规划

对数据中心网络进行IPv6改造前，需要预先配置和规划IPv6地址相关资源，其他的BD/VNI/VLAN等资源规划可以直接参考IPv4相关内容，不在此详述。除了需要规划Underlay地址、租户业务的IPv6地址（服务器或虚拟机IPv6地址和网关IPv6地址）外，在网络设计中需要考虑规划如下几类IPv6地址。

- 连接VAS的互联IPv6地址资源，用于网关连接防火墙创建逻辑接口时使用的IPv6地址，一般使用掩码长度为125 bit或126 bit的单播IPv6地址，不包括::0/128和::1/128。
- VPC互通特殊场景使用的互通IPv6地址资源，使用掩码长度为125 bit或126 bit的单播IPv6地址。
- 外部网关的公共服务IPv6地址：需要在外部网关中指定虚拟机需要访问的公共服务网段。

- Border Leaf与PE对接的互联IPv6地址：数据中心出口需要配置出接口上的IPv6地址。
- 网关与第三方DHCPv6的互联IPv6地址：如果部署了第三方DHCPv6服务器提供DHCPv6服务，且网关提供DHCPv6 Relay技术，则需要单独规划网关和第三方DHCPv6服务器之间的互联IPv6地址。
- NAT64的IPv4公网地址池：在NAT64中需要规划IPv4地址，用于IPv6主动访问IPv4时的源IPv6地址的转换，或者IPv4主动访问IPv6时的目的地址的匹配转换。

2. 网络控制器预部署

网络控制器预部署是SDN自动部署的前提，主要完成资源池的创建和南北向对接等相关工作，不同厂商的对接思路大同小异，Host Overlay方案不涉及网络控制器的预部署。以华为数据中心SDN解决方案为例，预部署阶段的工作包括发现设备和发现链路、创建Fabric资源池和VAS资源池、对接VMM平台、对接云平台等步骤，这些与IPv4相同，不在此详述。下面对DHCPv6和IPv6外部网关的预部署步骤展开说明。

（1）DHCPv6

DHCPv6预部署场景适用于网络虚拟化场景，此场景下可使用独立设置的第三方DHCPv6服务器，由第三方DHCPv6服务器为网络中的物理机或虚拟机接入网络自动分配IPv6地址、DNS等。在搭建完第三方DHCPv6服务器，且在DHCPv6服务器接入的网关上完成相关预配置后，需要在网络控制器上创建DHCPv6服务。网络控制器上常见的需要预先部署的DHCPv6参数如表7-6所示。

表 7-6　网络控制器上常见的需要预先部署的 DHCPv6 参数

配置项	说明
名称	用户自定义，仅用于标识 DHCPv6 组
VRF	DHCPv6 专用 VPN 实例名称，此参数需要与 DHCPv6 服务器接入交换机上预配置的 VPN 名称保持一致
L3 VNI	需要与 DHCPv6 服务器接入交换机上预配置的 L3 VNI 保持一致
RT	需要与 DHCPv6 服务器接入交换机上预配置的 RT 保持一致
DHCPv6 服务器	DHCPv6 服务器的 IP 地址

（2）IPv6外部网关

当虚拟机与外部网络存在进行IPv6业务的南北向互访时，需要在网络控制器上创建IPv6外部网关，预部署包括：设置Fabric资源池的外部网关基本信息，配置外部网关VRF名称、公共IP资源池（公共服务IP资源池）等；设置外部网关的IPv6出接口信息，可通过手动配置或者使用控制器自动化部署。

3. 业务发放（云数据中心场景）

在完成资源预留和预部署后，需要定义逻辑网络才能完成业务发放，可以分为云数据中心场景和虚拟化数据中心场景进行。下面介绍云数据中心场景的业务发放。

云数据中心的主流方案以OpenStack架构为基础。OpenStack是一个开源的云计算管理平台项目，类似一个数据中心的 "操作系统"，管理着数据中心的计算（Nova）、对象存储（Swift）、块存储（Cinder）、身份（Keystone）、网络（Neutron）等资源。其中，Neutron组件提供网络服务能力，具备比较完整的L2~L7层网络模型。

云数据中心IPv6业务模型与IPv4的基本一致，一般只需要各业务模型对象通过支持IPv6地址族来提供IPv6能力，L2/L3网络、FWaaS（Firewall as a Service，防火墙即服务）、QoS等业务需要支持IPv6。

- IPv6逻辑网络：在云平台编排IPv6逻辑网络，实现各类逻辑对象的实例化和配置自动下发。云平台上创建与IPv6相关的业务说明如下。

    第一步：创建IPv6外部网络和业务网络。

    第二步：发放IPv6子网和IPv6网关地址。

    第三步：创建虚拟机，发放IPv6地址。

    第四步：创建IPv6静态路由和 "BGP4+" 配置。

- IPv6 DCHP服务器：DHCPv6服务由云平台的网络节点提供。网络节点完全由OpenStack管理，使用OpenStack的OVS（Open Virtual Switch，开源虚拟交换机）。OpenStack在下发虚拟机/裸金属端口时，会在云平台网络节点创建对应的DHCPv6服务器，并打通网络节点与虚拟机/裸金属之间的VXLAN。

- IPv6 QoS：云平台上发放基于IPv6的QoS，支持最大带宽限制和最大带宽保证。不同主机类型实现的方式不一样，以华为数据中心网络解决方案为例，对虚拟机IPv6的最大带宽限制和最大带宽保证由云平台直接发放给OVS来实现；对裸金属IPv6的最大带宽限制和最大带宽保证，则通过控制器将配置发放给交换机来实现。

- IPv6安全策略：在云平台上编排IPv6防火墙，发放安全策略服务。云平台通过南向接口与控制器的北向接口对接，由控制器向防火墙发放安全策略配置，完成IPv6 FWaaS端到端自动化配置。

4. 业务发放（虚拟化数据中心场景）

下面介绍虚拟化数据中心场景的业务发放。对于虚拟化数据中心，各厂商模型不一，但大同小异。以华为虚拟化数据中心网络解决方案为例，网络模型包括Logical Router、Logical Switch、Logical Port等组件，如图7-21所示。

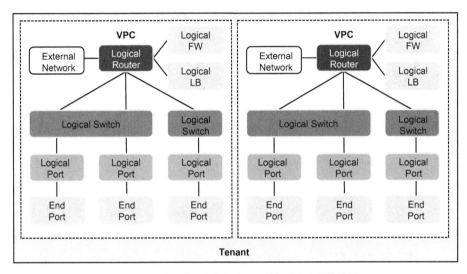

图 7-21　华为虚拟化数据中心网络解决方案网络模型

虚拟化场景的IPv6业务模型与IPv4的基本一致，只需要各业务模型对象通过支持IPv6地址族来提供IPv6能力，包括IPv6逻辑网络、IPv6 QoS、DHCPv6、IPv6安全策略等。

- IPv6逻辑网络：在网络控制器上编排IPv6逻辑网络，实现IPv6 Logical Router、Logical Switch、Logical Port、End Port、Logical VAS等逻辑对象的实例化和配置自动化下发，流程说明如下。

第一步：创建IPv6外部网络和业务网络。

第二步：发放IPv6子网和IPv6网关地址。

第三步：发放虚拟机的IPv6地址。

第四步：在Logical Router和外部网络域上创建IPv6静态路由和 "BGP4+" 配置。

第五步：发放Logical VAS及其与Logical Router间的IPv6双向引流配置。

- IPv6 QoS：有3种类型。第一种类型是配置基于物理接口的QoS，对接口的IPv6流量提供QoS CAR、QoS整形、QoS队列调度、风暴控制等功能。第二种类型是配置基于Logical Port、Logical Switch、Logical Router应用的IPv6 QoS流策略：支持基于源和目的IPv6地址的QoS分类器，提供QoS AR、优先级等功能。第三种类型是配置基于VMM实现的QoS，包含最大带宽限速、带宽峰值、平均带宽等，在vSwitch上实现对应的QoS业务。
- DHCPv6：虚拟化数据中心场景由第三方DHCP服务器提供DHCPv6服务，需定义配置DHCPv6模型，完成DHCPv6 Relay相关配置下发。
- IPv6安全策略：编排IPv6安全策略，实现面向防火墙物理设备和Logical FW逻辑设备的传统精细化安全策略管理，以及面向租户的基于业务场景的安全策略自动化服务。

7.6.3　业务动态监测

在业务部署和上线后，需要持续监测业务质量，当出现IPv6业务不通或者IPv6网络质量不佳时，能够快速进行网络故障的定位、定界。业务监测可以分为网络健康度评估与IPv6网络流量分析两类。

1. 网络健康度评估

随着数据中心网络规模日益增大，用户对业务的质量要求不断提高，网络运维需要更加精细化和智能化。上述要求不仅需要监控接口上的流量统计信息、每条流上的丢包情况、CPU和内存占用情况，还需要监控每条流的时延、抖动、每个报文在传输路径上的时延、每台设备上的缓冲区占用情况等详细信息。传统的网络监控手段［如SNMP、CLI（Command Line Interface，命令行界面）、日志等］在采集效率和采集内容方面均已无法满足运维需求。业界通用的做法是用Telemetry方式采集运维信息。Telemetry是一项监控设备性能和故障的远程数据采集技术，它采用"推模式"及时获取丰富的监控数据，基于这些丰富的数据，可以实现网络故障的快速定位，从而解决上述网络运维问题。

网络健康度评估结合了设备、网络、协议、Overlay和业务这5层评估体系。为了实现对IPv6网络的健康度评估，运维系统需要支持IPv6 Telemetry协议，并利用智能算法和知识推理技术对设备及网络中的配置数据、表项数据、日志数据、KPI性能数据和业务流数据进行分析、呈现，实时感知网络的状态、应用的行为状态，直观地呈现全网整体质量，完成故障的分析和识别。

2. IPv6网络流量分析

为了实现IPv6网络流量分析,需要在交换机上配置流分类匹配IPv6业务报文,将报文通过ERSPAN(Encapsulated Remote Switched Port Analyzer,三层远程镜像)协议发送给监控设备。在监控设备上,可以根据IPv6 TCP/UDP中的字段还原路径,计算时延和丢包。

以TCP业务流为例,一条TCP连接的建立需要经过3次"握手",连接关闭需要经过4次"挥手"。为了监控网络中应用之间TCP的建链和拆链,可将TCP中的SYN、FIN、RST报文镜像到采集器上。这需要在引流交换机上配置采集命令,根据ACL匹配特征报文进行TCP流分析计算。分析器通过Netstream协议接收设备上报的TCP双向流表、单向流表信息数据,根据SYN、FIN报文的TCP序列号来计算TCP会话的流量大小,并对每一个TCP报文进行计算,还原TCP报文传输的每一跳设备。在采集器上打时间戳后,进行TCP业务流转发路径的还原计算,得出逐跳的传输时延。

7.6.4　业务故障恢复

在数据中心网络向IPv6演进后,当数据中心网络分析系统发现并定位故障后,要尽快恢复业务,避免业务长时间不可用。为了能够更快地恢复业务,可通过分析层与控制层协同的方式,加快故障的闭环。根据对故障修复程度的不同,又可将修复预案划分为恢复预案和隔离预案两种。下面以一些典型的场景为例介绍业务故障恢复。

1. 恢复预案

恢复预案是通过对故障设备下发配置来完成故障修复的。除修复故障问题外,恢复预案不会在设备上产生新的配置(更改设备已有配置中的错误参数除外),设备上已配置的其他网络特性或功能不会受恢复预案的影响。因此,恢复预案从配置层面来说对设备的影响是最小的,可通过恢复预案尝试对故障进行修复。下面介绍在IPv6网络中适用于通过恢复预案进行处理的几种常见故障场景。

- 设备的某些参数配置错误导致的故障,可通过恢复预案下发配置,将错误的参数修改正确,实现故障恢复。例如,误配置导致的设备互联IPv6地址冲突,通过重新配置正确的互联IPv6地址即可排除故障。
- 网络分析系统判断可能是设备上某些IPv6配置未生效导致的故障,可通过控制层重新提交未生效的配置来尝试修复。

- 设备内部的IPv6路由转发表项不一致引发的故障，可通过控制层调用网络设备的北向API，对产生故障的网络设备重新下发IPv6转发表项来尝试修复。
- 设备发生芯片软失效导致IPv6流量转发异常，在设备无法自修复的情况下，可通过控制层对设备强制重启，重新下发IPv6路由表来尝试修复。

2. 隔离预案

隔离预案适用于业务导致的网络故障，需要现场排查或更换硬件后才能彻底解决。此时可将故障源暂时隔离，以减少或消除其对其他网络设备和业务产生的影响。下面介绍在IPv6网络中适用于通过隔离预案进行处理的几种常见故障场景。

- 设备发生端口故障，导致端口状态不稳定，影响IPv6业务流量转发，或流量不能切换至IPv6备份链路。此时可通过端口隔离预案将接口暂时关闭，待故障修复后再行启用。例如，在IPv6网络中出现端口频繁闪断故障时，可采用该预案。
- 设备出现故障反复重启，导致网络中IPv6路由不稳定，影响IPv6业务流量的转发，此时可通过关闭故障设备端口或增加与周边互联设备接口的IPv6路由开销，将故障设备从网络中隔离出去，避免向故障设备转发流量。
- 网络中发生攻击类事件时，根据分析器提供的攻击的端口、IPv6地址等信息，提供关闭攻击端口或过滤攻击流量的预案。

| 7.7 数据中心 IPv6 网络升级改造演进策略 |

数据中心IPv6网络的整体改造演进策略说明如下。

- 出于业务影响性、IPv6浓度和政策的考虑，IPv6的应用通常先改造对外服务，即通过互联网访问的服务，然后逐步改造内部服务。因此数据中心IPv6网络升级改造也建议优先采用出口区IPv6方案，比较理想的方式是使用双栈方式新建出口分区，在条件不具备的情况下，短期也可以使用基于NAT64的方式快速支持IPv6交互，但此方式需要二次改造。该部分的改造方案参见7.4节。
- 完成出口区的IPv6网络升级改造后，数据中心可以对外提供IPv6访问服务，积累IPv6使用经验。数据中心启动内网资源池的改造，内网资源池除7.3节所述方案以外，其改造流程也很关键，后文会从计算、存储、网络3个部分介绍其改造流程。

- 业务网络向IPv6演进的同时，改造方案需要考虑管理平面的同步演进。建议优先在上层管理软件完成IPv4/IPv6双栈改造，支持同时通过IPv4和IPv6管理数据中心诸多网元设备。其后，在扩容、新建数据中心网络业务或分区时，考虑选择使用IPv6单栈管理网元设备，并逐步改造为IPv6管理网。

综上所述，数据中心网络IPv4向IPv6演进是一个端到端的系统工程，建议的演进步骤如下。

第一步：实施前准备工作，收集现网设备IPv6能力现状，包括但不限于网络设备、应用、业务系统等，评估演进目标网络所需资源并基于现状制定演进计划。

第二步：业务是重点，网络并行。企业内业务系统众多，业务对IPv6的支持和演进计划决定了网络IPv6演进节奏。

第三步：先改造业务平面，然后改造管理平面。管理平面不涉及业务且组件众多，能力参差不齐，建议优先改造业务平面再考虑管理平面。

本节主要介绍数据中心资源池IPv6网络改造流程。数据中心资源池IT基础设施由计算、存储、网络3个部分组成，各基础设施间关系如图7-22所示。

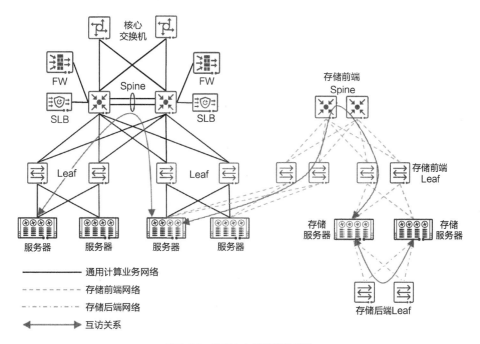

图 7-22　数据中心基础设施互访

- 计算部分：由诸多服务器组成，包括大型机、小型机这种集中式系统，也包括由普通的x86/ARM架构的机架服务器组成的分布式业务系统。这些服务器中部署了多种多样的应用系统，如邮件应用、日志应用等。
- 存储部分：分为SAN存储、NAS（Network Attached Storage，网络附接存储）等，其中SAN存储包括FC SAN和IP SAN，前者通过FC网络连接存储磁阵，后者通过IP网络连接存储磁阵，NAS通常由TCP/IP网络连接。
- 网络部分：分为计算网络、存储网络、管理网络等。

1. 计算网络改造

数据中心网络承载着企业核心数据资产，关键应用出现故障将给企业带来巨大的损失。因此，无论现网设备是否支持IPv6，都建议通过新建资源池重新部署应用的方式分批迁移旧网业务，以便将对现网业务的影响降到最低。同时，新建资源池时建议引入当前先进的SDN方案，提高业务部署的效率、可靠性与灵活性。计算网络IPv6改造步骤说明如下。

第一步：需要梳理应用互访矩阵，通过梳理并粗略识别业务系统，制定应用改造和迁移顺序。原则是尽量减少后续业务演进过程中新旧资源池的跨池交互，降低演进复杂度，减少对业务的影响。

第二步：需根据应用部署情况分析网络设备所需的业务规格，网络设备除了承载新建资源池下应用的业务诉求外，还需考虑新建资源池与旧资源池之间互通所需的规格。新建资源池时，新资源池网络设备下部署的业务系统大概率会使用IPv4/IPv6双栈模式，因此在评估新资源池网络设备资源时需要考虑IPv4/IPv6共享资源诉求，包括但不限于MAC、ARP/ND资源、FIB4/FIB6资源（IPv6还需要区分掩码长度，部分网络设备对不同长度的IPv6掩码路由的支持规格有较大差异，如64 bit掩码和128 bit掩码）、ACL资源等。基于评估的资源需求选择合适的网络设备构建新资源池网络。

第三步：需考虑新建资源池控制平面协议与存量资源池协议间对接需求。除了网络设备资源部分，控制平面协议也是考虑的因素之一，建议优选OSPFv3或"BGP4+"动态路由协议，在存量资源池网络设备无法支持IPv6时，也可以考虑使用静态路由作为备选方案。新旧资源池通过核心设备连接，如图7-23所示。当存量核心设备不支持IPv6时，需首先完成核心设备的替换。

完成上述评估和核心设备改造工作后，根据7.3节所述方案，在新的核心设备下新建资源池或完成存量改造。

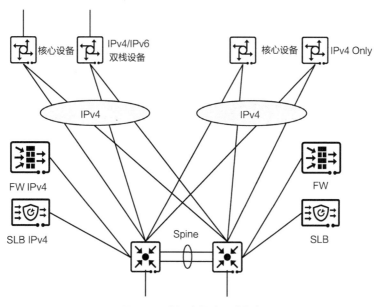

图 7-23 新旧资源池互联方案

第四步：需要考虑L4/L7网络设备的IPv4/IPv6双栈支持情况，新建资源池务必选择支持双栈的设备款型，以便支持长期演进。如防火墙需提供IPv4/IPv6双栈策略，涉及新旧资源池IPv6单栈业务系统和IPv4单栈业务系统的少量互访时，也可以用于NAT64。

第五步：以上工作完成后，启动应用侧双栈改造，建议在测试区验证通过后再部署到新建资源池中。在极少情况下存在应用只能部署单栈的情况，如图7-24所示。当应用1由IPv4单栈改造为IPv6单栈时，应用1和IPv4单栈的应用2之间的流量需要通过NAT设备映射后互通（方案1）。引入NAT后，互访流量的时延、性能等网络SLA将受到一定的影响，不适用于时延敏感或吞吐敏感的系统间互访。如果企业有资源同步完成应用1和应用2的IPv6演进改造，则可以摆脱对NAT服务的依赖（方案2）。

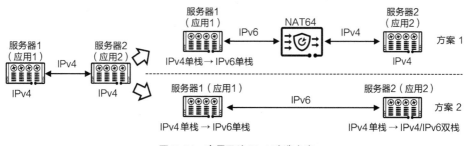

图 7-24 应用互访 IPv6 改造方案

2. 存储网络改造

存储网络分为存储前端网络和存储后端网络，如图7-25所示。当存储前端网络与通用业务网络融合为一张物理网络时，业务系统的IPv6改造需同时考虑存储系统的同步改造，在此不赘述。由于存储系统本身是完整的业务系统，推荐同步完成其前后端网络改造，存储系统通常会同时为多个业务系统提供服务，故建议优先完成存储系统前后端演进。

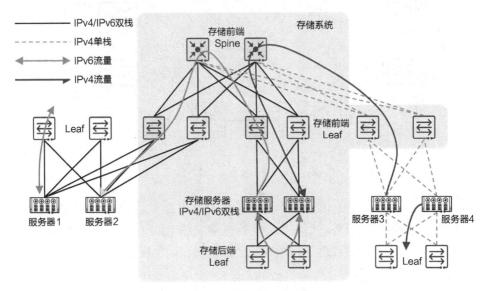

图7-25　存储网络流量模型

存储前端网络与业务网络彼此分离时，存储系统相对独立。此时改造顺序相对灵活，可以先完成其他业务系统的IPv4/IPv6双栈改造，业务平面互访使用IPv6地址，业务同存储系统互访使用IPv4地址；也可以优先完成存储系统的前后端改造后，再改造业务系统。

3. 管理网络改造

企业中用于管理网络的软件众多，包括网管软件、扫描软件、日志系统、分析系统等，不同软件系统对IPv6的支持能力不同，而且管理软件不涉及业务，因此这些软件的改造过程通常都比较漫长。管理网络只要按照双栈能力规划建设，待管理软件支持IPv6后，通过IPv6接连设备管理平面即可，此处不再展开说明。

| 7.8　小结 |

本章阐述了企业数据中心IPv6网络设计及IPv6升级改造的原则，针对不同数据中心组网方案给出了支撑具体的IPv6改造建议，同时也分析了周边支撑系统面向IPv6演进涉及的IPv6改造工作。企业网络向IPv6演进应遵循稳定性、实用性和兼容性的原则，演进路线应遵循先业务平面后管理平面、先出口再内部的原则开展。

不同IT架构下的企业数据中心网络面向IPv6演进时的方案也不同，传统数据中心网络建议采用双栈方案实现IPv6演进，虚拟化/云数据中心基于VXLAN方案实现IPv6演进。VXLAN方案将网络划分为Underlay和Overlay两层，新建数据中心网络采用Underlay IPv6单栈、Overlay双栈的方案；存量数据中心网络保持Underlay IPv4不变，Overlay提供IPv4/IPv6双栈服务。多数据中心网络间根据组网架构的不同，可以选择VXLAN、SRv6等不同的改造方式。数据中心出口区根据网络建设周期的不同，可采用新建IPv6出口、现有出口双栈改造或者采用NAT64方案临时过渡。数据中心网络的IPv6改造同时涉及周边支撑系统，需要对云平台、虚拟化平台、DHCP、DNS、存储、计算同步进行改造。

综上所述，数据中心网络的IPv6改造是一个极其复杂的过程，在数据中心网络真正启动IPv6改造前，务必搭建环境进行小规模试点验证。IPv6网络改造完成后，需进行业务质量的全面监测，尤其需要关注有互访关系的IPv4和IPv6应用。

希望通过本章的介绍，读者可以对数据中心IPv6网络改造有初步的认识。网络改造完成后，终端、应用和安全需要同步配合，这些IPv6改造的方案会在本书的后续章节进行介绍。

第8章
园区"IPv6/IPv6+"网络演进设计

在广域网络与数据中心网络完成IPv6改造之后，业务应用和广域接入已具备IPv6访问能力。为了构造全IPv6的端到端网络，还需要对IT支撑系统、园区网络，以及园区终端分别进行IPv6改造。在网络演进的过程中，可能会出现IPv4单栈终端、IPv4/IPv6双栈终端、IPv6单栈终端，这样就会存在网络同时运行IPv4和IPv6业务的情况，此时，园区网络需要支持承载IPv4/IPv6双栈业务的能力，以满足在演进过程中IPv4和IPv6共存的场景。本章主要介绍园区网络IPv6演进所面临的挑战，并针对以上挑战给出演进策略和目标方案。

| 8.1　园区"IPv6/IPv6+"网络演进挑战及目标原则 |

为匹配园区应用系统和终端的IPv6改造升级节奏，园区网络未来必然要经历从IPv4单栈到IPv4/IPv6双栈，最终实现IPv6单栈这样的过程。在园区网络向IPv6演进的过程中会面临诸多挑战，举例如下。

第一，在园区网络向IPv6演进的过渡阶段，需要保障双栈用户的无感知接入。

受存量园区终端能力和生命周期的约束，终端的IPv6演进无法一蹴而就，绝大部分园区网络都会有IPv4/IPv6双栈长期存在的过渡阶段。如何实现园区终端用户一次认证，同时完成对用户终端IPv4、IPv6的流量策略部署，成为保障双栈用户无感知接入的关键。

第二，面对多种IPv6地址分配方式，如何良好匹配企业地址管理、安全隐私的诉求。

除了支持DHCPv6外，IPv6定义了新的地址分配方式，提出了终端即插即用、地址分布式生成的新思路。同时，在终端侧，安卓原生操作系统也明确仅采用SLAAC地址分配方案。基于如上变化，在园区网络存在多种终端接入的场景中，企业应该采用怎样的地址分配方案暂不明确。

RFC 4941提出了临时IPv6地址的理念，目前主流操作系统都已支持无状态地址分配的扩展协议临时IPv6地址,采用临时IPv6地址在技术原理上可以提升终端的安全性、隐私性,但在园区网络场景是否使用临时IPv6地址以及在使用上可能存在什么问题,仍需要探讨。

第三,企业园区互联网出口场景,需要明确IPv6互联网对接方式来确保用户体验最佳。

企业园区网络一般涉及多互联网出口,IPv4时代大部分企业公网地址不足,与外网对接一般采用静态路由+NAT44方式。与IPv4时代不同,未来大型企业园区网络将拥有充足的IPv6 GUA。在IPv6时代,为了确保用户体验最佳,需要明确园区网络与多ISP进行互联网对接采用何种方案发布路由。

第四,业务安全需要保障。

IPv6 NDP以及LLA二层天然互通,带来了新的安全问题,即如何消减新的安全风险,达到并超过IPv4的安全水平。

在园区IPv6网络改造过程中,除了考虑应对以上挑战,还需要针对业务变化应用IPv6的新技术来更好地满足业务诉求。随着智慧园区的发展,企业园区网络的安全管控、环境监测以及员工日常办公方式发生了深度的改变,海量的智能感知终端、无线化的移动办公、实时随需的视频会议等新型业务需求需要园区网络构建无缝连接,对园区网络的敏捷接入、业务保障以及智能化、自动化提出了更高的要求。基于IPv6的 "IPv6+" 创新技术,如IFIT、网络切片等网络技术,以及结合AI和大数据等实现的网络智能分析、主动预防等运维技术,可以更好地满足智慧园区对网络的诉求。

因此,在企业园区网络向IPv6升级改造的过程中,既要充分考虑如何解决IPv6引入的新场景问题,更要全面实现IPv6创新网络技术的价值,以更好地提升网络服务能力,从而保障业务体验。园区网络向IPv6演进应遵循以下两大原则。

- 保证网络连续服务:园区网络向IPv6演进需要兼顾用户终端和应用系统升级改造较长的过渡周期,在业务访问从IPv4单栈逐步迁移到IPv6单栈的过程中,对用户网络服务应确保 "接入无感,体验无损"。同时,网络升级改造应保障网络安全可控,确保升级改造后IPv6网络安全防护能力不弱于IPv4网络安全防护能力。
- 优选网络先进技术:园区网络升级改造应该 "以增量带动存量",新建替换网络应选择领先的IPv6创新技术,通过新技术进一步提升业务质量、网络安全、智能运维能力等,支撑园区网络新业务的高质量部署。

| 8.2 园区 IPv6 网络整体方案及场景介绍 |

企业园区可分为大中型办公园区、中小型办公园区以及工业生产园区，这3种园区网络场景的组网架构存在较大差异（其中，中型办公园区根据具体情况，既可采用大中型办公园区的组网架构，亦可采用中小型办公园区的组网架构），在实际网络中部署的方案也有所不同。本节将针对园区各网络场景分别介绍IPv6改造方案。

8.2.1 大中型办公园区网络

大中型办公园区网络有两种方案，即虚拟化方案（VXLAN）和传统网络方案（VLAN），本节针对这两种方案分别进行阐述。

1. 虚拟化方案

目前部分大中型办公园区通过部署虚拟化网络方案来满足园区内网络一网多用、业务快速自动下发等诉求。如图8-1所示，该场景在园区网络的核心层、

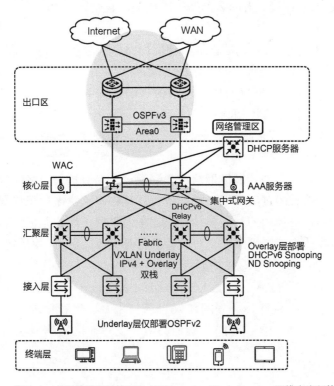

图 8-1 虚拟化园区网络 VXLAN Underlay IPv4+Overlay 双栈方案架构

汇聚层、接入层采用VXLAN技术，实现网络资源池化，满足园区业务的快速调整和变化诉求。除网络设备外，园区网络还包括支撑系统，如AAA服务器、DHCP服务器等（AAA服务器和DHCP服务器也可能集中部署在数据中心网络，以下仅体现上述系统部署在园区内部的场景）。企业园区内网络横向互访流量较少，虚拟网络VXLAN方案一般采用集中式网关（园区内终端数量少于等于1万）或分布式网关到汇聚层（园区内终端数量超过1万）的方案，VXLAN协议部署类似。以下方案讨论以集中式网关方案为主。

考虑业务的过渡和演进、设备的生命周期以及网络设备技术发展，企业虚拟化园区网络方案的演进可划分为4个阶段，如表8-1所示。目前，大部分企业园区网络的迁移方案多采用VXLAN Underlay IPv4+Overlay双栈方案，下面主要介绍该方案的演进部署。

表 8-1　企业虚拟化园区网络的演进阶段

类别	初期	过渡阶段一	过渡阶段二	目标架构
业务演进	业务均为 IPv4 单栈	业务向 IPv6 演进，多数为 IPv4 业务	业务向 IPv6 演进，大部分已完成 IPv6 改造	业务全面迁移到 IPv6 单栈
承载方案	VXLAN Underlay IPv4	VXLAN Underlay IPv4	VXLAN Underlay IPv6	VXLAN Underlay IPv6
	VXLAN Overlay IPv4	VXLAN Overlay 双栈	VXLAN Overlay 双栈	VXLAN Overlay IPv6

对于企业虚拟化园区网络从当前VXLAN Underlay IPv4+Overlay IPv4架构升级演进到VXLAN Underlay IPv4+Overlay双栈，网络出口区涉及的内网对接以及外网对接设计可参考传统园区网络方案。该场景方案设计主要需考虑VXLAN Overlay IPv6层的地址分配、接入认证、二层安全、内网互通、业务转发和出口部署等。方案设计的关键点如下。

（1）地址分配

在考虑地址分配方案前，必须明确企业园区网络使用的地址类型与地址规划。大型企业集团用户规模和网络规模较大，具备独立申请GUA PI（Provider Independent，独立的供应商）地址的资质，建议优选向CNNIC申请GUA PI地址，园区地址由集团统一申请、统一分配。对于中小型企业，用户规模和网络规模不足以支持向CNNIC申请独立的GUA，则可选择向本地运营商申请GUA。考虑IPv6地址端到端通信需求，不推荐使用ULA为终端和应用分配地址。

园区终端网络地址分配主要有3种方式：DHCPv6、SLAAC以及手动配置。采用自动化的DHCPv6地址分配方式，需集中部署DHCPv6服务器，并且在VXLAN的集中式IPv6网关上使能DHCPv6 Relay，中继DHCPv6相关报文。因安卓原生终端操作系统不支持DHCPv6，尽管大部分安卓商业系统通过深度定制支持DHCPv6，但为了防止部分终端不支持DHCPv6，建议无线地址获取方式采用SLAAC方案。如园区网络统一采用SLAAC地址分配方式，目前主流的操作系统如Windows 7、Windows 10、Android、iOS、Linux等均默认开启SLAAC隐私扩展功能（临时IPv6地址），终端会默认生成临时IPv6地址并采用该地址对外通信，需要考虑临时IPv6地址的行为溯源、策略联动方案。采用SLAAC地址分配方式，需在集中式网关设备配置RA的相关参数，通过集中式网关向终端推送RA，携带地址前缀、DNS信息。

（2）接入认证

在园区网络VXLAN Underlay IPv4+Overlay双栈架构中，Edge节点将接入双栈用户，需要满足双栈用户单次认证，同时实现整体双栈业务的策略联动，避免出现双栈终端访问IPv4、IPv6业务需要重复执行两次单独认证。

园区VXLAN Underlay IPv4+Overlay双栈网络应支持IPv6用户802.1X、Portal、MAC认证多种方式，针对不同用户终端灵活采用对应的方案，如访客采用Portal、内部办公终端采用802.1X。对于网络认证点、策略执行点以及准入点设计，IPv6方案部署与原VXLAN Underlay IPv4+Overlay IPv4方案位置保持一致，认证服务器采用统一的控制器提供认证策略服务。

针对园区网络地址分配方式采用SLAAC隐私扩展方案的场景，接入认证方案要考虑针对临时IPv6地址的策略联动以及用户地址溯源，保障终端临时IPv6地址变化后，业务访问无感知，同时满足企业内部访问审计的诉求。

（3）二层安全

园区VXLAN Overlay层网络主要采用NDP实现邻居转发表项构建、网关地址下发、重复地址探测、邻居在线探测以及重定向等。IPv6 采用NDP实现了类似IPv4 ARP的功能，同时也面临类似的攻击，如报文仿冒、DoS（Denial of Service，拒绝服务）攻击等。针对新增协议NDP安全，在接入交换机上开启ND Snooping，实现对NDP报文NS/NA/RS/RA的安全校验。

对于采用DHCPv6实现相关地址信息配置的园区网络，接入交换机上应开启DHCPv6 Snooping，该功能部署位置以及基本功能与DHCPv4 Snooping类似，主要用于保证DHCPv6客户端从合法的DHCPv6服务器获取IP地址，并记录DHCPv6客户端IP地址与MAC地址等参数的对应关系，消减网络上针对DHCPv6的攻击。

在接入交换机Edge节点上可部署针对业务报文的源地址和接收端口校验，

通过开启SAVI（Source Address Validation Improvement，源址合法性检验）和IPSG（IP Source Guard，IP源保护）功能，根据ND Snooping和DHCPv6 Snooping信息构建绑定表项，对于从相应端口接收到的ND协议报文、DHCPv6报文和IPv6数据报文，根据其源地址是否能匹配绑定关系表来确定报文是否合法。

（4）内网互通

园区内三层网络升级改造，采用VXLAN Overlay支持IPv4/IPv6双栈通信，VXLAN Underlay保持原IGP设计即可。未来网络演进到VXLAN Underlay IPv6，则需要进行IGP路由改造。考虑企业园区网络的规模以及原IPv4网络的一般习惯，IPv6 IGP路由启用OSPFv3协议，OSPFv3区域设置与原OSPFv2保持一致，实现园区内三层路由互通。

（5）业务转发

园区VXLAN Overlay IPv6设计与原Overlay IPv4层类似，从接入层到核心VXLAN Underlay的部署配置不变，VXLAN控制平面采用BGP EVPN，核心交换机配置为RR。在集中式网关上使能IPv6，并配置网关IPv6地址，确保IPv6二层互通。

在接入侧设备主要执行IPv6业务的二层转发，在Edge节点上除了对二层相关安全能力进行加固外，无须在转发上增加其他配置，即可支持双栈业务的流量转发。

（6）出口部署

如园区网络IPv6地址采用从CNNIC申请的PI地址，在园区互联网单出口场景下，出口设备可采用静态路由方式与运营商对接，运营商向Internet发布该园区网络的明细路由，园区网络网络出口设备配置默认出口路由，并通过IGP把默认路由发布到园区内部网络。如涉及多出口场景，可考虑采用外部BGP对接、内部IGP发布默认路由的方式，园区网络通过向内部发布默认出口路由实现内部业务报文可达出口路由器，出口路由器采用BGP对接互联网，实现最佳路径选择以及流量负载均衡。

如园区网络采用从运营商申请的PA（Provider Assigned，供应商指定）地址，在单一出口为出口场景下，可直接采用静态路由方式对接，运营商一般已默认发布该地址路由信息。如园区网络涉及多运营商互联网出口对接，考虑PA地址发布的限制，需在出口区部署NPTv6（IPv6-to-IPv6 Network Prefix Translation，IPv6-to-IPv6网络前缀转换）设备，并从各运营商获取一段互联网访问地址，通过NPTv6实现内外部IPv6地址转换。该类场景在园区网络切换运营商时，需要重新申请和分配所有地址。

如内部网络和终端均采用ULA，在出口区部署NPTv6设备，并从各运营商获取一段互联网访问的GUA，通过NPTv6实现内外部IPv6地址转换。部分场景园区网络内存在对外发布服务，可从多运营商申请独立的PA地址用于对外发布服务。

企业园区内网络与企业广域网络互通有多种方式，可考虑采用静态默认路由、IGP或者BGP路由对接。园区内网络与广域网的对接方式，一般需基于园区网络出口设备能力、园区网络出口路径数量、园区网络出口流量等情况灵活选择。该场景与IPv6差异相关性不大，建议对接策略延续IPv4网络的方案。

（7）无线升级

园区WLAN采用"WAC+FIT AP"的组网架构，IPv6升级改造主要需关注WAC（Wireless Access Controller，无线接入控制器）和AP（Access Point，接入点）之间的管理、CAPWAP（Control And Provisioning of Wireless Access Point，无线接入点控制和配置）的隧道建立、WAC对IPv6业务的转发以及AP对IPv6报文的处理能力，其他维度的WLAN设计不受IPv6升级改造影响。

在WAC上完成与对接的交换机的IPv6 IGP转发协议的配置，在AP上使能处理STA IPv6业务的功能，WAC和AP间可采用IPv4或IPv6地址建立CAPWAP隧道。如采用IPv6地址建立CAPWAP隧道，则在WAC上配置DHCPv6服务器，为AP分配IPv6管理地址。

（8）质量保障

随着IPv6网络演进，园区网络智能化将迎来海量终端接入，业务复杂度增大，通过基于IPv6的QoS、业务应用识别、网络切片等业务技术，实现多业务综合承载下的SLA灵活保障。

（9）智能运维

IPv6网络满足智慧园区海量终端接入诉求，网络规模不断增长，业务交互越来越复杂，建议采用网络控制器替换传统网管，具备对IPv6网络的管理、控制、分析能力，实现网络部署自动化、业务网络全面可视化以及故障智能分析等能力，实现网络主动运维。

企业园区当前网络如采用VXLAN方案，网络均为VXLAN Underlay IPv4+Overlay IPv4网络，升级网络支撑IPv6仅需要在Overlay层使能IPv6，同时配置出口区双栈能力，升级改造难度较小。而对于园区网络VXLAN Underlay IPv6+ Overlay双栈方案，需要更改Underlay层配置，网络配置变动大，一般推荐新建园区网络场景使用该方案。

2. 传统网络方案

大中型园区传统网络方案与虚拟网络方案的主要区别在于园区业务隔离方式不同。如图8-2所示，大中型办公园区传统网络IPv6方案内部连接一般采用三层Native IP转发+二层VLAN方式，隔离性和自动化能力较弱，推荐在进行IPv6改造的同时，同步实现对SDN+VXLAN隔离的改造。如果业务稳定性要求极高，不能对网络做大的改动，可以在原IPv4网络架构和网络配置保持不变的情况下，新增IPv6配置以及对IPv6相关支撑系统进行升级。

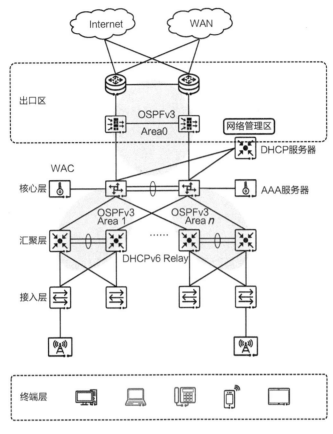

图 8-2 大中型办公园区传统网络方案架构

大中型办公园区传统网络在进行IPv6升级改造时，二层VLAN域内的设备需要在不同的VLAN视图下配置IPv6二层网络安全，同时三层网络需要全部增加部署IPv6路由，而其他部分与虚拟化园区方案基本一致，本节不赘述。

（1）二层安全

在二层网络接入侧设备VLAN视图上开启ND Snooping协议，配置ND协议报文合法性检查，实现对NDP报文NS/NA/RS/RA的安全校验。

对于采用DHCPv6实现相关地址信息配置的园区网络，应开启DHCPv6 Snooping，该功能部署位置以及基本功能与DHCPv4 Snooping的类似，主要用于保证DHCPv6客户端从合法的DHCPv6服务器获取IP地址，并记录DHCPv6客户端IP地址与MAC地址等参数的对应关系，防止网络上针对DHCPv6的攻击。

同时在二层网络接入设备上可针对业务报文的源地址和接收端口校验，通过开启SAVI和IPSG功能，根据ND Snooping和DHCPv6 Snooping信息构建绑定表项，对于从相应端口接收到的ND协议报文、DHCPv6报文和IPv6数据报文，根据其源地址是否能匹配绑定关系表来确定报文是否合法。

（2）内网互通

园区内三层网络升级改造，网络支持IPv4/IPv6双栈通信。考虑企业园区网络的规模以及原IPv4网络的一般习惯，IGP路由启用OSPFv3协议。OSPFv3区域设置与原OSPFv2的保持一致，实现园区网络内三层路由互通。与IPv4 OSPFv2的安全认证方式不同，OSPFv3间安全认证采用IPsec，所有运行OSPFv3的三层设备配置OSPFv3 IPsec，保障设备间的OSPFv3的正常运行。

8.2.2 中小型办公园区网络

中小型办公园区办公人员较少，园区网络架构较简单，一般无企业自建的广域专网覆盖，对企业内网访问的连接场景具有多样性，如采用Internet专线或者MPLS VPN专线等实现与企业总部互联。对于中小型办公园区场景，园区网络内部路由、地址分配、接入认证以及二层安全防护等设计与大型园区方案并无区别，针对该场景，将重点分析企业内网回传的多种连接方案。

中小型办公园区网络升级IPv4/IPv6双栈，园区内部终端访问企业总部的业务需要通过广域网络的双栈通道承载，具体如图8-3所示。

考虑到中小型办公园区的规模以及广域网络线路租赁方案，目前该场景涉及多种不同方案，可根据现网情况灵活选择，具体如下。

对于仅租赁单Internet专线回传场景，一般园区网络出口通过IPsec加密隧道，实现和企业内部网络连接。该场景主要有以下方案。

- 双栈流量over IPsec6，该方案需升级Internet专线支持IPv6，确保园区网络出口IPsec设备与企业总部IPsec网关的IPv6路由互通，园区网络出口与企业总部采用IPsec6隧道模式构建加密连接通道，园区网络终端访问内部双栈应用的流量通过IPsec6隧道封装后传输。该场景仅支持单播流量，园区网络出口采用静态路由方式建立IPsec6加密隧道。
- 双栈流量over IPsec4，该方案无须升级Internet专线，园区网络出口IPsec设备与企业总部IPsec网关通过IPv4路由建立IPsec加密连接隧道，园区网络终端访问内部双栈应用的流量通过IPsec4隧道封装后传输。原园区网络出口区的配置保持不变，出口IPsec设备需支持双栈，并增加IPv6相关的静态路由配置，确保流量可被转发。

- 双栈流量over GRE over IPsec6/IPsec4，该方案的主要特点在于双栈流量先封装到GRE（Genetic Routing Encapsulation，通用路由封装）隧道，通过GRE隧道解决IPsec仅支持单播业务转发的问题，实现GRE和IPsec两种技术的优势互补，出口侧可灵活采用IPsec6隧道方案或IPsec4隧道方案。

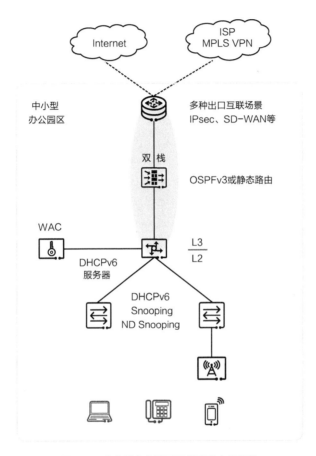

图 8-3　中小型办公园区双栈改造方案架构

对于仅租赁MPLS VPN专线回传的场景，需要升级MPLS VPN专线支持IPv4/IPv6双栈连接，园区网络出口路由可通过BGP、IGP或者静态路由多种方式灵活对接运营商的MPLS VPN专线。在该场景下，如园区内部业务类型划分较多，需要构建端到端的业务隔离网络，则可考虑中小型办公园区网络出口路由器和总部互联采用SRv6技术，通过SRv6 EVPN over 运营商MPLS VPN，实现端到端业务的隔离。

在存在MPLS VPN+Internet专线+4G/5G等多种回传方式的场景下，对于IPv4、IPv6流量，均可采用SD-WAN技术实现业务的灵活选路。在园区WAN链路不升级的情况下，IPv6的业务流量可以通过SD-WAN隧道封装传输。

8.2.3　工业生产园区网络

工业生产园区网络主要服务于园区的生产设备管理、过程监控、运作调度、办公等场景。园区的大量业务终端的生命周期比较长，而存量的老旧业务系统对IPv6的支持能力又比较弱，考虑到业务系统的稳定性，不建议对存量的业务系统和业务终端进行双栈升级。随着IoT和智能制造的发展，为了达到提升生产效率、改良生产模式的目的，工业生产园区内必然会持续增加具备IPv6能力的新的业务系统和业务终端，并优选IPv6单栈部署，通过IPv6的部署使能未来海量的终端接入。

工业生产园区网络的拓扑架构与大中型办公园区网络的拓扑架构基本一致，工业生产园区的业务多为内部生产类业务，对业务安全等级要求较高，不同行业、不同企业的网络互联网出口场景不尽相同。工业生产园区网络改造架构如图8-4所示，此处阐述的工业生产园区网络IPv6升级改造方案暂不包含互联网对接的场景，若存在该场景，请参考大中型办公园区网络的IPv6升级改造方案。

工业生产园区网络的IPv6升级改造方案与传统大中型办公园区网络的差别在于地址分配以及IPv4、IPv6系统协同通信的问题，方案设计的关键点如下。

1. 地址分配

对于工业生产园区网络，若该网络属于内部封闭网络，可采用GUA或ULA。若采用GUA，则整网的路由控制策略需要进行针对性设计，以防止工控网络路由泄露。

部分行业要求工控终端的IP地址与特定终端强绑定。在IPv4时代一般采用手动配置的方式，对于总长度为128 bit的IPv6地址，如果采用手动配置将会非常复杂，故推荐采用DHCPv6 EUI-I64方式为工控终端分配IPv6地址，基于工控终端的MAC地址生成对应的IPv6地址。

2. NAT64互访

新建的工控系统优选IPv6单栈运行，当企业总部数据中心网络与工业生产园区网络的新建IPv6单栈系统存在信息交互时，在网络迁移过程中会存在IPv4单栈、IPv6单栈系统的配合，可考虑采用NAT64方案实现系统间的IPv4、IPv6单栈协同通信。

通过对这3个园区场景的分析，我们可以看到，在对网络进行IPv6升级改造的过程中有几个关键点需要特别关注。

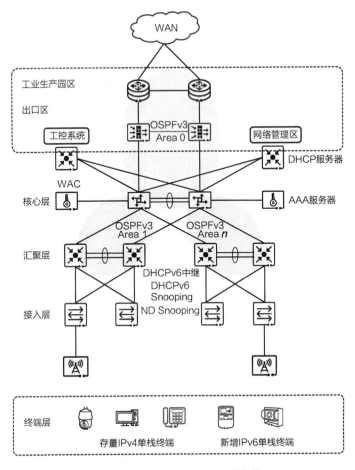

图 8-4　工业生产园区网络改造架构

- IPv6地址分配：地址分配方案要根据不同的终端类型和管理要求进行适配，园区网络可以区别选择DHCPv6、SLAAC分配方案。
- IPv6准入控制：考虑到IPv4向IPv6演进需经历较长的过渡阶段，准入控制方案设计需要支持IPv4/IPv6双栈运行下的准入认证和策略管控，确保双栈用户的接入认证体验与IPv4单栈接入无差异。
- 内部网络承载方案：内部网络的路由规划设计需要匹配不同场景IPv6演进迁移的方案，如虚拟化园区网络初期采用VXLAN Underlay IPv4 + Overlay双栈，则内部Underlay IGP可保持IPv4不变。
- 质量保障：网络演进到IPv6，为智能化园区网络海量终端的接入构建了基础，针对多业务综合承载场景，需要进行IPv6 QoS、业务应用识别和网络切片等业务保障设计。

- WLAN IPv6：无线网络的IPv6演进主要需针对AP的管理通道建立和WAC的IPv6路由对接进行设计。
- 出口部署：IPv6时代企业多采用公网地址，园区网络与互联网对接的方案与IPv4存在差异，需要进行针对性的设计。
- 智能运维：匹配IPv6时代海量接入的场景，运维能力越发重要，在运维方案的选择上要充分考虑自动化、智能化等新技术。

| 8.3 园区终端 IPv6 地址分配设计 |

园区终端IPv6地址的获取方式，除传统DHCP模式和手动配置模式外，还有无状态的地址获取方案。目前，园区网络各类终端系统对IPv6地址分配协议的支持情况有差异，本节主要介绍IPv6地址分配方式，并针对园区终端的类型进行细化的IPv6地址分配方案设计。

8.3.1 IPv6 地址分配方式

与IPv4地址分配方式类似，IPv6地址分配方式可分为手动分配和自动分配两种，而IPv6地址的自动分配方式主要有DHCPv6和SLAAC两种，具体如下。

- 手动分配。手动分配IPv6地址/前缀及其他网络配置参数，包括DNS、NIS（Network Information Service，网络信息服务）、SNTP（Simple Network Time Protocol，简单网络时间协议）服务器地址等参数。
- DHCPv6自动分配方式。与DHCPv4不同，DHCPv6又分为如下两种。一种是有状态DHCPv6自动分配方式。DHCPv6服务器自动给终端分配IPv6地址/PD前缀及其他网络配置参数，包括DNS、NIS、SNTP服务器地址等参数。另一种是无状态DHCPv6自动分配方式。主机IPv6地址通过SLAAC获取，DHCPv6服务器只分配除IPv6地址以外的配置参数，包括DNS、NIS、SNTP服务器等参数。
- SLAAC自动分配方式。这是由SLAAC为IPv6新增的地址分配方式，采用该方式，终端的IPv6地址将由RA报文包含的IP前缀信息以及终端自主生成的接口ID组成，同时DNS地址也可通过RA报文的选项字段携带给终端或者通过无状态DHCPv6自动分配方式获取。

与IPv4地址分配方式不同，终端IPv6的网关地址需要通过网关下发的RA

报文获取，同时终端具体采用何种地址自动化获取方式也取决于网关RA报文中的标识字段。RA报文中的相关标志位具体如下。

- A-Flag，为自动地址配置标志位，该标志位置1，则采用SLAAC的方式获取地址。终端采用RA报文中携带的IPv6地址前缀生成本机的IPv6地址。
- O-Flag，为其他信息标志位。该标志位置1，则采用无状态DHCPv6自动分配方式。终端可以通过DHCPv6报文获取除IPv6地址外的其他网络配置参数，包括DNS、NIS、SNTP服务器等参数。
- M-Flag，为管理标志位，该标志位置1，则采用有状态DHCPv6自动分配方式。终端通过有状态DHCPv6自动分配方式获得IPv6地址。

在网关位置通过配置RA报文以上3个标志，即可控制终端自动化获取IPv6地址的方式，具体如表8-2所示。

表 8-2　RA 报文地址分配标志位配置

地址自动分配方式	A-Flag	O-Flag	M-Flag
有状态 DHCPv6 自动分配	0	N/A	1
无状态 DHCPv6 自动分配	1	1	0
SLAAC	1	0	0

1. DHCPv6分配方式

在DHCPv6基本协议架构中，其地址分配方案架构如图8-5所示，主要包括以下3种角色。

- DHCPv6客户端：通过与DHCPv6服务器进行报文交互，获取IPv6地址/前缀和网络配置信息，完成自身的地址配置功能。
- DHCPv6服务器：负责处理来自客户端或中继的地址分配、地址续租、地址释放等请求，为客户端分配IPv6地址/前缀和其他网络配置信息。当动态分配的IPv6地址网段的前缀长度不超过64 bit的时候，可以在DHCPv6服务器上配置使用DHCPv6地址池，按照EUI-64的方式为DHCPv6客户端分配IPv6地址。DHCPv6服务器按照EUI-64的规则，根据获取到的DHCPv6客户端的MAC地址，为DHCPv6客户端分配IPv6地址。
- DHCPv6中继：负责转发来自客户端方向或服务器方向的DHCPv6报文，协助DHCPv6客户端和DHCPv6服务器完成地址配置功能。一般情况下，DHCPv6客户端通过本地链路范围的组播地址与DHCPv6服务器通信，以获取IPv6地址/前缀和其他网络配置参数。如果服务器和客户端不在同一个链路范围内,则需要通过DHCPv6 Relay来转发报文,这样可以避免在每个链路范围内都部署DHCPv6服务器,既节省了成本,又便于进行集中管理。

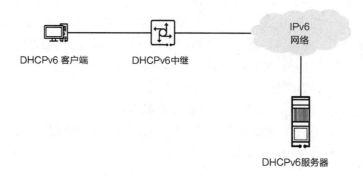

图 8-5　DHCPv6 地址分配方案架构

与DHCPv4对比,有状态DHCPv6的主要区别在于新增了DHCPv6 EUI-64和DHCPv6前缀代理两种地址分配方式,具体如下。

DHCPv6 EUI-64方式主要为终端分配与终端MAC地址强绑定的IPv6地址。终端作为DHCPv6客户端通过DHCPv6的报文交互,将携带本机的MAC地址信息发送给DHCPv6服务器。DHCPv6服务器根据终端的MAC地址信息通过EUI-64方式生成IPv6地址的接口ID,将该接口ID和地址池中的IPv6前缀绑定形成完整的IPv6地址,并将该地址分配给对应的终端使用。采用该方式,可以实现在终端的IPv6地址中嵌入MAC地址信息,满足部分行业对终端行为强溯源的要求,达到手动分配的效果。

DHCPv6前缀代理是一种前缀分配机制,并在RFC 3633中得以标准化。在一个层次化的网络拓扑结构中,不同层次的IPv6地址分配一般是手动指定的。手动配置IPv6地址扩展性不好,不利于IPv6地址的统一规划和管理。通过DHCPv6前缀代理机制,下游网络设备不需要再手动指定用户侧链路的IPv6地址前缀,它只需要向上游网络设备提出前缀分配申请,上游网络设备便可以分配合适的地址前缀给下游设备,下游设备把获得的前缀(一般前缀长度小于64 bit)进一步自动细分成64 bit前缀长度的子网网段,把细分的地址前缀通过RA报文发送至与IPv6主机直连的链路,实现IPv6主机的地址自动配置,完成整个系统层次的地址布局。

2. SLAAC

SLAAC是IPv6的标准功能,主要取决于终端和网关的NDP报文的交互,终端通过收到的RA报文携带的IPv6地址前缀信息生成IPv6地址。相对于DHCP方式，SLAAC减少了网络设备的配置和DHCP服务器的数量，更偏轻量级。但该方式因为地址在终端生成，故也会给终端的地址溯源增加难度。

SLAAC如图8-6所示，SLAAC过程具体如下。

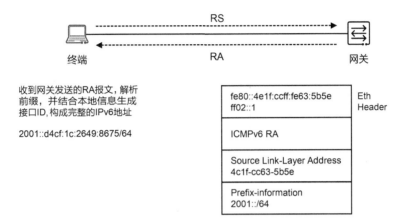

图 8-6   SLAAC

第一步：IPv6终端首先根据本地接口ID自动生成链路本地地址。

第二步：终端对链路本地地址发起DAD，如该地址不存在冲突，链路本地地址生效。

第三步：终端发送RS消息，尝试发现链路上的IPv6路由设备，此时将链路本地地址作为RS报文的源地址。

第四步：网关收到终端发送的RS报文后，返回RA消息（RA携带分配的IPv6前缀和DNS信息，M-Flag置0）。另外，网关也会周期性地发送RA报文（RA携带分配的IPv6前缀和DNS信息，M-Flag置0）。

第五步：终端根据网关回应的RA消息，获得本链路前缀信息，并根据本地信息生成接口ID，由前缀+接口ID生成主机的单播IPv6地址。

第六步：终端针对生成的IPv6单播地址进行DAD，如不存在冲突，则可生效使用。

相对于DHCPv6，SLAAC是分布式的方案，无须部署服务器，更加轻量级。相对于SLAAC，DHCPv6可以推送更加丰富的参数，如DNS、NIS、SNTP服务器地址等，而目前SLAAC仅能推送DNS信息。

8.3.2　IPv6 地址分配方案

在企业园区网络中，一般主流的用户终端的操作系统涵盖PC的Windows 7、Windows 10、macOS、Linux，以及安卓手机操作系统、苹果手机操作系统等，以上操作系统的最新版本已经默认安装了IPv6协议栈。以上所述的主流操作系统对DHCPv6以及SLAAC的支持情况如表8-3所示。

表 8-3　主流操作系统的 IPv6 地址分配方案支持情况

操作系统	系统版本	是否支持 DHCPv6	是否支持 SLAAC	备注
Android	5.0	否	是	部分厂商基于原生系统开发了 DHCPv6 功能
iOS	4.1	是	是	—
macOS	Mac OS X 10.7 (Lion)	是	是	—
Windows 7	—	是	是	不支持通过 RA 的 RDNSS 字段获取 DNS 地址
Windows 10	—	是	是	—
Fedora	13	是	是	—
Ubuntu	12.04	是	是	—

如表8-3所示，目前主流的操作系统均已支持IPv6协议栈，除安卓操作系统外均支持DHCPv6，所列操作系统均支持SLAAC。据谷歌工程师在Android Public Tracker上的答复，安卓操作系统已明确不考虑补充支持DHCPv6，同时未来也没有支持计划。故只要企业园区网络存在安卓手机终端接入场景，就需要通过启用SLAAC来分配IPv6地址以及DNS等信息。

另外，园区办公终端的操作系统主要涉及Windows 7和Windows 10，目前，Windows 7操作系统可支持通过SLAAC的方式获取IPv6地址，但不支持RA报文的选项字段，即不能通过RA的RDNSS（Recursive DNS Server）字段获取到DNS的信息，故针对Windows 7的终端地址分配方案需要考虑该问题。

综上所述，企业园区网络中存在的不同类型的接入终端和操作系统，将影响IPv6地址分配方案的选择。根据企业园区网络的不同终端接入场景，园区IPv6地址分配方案主要有以下几种选择。

1. 有状态DHCPv6自动分配方案

对于仅存在PC终端接入的企业园区网络场景，一般PC终端的操作系统为Windows 7、Windows 10、macOS等，能够良好地支持DHCPv6和SLAAC方案。在该场景中，无须考虑安卓操作系统接入的问题。DHCPv6可集中、动态地为接入终端分配IPv6地址，管理、维护等体验与DHCPv4的保持一致。考虑与原IPv4网络地址分配方案一致性和统一管理问题，优先采用DHCPv6方案。

在大中型园区网络中，建议部署独立的DHCP服务器，便于为终端进行IP地址分配。部署建议如下。

建议依据管理团队划分，规划独立的DHCP服务器。如总部和子公司是不同的运维团队，规划、配置和策略各自独立负责，则建议总部和子公司部署不同的DHCP服务器。如果子公司内还有分支机构且子公司整体负责运维，尽管网络是多园区架构，仍建议采用一套DHCP服务器统一规划。

建议DHCPv6服务器部署在公共服务区或网络管理区，与DHCPv4服务器部署位置相同，公共服务区多连接于出口路由器上，且边界有防火墙进行防护。对于多类型网络物理隔离的情况，如安防网络和办公网络等，也可以经过防火墙共用该DHCP服务器。

推荐DHCPv4服务器与DHCPv6服务器分开部署，以减少对原有IPv4业务的影响，具体如图8-7所示。

大中型园区网络DHCPv6服务器和园区网络主机通常不在同一个网段，因此在用户接入网关上需开启DHCPv6 Relay功能。可以采用Loopback地址作为源地址，并确保DHCPv6服务器地址与DHCPv6 Relay地址转发可达。

与IPv4相同，考虑到接入安全，接入交换机需要部署DHCPv6 Snooping和ND Snooping，网关设备也需要部署，以保证用户终端从合法的DHCP服务器获取IP地址，避免被非法攻击。另外，采用DHCP Option方式的终端识别功能，也需要配置DHCP Snooping。

DHCPv6提供的动态IPv6地址分配，需要根据用户终端在线时间合理规划租期。由于IPv6地址数量较充裕且终端地址分配稳定，更利于溯源，建议IPv6规划较长的租期。

如果需要为指定用户终端分配固定的IP地址，不通过DHCP动态分配，在进行DHCP地址池规划时，需要将静态配置的IP地址过滤掉，避免预留的IP地址被分配。

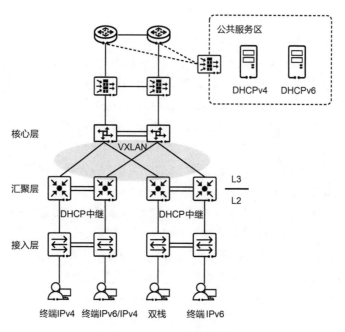

图 8-7　DHCP 服务器部署

以大中型办公园区网络为例，DHCPv6有状态地址分配部署方案如下。

DHCPv6与DHCPv4的部署存在差异，如果园区网络采用DHCPv6有状态地址分配方式，需要在终端接入网关处开启RA，并配置相关标志位信息，通知终端通过DHCPv6获取IPv6地址以及DNS等信息，具体配置如下。

```
[HUAWEI] interface gigabitethernet 1/0/1
[HUAWEI-GigabitEthernet1/0/1] undo portswitch
[HUAWEI-GigabitEthernet1/0/1] ipv6 enable
[HUAWEI-GigabitEthernet1/0/1] undo ipv6 nd ra halt
[HUAWEI-GigabitEthernet1/0/1] ipv6 nd autoconfig managed-address-flag
[HUAWEI-GigabitEthernet1/0/1] ipv6 nd autoconfig other-flag
[HUAWEI-GigabitEthernet1/0/1] ipv6 nd ra prefix fc00:1::/64 no-autoconfig
```

对于部分行业场景，对设备的地址管理和行为溯源有严格要求，原IPv4网络通过手动配置地址的方案实现终端的IP地址、VLAN和MAC地址的强对应。IPv6地址长度是IPv4地址长度的4倍，手动配置复杂，易于出错。针对该场景，可采用DHCPv6 EUI-64方案，实现终端MAC地址和IPv6地址的强绑定。该场景需要DHCPv6服务器支持EUI-64功能，目前，主流交换机上已支持该功能，在该场景下也可以考虑在交换机上部署DHCPv6服务器，开启DHCPv6 EUI-64功能，DHCPv6服务器的具体配置如下。

```
[HUAWEI] dhcpv6 pool pool1
[HUAWEI-dhcpv6-pool-pool1] address prefix fc00:1::/64 eui-64
```

2. 无状态DHCPv6自动分配方案

若企业园区同时存在安卓终端和Windows 7 PC终端接入网络，单独采用SLAAC或者DHCPv6方案均存在问题。在该场景下，如考虑统一的地址分配方案，建议采用SLAAC+无状态DHCPv6分配方案，所有终端均通过SLAAC获取IPv6地址，安卓终端通过RA RDNSS获取DNS信息，Windows 7通过DHCPv6服务器获取DNS信息。此时，DHCPv6服务器仅提供DNS信息，建议在核心交换机部署即可，无须单独配置DHCPv6服务器。

针对该场景，终端DNS地址获取的原则为：对于支持RA报文option的终端，优先通过RA报文中的RDNSS字段获取DNS地址；对于不支持RA报文option的终端（Windows 7操作系统终端），将通过无状态DHCPv6方式获取DNS地址，此时网关上需要将RA报文的M-Flag置0，O-Flag置1，否则终端会获取DNS信息失败。

```
[HUAWEI] interface gigabitethernet 1/0/1
[HUAWEI-GigabitEthernet1/0/1] undo portswitch
[HUAWEI-GigabitEthernet1/0/1] ipv6 enable
[HUAWEI-GigabitEthernet1/0/1] ipv6 address fc00:1::1/64
[HUAWEI-GigabitEthernet1/0/1] undo ipv6 nd ra halt
[HUAWEI-GigabitEthernet1/0/1] ipv6 nd autoconfig other-flag
[HUAWEI-GigabitEthernet1/0/1] ipv6 nd ra dns-server 240C::6666
```

3. SLAAC方案

大部分企业园区网络均存在访客网络，需要满足安卓终端接入场景的需求。如果在该场景下，园区内的PC办公终端均为能够完整支持SLAAC功能的操作系统，则可考虑采用统一的SLAAC方案。若采用该方案，需要在网关位置进行相关RA配置。

```
[HUAWEI] interface gigabitethernet 1/0/1
[HUAWEI-GigabitEthernet1/0/1] undo portswitch
[HUAWEI-GigabitEthernet1/0/1] ipv6 enable
[HUAWEI-GigabitEthernet1/0/1] ipv6 address fc00:1::1/64
[HUAWEI-GigabitEthernet1/0/1] undo ipv6 nd ra halt
[HUAWEI-GigabitEthernet1/0/1] ipv6 nd ra dns-server 240C::6666
```

如果园区网络偏向采用DHCPv6方案为办公终端统一分配地址，而安卓终端仅在访客网络存在接入需求，可考虑仅在访客网络采用SLAAC方案。需要注意的是，采用SLAAC方案，大部分终端操作系统将默认开启临时IPv6地址，在整体方案设计上需要考虑网络策略联动以及地址溯源等问题。

说明：在IPv6时代，终端通过稳定的GUA IPv6地址访问互联网存在被网络窃听的风险和问题，RFC 4941对该场景提供了新的解决思路。RFC 4941 SLAAC安全隐私扩展协议定义了临时IPv6地址，对于支持RFC 4941的终端，如采用SLAAC方案，终端将生成两个GUA，即公共地址（Public Address）和临时IPv6地址，两个地址的IPv6前缀一致，但临时IPv6地址的接口ID会随时间周期性变化。根据RFC 6724 "Default Address Selection for IPv6"，终端同时存在临时IPv6地址和公共地址时，当对外访问建立连接时，将优选临时IPv6地址作为源地址，而公共地址主要作为在外部其他用户访问该终端时的目的IPv6地址。

临时IPv6地址主要在主机终端上使用，当终端操作系统上已开启该功能时，网关配置SLAAC方式，当终端接收到网关推送的RA报文时，终端主机会根据RA报文中携带的网络前缀，自动生成临时IPv6地址和公共地址。目前主流的操作系统如Windows、Android、iOS、Mac OS X等均已支持该功能。

4. IPv6地址分配方案总结

综合以上各方案情况，IPv6地址分配方案总结如表8-4所示，企业可根据自身的情况和场景选择最合适的地址分配方案。

表8-4 IPv6 地址分配方案

比较项	有状态 DHCPv6 自动分配方案	无状态 DHCPv6 自动分配方案	SLAAC 方案
地址获取方式	DHCPv6 服务器分配	通过 RA 报文获取前缀，终端自动生成 IPv6 地址	通过 RA 报文获取前缀，终端自动生成 IPv6 地址
DNS 获取方式	DHCPv6 服务器分配	DHCPv6 服务器分配	通过 RA 的 RDNSS 字段获取
主要适用场景	不存在安卓原生系统终端接入	同时存在安卓原生系统终端接入和 Windows 7 系统终端接入	存在安卓原生系统终端接入，但无 Windows 7 系统终端接入

| 8.4 园区终端 IPv6 准入设计 |

随着网络应用的普及和移动化的兴起，园区网络的边界越来越模糊，接入园区网络的终端类型越来越复杂，因此NAC（Network Admission Control，网络接入控制）变得越来越重要，成为影响网络安全的重要因素。网络接入控制通过对接入网络的客户端和用户的认证来保证网络的安全。通过网络接入控制，可以只允许合法的、值得信任的终端设备（例如 PC、服务器、iPAD 等）接入网络或者访问指定范围内的网络资源，而不允许其他设备接入和访问。同时新发布的等级保护 2.0 版本，也明确要求对终端的接入实行管控和行为溯源。企业园区网络从 IPv4 演进到 IPv6 的过程，必须满足终端的可靠接入认证要求，确保终端接入可控、行为可溯源。

1. IPv6 接入认证分析

企业网络 IPv6 升级改造，网络接入控制本质上与 IPv4 网络的一致，主要需解决如下两个问题。

（1）网络接入控制

开放的网络环境给人们带来网络资源便利的同时，也会面临各种安全威胁问题。例如非法用户随意接入公司内部网络，会对公司的信息安全造成很大的影响。接入园区网络的终端种类多，且园区内的用户行为难以管控，因此，终端是安全威胁的主要来源。出于对安全问题的考虑，园区网络不能对所有终端开放访问权限，需要基于终端对应的用户身份和终端状态进行认证，不符合条件的终端不能接入网络。

网络接入认证技术就像给网络建造一个"大门"，这个"大门"通常为网络的接入设备，终端必须满足一定条件才可以穿过"大门"接入网络，所需满足的条件可以有很多种，比如时间（何时接入）、地点（在哪台设备接入）、身份（谁可以接入）等。

（2）策略管控

即使终端认证通过，也不意味着可以访问网络内的所有资源，需要区分客户端对应的用户身份以及客户端的状态，分别赋予不同的网络访问权限，即策略管控。如园区网络的访客可以访问园区的外部服务器和 Internet，不能访问园区的内部服务器和数据中心。

策略管控技术就好比一个"院子"内有不同"房间"，终端虽然进了"大门"到了"院子"内，但是能进哪些"房间"，受到策略的管控。表 8-5 给出了不同终端对网络的接入控制诉求举例。

表 8-5　不同终端对网络的接入控制诉求举例

终端类型	接入控制
员工办公计算机	可以访问内部打印机、内部文档服务器、内部邮件服务器、内部公共资源，带宽限制为 100 Mbit/s
员工手机终端	只能访问 Internet，带宽限制为 10 Mbit/s

续表

终端类型	接入控制
访客计算机	能访问内网公共资源（如投屏系统）、Internet,不能访问内网邮件服务器、文档服务器等内部服务器，带宽限制为 100 Mbit/s
访客手机终端	只能访问 Internet，带宽限制为 5 Mbit/s

　　企业园区网络升级到IPv6，必须支持IPv6单栈用户的网络接入控制，策略控制器可以针对IPv6单栈用户联动下发相关的网络策略。企业园区IPv6网络用户在网络接入控制中主要包含用户身份认证（鉴权）、用户策略下发（授权）两个步骤，主要流程如图8-8所示。

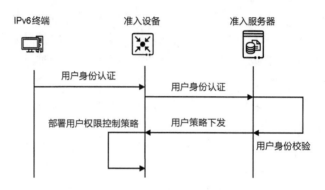

图 8-8　IPv6 单栈用户接入流程

　　IPv6用户接入认证主要涉及NAC中MAC、802.1X、Portal认证（从IPv6单栈终端到准入设备）以及RADIUS（Remote Authentication Dial-In User Service，远程身份认证拨号用户服务）协议（准入设备到准入服务器）。3种接入认证技术实现原理不同，MAC认证、802.1X认证实质上不区分IPv4或者IPv6层信息，而Portal认证则需要设备支持IPv6的Portal接入能力。具体原理分析如下。

　　① MAC认证

　　MAC认证是以终端的MAC地址作为身份凭据的认证技术，与网络层无关，IPv4网络升级到IPv6网络，MAC接入认证无影响。当终端接入网络时，准入设备获取终端的MAC地址，并将该MAC地址作为用户名和密码进行认证。

　　由于MAC地址很容易被仿冒，MAC认证方式的安全性较低，另外，还需要在准入服务器上登记MAC地址，管理较复杂。对于某些特殊情况，终端用户不想或不能通过输入用户账号信息的方式进行认证时可以采用此认证技术，例如某些特权终端、某些无法通过输入用户账号信息的哑终端设备（如打印机、IP电话机等）希望能"免认证"直接访问网络。

② 802.1X 认证

802.1X 协议是一种基于端口的网络接入控制协议，用于在局域网接入设备的端口上验证用户身份。802.1X 认证需要在终端上安装认证客户端，在认证客户端上输入用户名和密码等账号信息，通过认证客户端、准入设备以及准入服务器之间的协议交互，完成用户身份的认证和校验。802.1X 认证使用 EAP（Extensible Authentication Protocol，可扩展认证协议）进行认证信息交互，EAP 可以在数据链路层运行，与 IP 地址无关，因而 IPv4 网络升级到 IPv6 网络时802.1X 认证技术不受影响。

③ Portal 认证

Portal 认证通常也称为 Web 认证，Portal 认证不需要在终端上安装客户端软件，认证方式灵活，认证页面可定制，对于访客和出差用户 Portal 认证是很好的选择。用户首次接入网络时，Portal 服务器给终端推送 Portal 认证页面，用户必须在 Portal 认证页面输入用户和密码等账号信息进行认证，通过 Portal 服务器、准入设备以及准入服务器之间的协议交互，完成用户身份的认证和校验。如果未认证成功，仅可以访问特定的网络资源，认证成功后，才可以访问其他网络资源。Portal 认证在终端发起 Web 访问过程中执行，因此 Portal 认证在终端获取到具体的IP 地址之后才可以执行，也就是在 IPv6 改造中，Portal 认证协议必须支持 IPv6。

④ RADIUS 协议交互

准入设备作为认证节点统一处理 MAC、802.1X、Portal 认证报文，准入设备作为 RADIUS 客户端，统一将认证报文转换为标准 RADIUS 报文，并与准入服务器交换报文。如果企业园区网络演进到 IPv6，需要支持 IPv6 RADIUS 报文交互。

2. 接入认证设计

企业园区网络演进过程必然要经历 IPv4 单栈、IPv4/IPv6 双栈，最终到 IPv6 单栈的 3 个阶段，故当前网络接入控制必须考虑单次接入认证，同时放行 IPv4、IPv6 两种流量，也就是用户认证通过后，无论用户是 IPv4 单栈、IPv4/IPv6 双栈还是 IPv6 单栈，策略控制器能够针对用户的 IPv4、IPv6 地址下发授权策略。

如图 8-9 所示，针对传统园区网络和 VXLAN 园区网络两种网络架构，接入点、认证点和策略执行点的部署稍有不同，具体方案如下。

网络接入点部署在网络最边缘位置，确保未完成准入认证的终端访问范围最小化。有线网络接入点部署在接入交换机上，无线网络接入点部署在 AP 上。

对于传统园区网络，有线接入设备认证点和策略执行点部署在网关上，一般为汇聚交换机，而无线接入设备认证节点、策略执行点部署在 WAC 无线网关上。对于 VXLAN 园区网络，有线接入设备认证点和策略执行点部署在边缘接入节点，无线接入设备认证节点、策略执行点部署在 WAC 无线网关上。

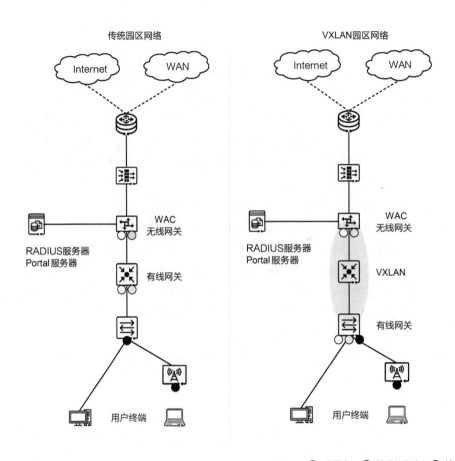

传统园区网络　　　　　　　　　　　VXLAN园区网络

○ 认证点　　○ 策略执行点　　● 接入点

图 8-9　IPv6 网络接入控制架构

对于一般企业内部有线用户，建议采用802.1X接入认证方案，无线接入用户建议采用Portal+MAC无感接入方案，对于哑终端建议采用MAC认证方案。

认证点和认证服务器间采用RADIUS协议，认证点监听用户的IPv6地址和MAC地址信息，通过RADIUS报文将用户的信息上报给RADIUS服务器，实现对用户上线信息的记录。针对临时IPv6地址场景，认证点需实时基于新IPv6地址的DAD报文，触发上报用户新的IPv6地址信息。通过以上方案，RADIUS服务器可以记录详细的用户上线信息，满足审计溯源的要求。

策略管控常采用本地配置静态ACL策略、通过准入服务器动态授权策略和安全组策略。如果采用准入服务器动态授权策略，对于双栈的IPv4、IPv6用户，无论是通过IPv4地址还是IPv6地址，完成接入认证鉴权后（在双栈网络过渡阶段，RADIUS服务器和RADIUS客户端之间的报文交互可选择采用IPv4

或IPv6报文交互，但RADIUS报文需具备携带终端的IPv4、IPv6地址信息的能力），需要同时完成对IPv4、IPv6流量策略下发。如华为企业园区IPv6网络方案将iMaster NCE控制器作为准入服务器，动态完成对IPv4/IPv6双栈用户的策略下发，具体回显如下所示。

```
<HUAWEI> display access-user user-group 65650
 --------------------------------------------------------------------

Basic:
  User ID                     : 65650
  User name                   : test
  Domain-name                 : ac99
  User MAC                    : e435-c87b-ha37
  User IP address             : 192.100.1.110
  User vpn-instance           :
  User IPv6 address           : 2012::1D8C:7A9B:EA29:C0DD
  User IPv6 address           : 2012::AD1D:15BB:BC62:B8F5
  User IPv6 address           : FE80::45A4:2247:7065:1261
  User IPv6 address           : 2012::45A4:2247:7065:1261
  User IPv6 address           : FE80::45A4:2247:7065:1261
  User access Interface       : GigabitEthernet0/0/22
  User vlan event             : Success
  QinQVlan/UserVlan           : 0/101
  User vlan source            : user request
  User access time            : 2021/09/08 14:35:02
  User accounting session ID  : 5720_HI0002200000010144****0200072
  User access type            : 802.1x
  Terminal Device Type        : Data Terminal
  Dynamic ACL ID(Effective)   : 3001
  Dynamic ACLVv6 ID(Effective): 3999
AAA:
  User authentication type    : 802.1x authentication
  Current authentication method : RADIUS
  Current authorization method  :
  Current accounting method     : RADIUS
```

3. 认证服务器设计

AAA、Portal服务器需要支持双栈终端的接入，在现有园区SDN和精细化策略控制的大趋势下，园区推荐部署包含准入能力和安全组策略控制的控制器，该类型的控制器都内置AAA和Portal能力，需要选择具备双栈能力的控制器。如果已有独立的AAA服务器和Portal服务器，则需要确认服务器的如下支持能力。

- 支持IPv6终端认证。
- 支持IPv6终端的Portal页面交互。
- 支持IPv6终端的实时和流量统计（需要能展示IPv6终端的多个IPv6地址）。
- 支持IPv6终端的常用RADIUS授权。
- 性能能够满足现网终端数和并发性能，具备未来平滑扩容的能力以及可靠性能力。

4. 业务随行设计

传统园区网络采用对认证点设备下发VLAN和ACL来控制用户的权限访问，在大型企业网络中往往意味着需要配置大量ACL才可以显示精确的用户权限控制。按照历史经验，一般企业办公场景里，每人平均需要一百多条ACL，而这些策略需要IT人员在所有的接入交换机或者防火墙上进行配置和维护。另外，随着IPv6网络演进，基于IP地址的ACL配置更加复杂，给网络管理和运维带来了更大的工作量。同时，随着企业业务云化、平台化，大型企业组网分布各地，无线网络的建设与推广，企业园区网络的边界在消失，企业员工的办公位置变得更加灵活，BYOD（Bring Your Own Device，携带自己的设备办公）逐渐成为网络发展的一个趋势。这一切的变化都导致员工网络接入位置会出现大范围移动，给用户园区网络权限的精准控制带来更大的挑战，海量的ACL策略并不是一成不变的，当有人员漫游接入需要对策略进行相应的调整时，调整的工作量同样巨大。

面向移动化办公的日常化，从企业的安全要求出发，在网络访问策略受控的前提下，如何实现无论任何员工、任何地点、任何方式、任何时间、任何终端都能接入网络？从业务体验保障的要求出发，如何实现重要的人员在任意地点都能接入网络，能够保障他们接入网络后的体验一致？这就需要网络能够做到员工的访问权限策略随行、员工的体验随身。

业务随行是园区网络中一种不管用户身处何地、使用哪个IP地址，都可以保证该用户获得相同的网络访问策略的解决方案。管理员在配置策略时，无须关心各类用户的IP地址范围，只需关注各类用户与服务器之间的逻辑访问关系。在大型园区网络中采用业务随行方案，通过与拓扑无关的安全组来对用户网络访问权限进行控制，基于自然化语言进行用户策略配置，用户不用关心IP、VLAN这些网络概念，策略由控制器统一部署，易于维护。业务随行将从如下3个方面解决传统园区中遇到的问题。

（1）业务策略与IP地址解耦

管理员可以在控制器上，从多种维度将全网用户及资源划分为不同的"安全组"。园区网络设备在进行策略匹配时,可以先根据报文的源/目的IP地址匹配源/目的安全组,再根据报文的源/目的安全组匹配管理员预定义的组间策略。

通过这样的创新,可以将传统网络中基于用户和IP地址的业务策略全部迁移到基于安全组上来。而管理员在预定义业务策略时,无须考虑用户实际使用的IP地址,实现业务策略与IP地址的完全解耦。

（2）用户信息集中管理

控制器实现用户认证与上线信息的集中管理,获取全网用户和IP地址的对应关系。而网络中的非认证点设备可以根据报文的源/目的IP地址,向控制器主动查询,获取报文的源/目的安全组信息。

（3）策略集中管理

控制器不仅是园区网络的认证中心,同时也是业务策略的管理中心。管理员可以在控制器上统一管理全网策略执行设备上的业务策略。管理员只需配置一次,就可以将这些业务策略自动下发到全网的执行点设备上。这些策略包括权限策略（例如禁止A组访问B组）和体验保证策略（例如控制A组的转发带宽和转发优先级）。

如表8-6所示,给出业务随行方案与传统NAC方案的控制方式、特点,以及应用场景。

表 8-6　园区网络权限控制策略方案对比

策略管控方案	控制方式	特点	应用场景
业务随行方案	安全组 + 组间策略	管理员不用关注 IP、VLAN 划分,通过控制器基于安全组配置用户策略,策略自动下发到所有认证点设备,没有复杂的配置工作	有移动化办公诉求,同一位置不同权限用户混坐；权限策略较复杂
传统 NAC 方案	VLAN+ACL	管理员需规划大量 IP、VLAN、ACL 策略,配置工作量大,扩容或变更复杂；用户移动时访问权限难以控制,优先级、带宽难以保障一致	用户接入位置固定,权限策略较简单

区别于传统基于IP的ACL控制,业务随行是一种基于用户语言的解决方案,将不同类型和权限的网络对象按逻辑划分为不同安全组。安全组就是对"网络中进行通信的对象"进行抽象化、逻辑化而得到的一个集合,管理员通过定义安全组,可以将网络中流量的源端或目的端通过组的形式描述和组织起来。安全组根据表示的网络对象不同,主要分为两大类。

- 动态用户组：需要认证之后才可以接入网络的用户及终端。
- 静态资源组：使用固定IP地址的终端，包括数据中心的服务器、网络设备的接口以及使用固定的IP地址、免认证接入的特殊用户等。

安全组策略是安全组间互访关系的直观反映，规划安全组策略时通常只需要根据两个组是否可以互访，将两者之间的组策略配置为允许或禁止。假设A、C为用户组，B、D为服务器组。需求是A可以访问除了B之外的其他组，C除了D和同组成员外，不可以访问其他组，则安全组策略规划如表8-7所示。

表 8-7 安全组策略规划

安全组	用户组 A	服务器组 B	用户组 C	服务器组 D
用户组 A	允许	禁止	允许	允许
服务器组 B	空	空	空	空
用户组 C	禁止	禁止	允许	允许
服务器组 D	空	空	空	空

随着园区业务智能化、网络IPv6化，海量的智能终端接入使得网络权限管控更加复杂，IPv6地址长度更长、ACL配置更加复杂。业务随行技术在大型企业园区网络上将变得必不可少，其能够进一步简化网络规划、增强控制能力、提高网络管理效率。

| 8.5 园区业务内部网络设计 |

终端及业务应用的IPv6演进诉求驱动园区IPv6网络升级改造，园区网络存在如下几种IPv6部署场景。

- 园区新建网络场景：考虑整体业务演进平滑性，新建园区应首选SDN技术建设IPv4/IPv6双栈网络，满足长期过渡诉求。
- 园区网络扩容场景：新扩容的网络试点IPv4/IPv6双栈网络，原有网络不做变动，避免大规模切换影响过大。
- SDN虚拟化网络IPv6存量场景：在园区网络已经部署了SDN虚拟化网络方案时，Overlay网络升级至IPv4/IPv6双栈网络。
- 传统VLAN IPv6存量场景：优先改造到SDN虚拟化网络并升级至IPv4/IPv6双栈网络。在对业务稳定性要求极高的情况下，可在传统IPv4存量网络场景中升级至IPv4/IPv6双栈网络。

本节以园区新建网络场景为基础，先后介绍SDN园区和传统园区IPv6网络设计，设计过程同时覆盖园区扩容场景、SDN虚拟化网络IPv6存量场景、传统IPv4单栈网络IPv6存量场景。

8.5.1　SDN 园区 IPv6 网络设计

区别于传统网络的部署方式，SDN通过SDN网络控制器对物理网元进行统一编排，以VN（Virtual Network，虚拟网络）的网络模型对物理网络进行逻辑划分，将一个物理网络划分成不同的逻辑网络，逻辑网络之间默认相互隔离，每一个逻辑网络都具备基本的网络特征，如用户接入、子网划分、网络互访等。SDN可以使用传统方案部署，也可以使用隧道方案部署，本节重点介绍隧道方案部署。

隧道技术是将IPv4/IPv6流量封装在隧道中并在网络中基于隧道进行转发，在隧道端点解封装后重新进行路由分发。隧道也分为IPv4隧道和IPv6隧道，IPv4隧道的Underlay网络互通保持现有IPv4方式，通过IPv4/IPv6 over IPv4 VXLAN的技术实现终端IPv4单栈、IPv4/IPv6双栈和IPv6单栈的虚拟网络。而考虑设计模型的继承性，IPv6隧道也可以直接采用VXLANv6的技术实现，IPv6 Underlay网络互通需要部署IPv6地址及相关的路由协议，然后通过IPv4/IPv6 over VXLANv6的技术实现IPv4单栈、IPv4/IPv6双栈和IPv6单栈的虚拟网络。

在基础物理网络完成互联后，需要基于基础网络构建一个或多个虚拟网络。虚拟网络层（Overlay）是在物理层的基础上通过虚拟化技术抽象出来的，对物理层的网络资源进行池化处理，业务层可按需调度网络资源池，创建多个虚拟的逻辑网络。

虚拟网络层涉及的基础概念如下。

- Fabric：通过虚拟化技术构建在物理Underlay拓扑之上的全互联逻辑拓扑。业务网络在Fabric上创建，从而实现业务网络与物理网络的解耦，当业务网络需要调整变化时，不需要改变物理网络的拓扑结构。
- VN：在Fabric上基于业务需求创建的逻辑网络，可以实现业务隔离。在VN中，通过虚拟网络层实现物理网络的共享，通过创建不同的VN即可实现在一套物理网络上创建业务隔离的办公网和安防网。
- Border节点：又称边界网关节点，Fabric与外部网络的边界节点。
- Edge节点：又称边缘节点，是Fabric的边界节点，物理网络层用户终端的数据流量从Edge节点进入Fabric。
- VTEP：VXLAN隧道端点，用于VXLAN报文的封装和解封装。VXLAN

报文中源IP地址为本节点的VTEP地址，VXLAN报文中目的IP地址为对端节点的VTEP地址，一对VTEP地址就对应着一个VXLAN隧道，VTEP地址通常使用设备的Loopback接口地址。

- SRv6：基于IPv6转发平面的隧道技术，其结合了SR的源路由理念和IPv6简洁易扩展的特征。SRv6基于Native IPv6进行转发，与原有IPv6报文的封装结构相同。通过封装IPv6基本报文头实现基于IPv6的隧道转发，并可以通过插入扩展报文头实现基于网络路径、业务和转发的编程。

　　SDN方案又分为集中式网关和分布式网关。集中式网关指一个Fabric园区网络内网关集中部署在Border设备，而分布式网关指一个Fabric园区网络内网关部署在Edge设备，即所有Edge设备都作为其所接入终端设备的网关。在向IPv6演进的过程中，建议采用IPv4/IPv6双栈网关方案部署，同时接入IPv4和IPv6终端，具体如图8-10所示。

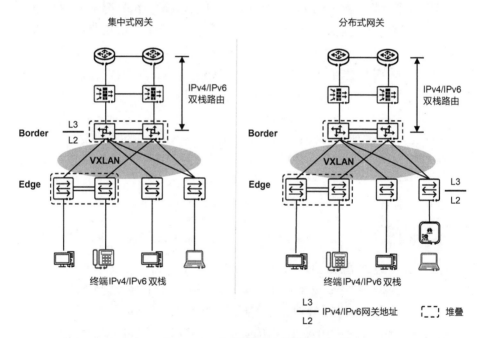

图 8-10　SDN 园区 IPv6 网络设计

1. 虚拟网络子网设计

　　虚拟网络通常按照网络类型划分，如办公网、视频网、安防网等。如图8-11所示，每个虚拟网络可以规划多个子网，每个子网对应一个VLAN，而VLAN的划分则与传统网络设计方案中的VLAN的划分相同，可根据楼层位置、终端类型或者部门结构进行分类，同一个VLAN内划分一个IP地址段，可以是IPv4地址段，也可以是IPv6地址段，或者同时部署IPv4/IPv6双栈。建议同一个虚拟网络中同一类型的终端（如PC、IP电话机）尽量采用一个子网网段，逻辑清晰，方便管理。

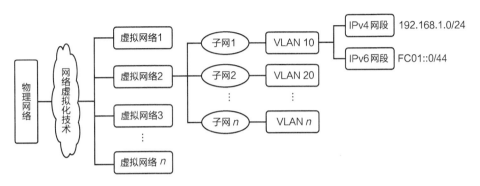

图 8-11　虚拟网络子网规划设计

（1）VN划分设计

在园区网络虚拟化方案中，每个VN对应一个VPN实例，一个VN中可以包含多个子网，同一VN内的用户之间默认可以互通，不同VN之间的用户默认是隔离的。VN的规划通常依据以下原则。

- 独立的业务部门或者业务网络类型作为一个VN。例如在校园网中，访客业务、教学业务、IoT业务、视频监控业务等可以划分成独立的VN。
- 同一业务部门或者业务网络内用户身份差异导致的隔离诉求建议不要通过VN来满足，如果将此类用户划分到不同的VN，虽然可以做到用户之间的隔离，但会导致VN划分的原则和互访关系混乱，难以控制，而且VN数量也会非常多。此时，建议同一部门用户划分到同一个VN内，部门内不同用户身份差异导致的隔离诉求通过划分用户组、控制用户组之间的访问策略来实现。

（2）VN接入设计

① 根据VLAN进入VN

Edge节点是业务数据从物理网络进入VN的边界点，根据用户所属的VLAN进入不同的VN。因此在设计网络时，需要先规划好物理网络的VLAN和VN的映射关系，同时规划好有线用户和无线用户的VLAN。

有线用户流量根据VLAN接入虚拟网络，而对于无线用户，不同的转发模型进入VN的方式会有所不同：如果采用集中式转发，无线用户流量经过CAPWAP隧道转发至WAC，WAC解封装CAPWAP报文后，再根据无线用户所属的VLAN进入对应的VN；如果采用本地直接转发，无线用户流量在进入AP

后，直接转换成以太网报文并携带业务VLAN进入对应的VN。

② VLAN类型选择

用户接入VLAN的类型主要包括静态VLAN和动态授权VLAN两种，在VN内配置用户网关和子网时需要选择VLAN类型。表8-8列出了两种接入类型的对比和适用场景。

表 8-8　静态 VLAN 和动态授权 VLAN 接入对比

VLAN 的接入类型	实现过程	适用场景
静态VLAN	有线接入：在交换机连接有线用户终端的端口上配置静态 VLAN； 无线接入：在 SSID（Service Set IDentifier，服务集标识符）下配置静态的业务 VLAN	适用于终端接入位置固定、不认证的场景，这种接入类型更安全，但是缺乏灵活性，当终端位置发生变化时，需要重新配置
动态授权VLAN	有线接入：用户认证通过后，授权结果包含 VLAN 信息，将其下发到对应的接入端口； 无线接入：用户认证通过后，授权结果包含 VLAN 信息，将其下发到对应的SSID	动态授权 VLAN 是结合用户认证流程下发 VLAN 信息的，适用于任意位置接入且需要认证的场景，这种接入类型灵活性高，当终端位置变化时，不需要修改配置。动态接入的自动化程度更高，管理和使用更方便，推荐使用

VLAN类型选择时的适用场景说明及注意事项如下。

• 动态授权VLAN适用于认证控制点在接入交换机或者认证控制点与接入交换机间部署策略联动的场景。

• 动态授权VLAN适用于MAC和802.1X认证。如果Portal认证采用动态授权VLAN，需要用户二次上线，不推荐使用。

• 动态授权VLAN可以选择采用VLAN池方式创建子网，自动分配VLAN池内的VLAN给端口，适用于高密接入场景。VLAN池内的子网划入同一个虚拟网络。

• 对于下联端口有话机或者视频会议终端的场景，可以在端口上配置语音VLAN或视频VLAN，为话机或视频会议终端提供单独的语音VLAN或视频VLAN接入。

2. 虚拟网络互访设计

VN之间的互访，可以通过Border或外部网关实现。

• 通过Border互访：两个VN如果属于相同的安全区域，安全控制需求比较低，可以直接在Border上互访。另外，可以结合业务随行策略进行权限控制。要实现不同VN的互通，需要在Border上引入彼此可访问的网段路由，具体如图8-12所示。

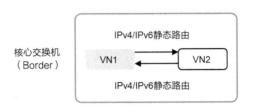

图 8-12　VN 之间通过 Border 直接互访

- 通过外部网关互访：两个VN如果属于不同的安全区域，安全控制需求高，建议在外部网关防火墙上进行互访，同时在防火墙上配置安全区域策略进行权限控制，具体如图8-13所示。

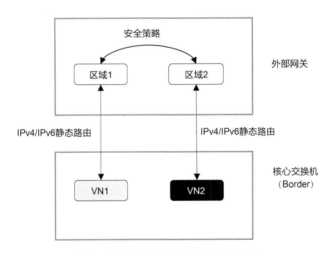

图 8-13　VN 之间通过外部网关进行互访

8.5.2　传统园区 IPv6 网络设计

传统园区网络采用VLAN组网，具有以核心交换机为根的树形网络结构，网络可以分为接入层、汇聚层以及核心层，根据网络规模的大小选择二层组网或三层组网。

园区网络内根据不同的VLAN划分不同的子网。表8-9给出了传统园区网络VLAN划分示例。根据终端类型或者部门划分VLAN与按照楼层位置划分VLAN类似。

表 8-9　传统园区网络 VLAN 划分示例

楼栋	位置	VLAN ID	子网 IP 地址	备注
楼 A	一层	10	IPv4：192.168.1.0/24 IPv6：FD01:1::/64	每个楼层根据用户数量规划至少一个 VLAN，每个 VLAN 同时支持 IPv4 和 IPv6 终端接入
	二层	20	IPv4：192.168.2.0/24 IPv6：FD01:2::/64	
	三层	30	IPv4：192.168.3.0/24 IPv6：FD01:3::/64	

　　终端网关通常部署在核心交换机，接入交换机和汇聚交换机采用VLAN透传。为满足IPv6业务接入需求，在网关接口上同时配置IPv4、IPv6网关地址以支持双栈业务。为保障交换机网元和链路的可靠性，在接入交换机、汇聚交换机和核心交换机部署双机堆叠，链路采用跨设备的Eth-Trunk，在保障可靠性的同时也避免二层环路。

　　园区网络出口路由可部署静态路由或者动态路由，用于传统园区网络和外部网络之间IPv4/IPv6的路由信息交互。其中，动态路由可以选择OSPFv2/OSPFv3、IS-ISv4/IS-ISv6或者BGP。

　　园区传统组网的IPv6方案设计如图8-14所示。

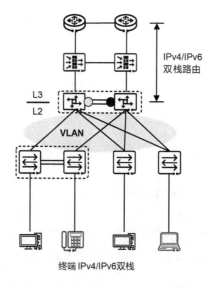

图 8-14　园区传统组网的 IPv6 方案设计

8.5.3　园区网络路由设计

网络路由设计包括Underlay网络路由设计、Overlay网络路由设计以及园区网络出口路由设计。本节主要介绍不同网络的路由设计，以及在互通前需要规划哪些地址资源。

在进行网络配置前，建议提前规划表8-10所示的地址资源。

表 8-10　地址资源规划与建议

分类	规划建议
管理 IP 地址	主要用于网络设备与网络控制器互通或者本地登录。建议根据管理 VLAN 划分原则，同一管理 VLAN 下的设备采用同一个 IP 地址段。针对不同层次及功能区的网络设备，管理 IP 地址规划如下。 •网络管理区服务器管理 IP 地址。 •网络管理区交换机管理 IP 地址。 •出口网络设备管理 IP 地址（建议复用业务接口作为管理接口，可不单独规划）。 •核心交换机管理 IP 地址。 •汇聚层以下的设备管理 IP 地址
互联 IP 地址	互联 IP 地址是指两台网络设备相互连接的接口所需要的地址。互联地址推荐使用 30 bit 掩码的 IPv4 地址构建 IPv4 Underlay 网络，使用 127 bit 掩码的 IPv6 地址构建 IPv6 Underlay 网络，核心设备使用较小的地址。互联地址通常要聚合后发布，在规划时要充分考虑使用连续的可聚合地址。园区网络虚拟化方案中，Underlay 网络和 Overlay 网络都需要使用 IP 地址互联。 •Underlay 网络：主要包含核心交换机与网络管理区互联 IP 地址（一般互联的 VLANIF 接口复用核心层管理 VLANIF 接口）、出口网络互联 IP 地址、核心层及以下设备互联 IP 地址。 •Overlay 网络：主要包含作为 Border 的核心交换机与外部网络互联 IP 地址，作为 Border 的核心交换机与网络服务资源互联 IP 地址
业务 IP 地址	业务 IP 地址是服务器、业务终端以及网关的地址。网关地址推荐统一使用相同的末位数字，如 :.254 表示 IPv4 网关，FC02::1 表示 IPv6 网关。各业务地址范围要清晰区分，每一类业务终端地址连续、可聚合。考虑广播域范围及规划的简易程度，建议为每个 IPv4 业务地址段预留 24 bit 掩码的地址段。如果业务终端超出 200，再为其顺延 24 bit 掩码的地址段，而 IPv6 业务地址统一使用 64 bit 掩码的地址段
Loopback 接口地址	Loopback 接口地址被指定为报文的源地址，可以提高网络可靠性。园区网络虚拟化方案采用 VXLAN 技术，其控制平面通过 BGP EVPN 进行交互，需要使用 Loopback 接口在 VTEP 的 Border/Edge 间建立 BGP 对等体。在构建 IPv6 隧道时，Loopback 地址需要分配 128 bit 的 IPv6 地址，用于在 Border 和 Edge 之间创建 BGP 对等体，通过 BGP EVPN 建立 IPv6 隧道和传递用户及业务信息

1. 园区Underlay网络路由设计

Underlay网络是SDN园区基础转发网络，指的是物理基础层。隧道技术将已有的物理网络作为Underlay网络，在其上构建出虚拟的二层或三层网络，即Overlay网络，因此Underlay网络又称为Overlay的基础网络。

① 对于IPv4 Underlay网络路由设计的需求（VXLANv4组网）

在建立VXLAN隧道时，必须要求两个端点间的VTEP地址互通，即需要通过Underlay路由打通VTEP地址。

在进行VXLAN报文封装时，原始报文在封装过程中先被添加一个VXLAN头，再被封装在UDP（User Datagram Protocol，用户数据报协议）报文头中，并使用基础网络的IP地址、MAC地址作为外层头进行封装，其中基础网络的IP地址就是VXLAN端点设备的IP地址，VXLAN报文转发时会查找VTEP路由。因此必须先实现VXLAN中不同VTEP设备之间的网络互通，才能支撑VXLAN封装转发功能。

② 对于IPv6 Underlay网络路由设计的需求（VXLANv6组网）

对于基于IPv6 Unerlay的园区网络，建议部署VXLANv6隧道，通过VXLANv6隧道构建Overlay网络，打通东西向及南北向业务。

VXLANv6隧道与VXLANv4隧道的Unerlay网络路由要求是一致的。通过部署IPv6建立网络设备之间的邻居关系，传递设备之间的IPv6 Underlay路由，其中包括设备互联地址、Border和Edge设备的IPv6 VTEP地址。

由于园区网内部路由节点不是特别多，涉及的路由节点仅为核心层Border节点、汇聚层及接入层Edge节点，建议使用OSPFv2作为园区内IPv4 Underlay网络的路由协议，使用IS-ISv6或者OSPFv3作为IPv6 Underlay网络的路由协议。

说明：Underlay网络路由协议部署到汇聚层还是接入层，取决于虚拟网络的网络方案设计，都可以支持、承载对应的虚拟网络。

OSPFv2作为IPv4 Underlay网络路由协议的部署方案要求如下。

- 路由域编排范围：覆盖Fabric组网中Border与Edge间的所有交换机。如果Fabric采用VXLAN到汇聚交换机，则为所有的汇聚交换机和核心交换机；如果采用VXLAN到接入交换机，则为所有的接入交换机、汇聚交换机和核心交换机。
- 区域规划：单域编排，所有交换机都会规划到Area 0，当网络路由区域规模小于等于100台交换机时推荐单域编排。多域编排，核心交换机规划到Area 0，当网络路由区域规模大于100台交换机时推荐多域编排。核心交换机每个下行VLANIF接口及其级联的汇聚交换机、接入交换机，规划到Area 0之外的一个Area。

- 互联VLAN和IP规划：所有交换机之间规划不同的VLANIF接口实现互联，互联的二层链路接口放通相应的VLAN，互联VLANIF分配互联IPv4地址。
- VTEP互联规划：Border和Edge节点的交换机创建LoopBack0接口，LoopBack0的IP地址为32 bit掩码，通过OSPFv2发布路由。该IP地址同时作为VXLAN中的VTEP地址，并用于建立BGP EVPN对等体。

OSPFv2作为IPv4 Underlay网络路由协议的设计如图8-15所示。

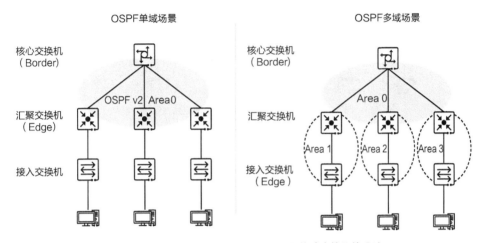

图 8-15　OSPFv2 作为 IPv4 Underlay 网络路由协议的设计

OSPFv3/IS-ISv6作为IPv6 Underlay网络路由协议的部署方案要求如下。

- 路由编排域范围：覆盖Fabric组网中Border与Edge间的所有交换机。如果Fabric采用VXLANv6到汇聚交换机，为所有的汇聚交换机和核心交换机；如果采用VXLANv6到接入交换机，则为所有的接入交换机、汇聚交换机和核心交换机。
- 区域规划：单域编排，可以将全网划分在一个IS-IS Level-2内。在分层设计时，核心层划分为Level-2，汇聚层划分为Level-1-2，接入层划分为Level-1。
- 互联接口IPv6规划：所有交换机之间规划不同的VLANIF接口实现互联，互联的二层链路接口放通相应的VLAN，互联VLANIF分配互联IPv6地址。
- Loopback地址规划：Border和Edge节点的交换机创建LoopBack0接口，LoopBack0的IPv6地址的掩码为128 bit，用于建立BGP EVPN对等体及VXLANv6源地址。

IS-ISv6作为IPv6 Underlay网络路由协议的设计如图8-16所示。

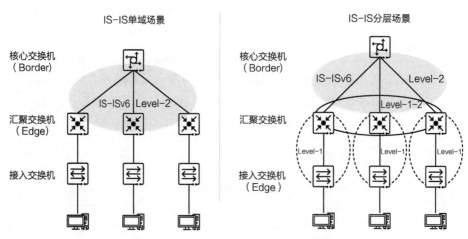

图 8-16　IS-ISv6 作为 IPv6 Underlay 网络路由协议的设计

2. 园区Overlay网络路由设计

Overlay是一种在网络架构上叠加的虚拟化技术，其大体框架是在不对基础网络进行大规模修改的条件下，实现应用在网络上的承载，并能与其他网络隔离。Overlay网络是建立在已有网络上用逻辑节点和逻辑链路构成的网络。Overlay网络具有独立的控制平面和转发平面，对连接在Overlay边缘设备之外的终端系统来说，物理网络是透明的。简单来说，Overlay网络是将已有的物理网络（Underlay网络）作为基础网络，在其上建立可叠加的逻辑网络，实现网络资源的虚拟化。

（1）Overlay网络路由设计要求

独立控制平面，动态建立VXLAN隧道。传递用户侧网络路由（包括MAC地址、IP地址、ND等信息）用于指导转发，实现网络通信。

（2）Overlay网络路由选择

EVPN是一种用于网络互联的VPN技术。EVPN技术采用类似BGP/MPLS IP VPN的机制，在BGP的基础上定义了一种新的NLRI，即EVPN NLRI。EVPN NLRI定义了几种新的BGP EVPN路由类型，用于处在网络的不同站点之间的MAC/IP地址学习和发布，在进行IPv6演进时仅需要使能IPv6能力，无须特殊改造。

原有的VXLAN实现方案没有控制平面，是通过数据平面的流量泛洪进行主机信息（包括IP地址、MAC地址、VNI、网关VTEP IP地址）学习的，这种方式导致VXLAN存在很多泛洪流量。为了解决这一问题，VXLAN引入EVPN作为控制平面，通过交换BGP EVPN路由实现VTEP的自动发现、主机信息相互通告等功能，从而避免了不必要的数据流量泛洪。

EVPN通过扩展BGP新定义了几种新的BGP EVPN路由类型，这些BGP EVPN路由可以用于传递主机信息，因此EVPN应用于Overlay网络中，可以使VTEP发现和主机信息学习从数据平面转移到控制平面。

（3）Overlay网络路由部署方案

第一步：将Fabric内所有Border节点和Edge节点划分到同一个BGP域内，建立iBGP对等体。

第二步：设计RR，将核心层Border设计为EVPN RR，其他所有汇聚Edge节点作为客户端建立BGP EVPN邻居，避免Edge节点之间BGP full-mesh连接造成不必要的性能消耗。

第三步：Edge节点作为隧道的端点，可以设置在汇聚交换机或者接入交换机。当设置在汇聚交换机时，建议汇聚交换机与接入交换机之间部署策略联动。

基于BGP EVPN的Overlay网络路由方案设计如图8-17所示。

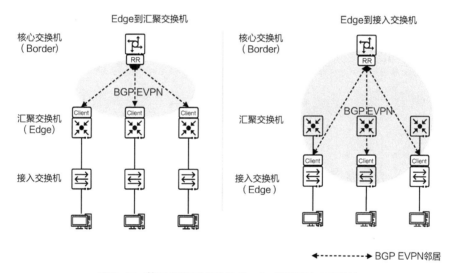

图 8-17　基于 BGP EVPN 的 Overlay 网络路由方案设计

3. 园区网络出口路由设计

园区网络出口路由用于园区网络内部与外部网络之间的路由信息互通，考虑园区网络内IPv4和IPv6终端同时部署，需要园区网络出口路由部署IPv4/IPv6双栈。

园区网络外部出口路由通常有两种部署模式。

· 模式1：如图8-18所示，在核心交换机与出口路由器之间仅通过一个接口互通时，在核心交换机上创建本地VRF，并通过该本地VRF与外部网络互通，同时园区网络内部每个VPN通过与本地VRF互通（可部署静态IPv4/IPv6路由互引）达到与外部网络互通的目的。

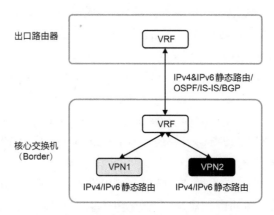

图8-18　园区外部网络出口路由设计（模式1）

• 模式2：如图8-19所示，在核心交换机与出口路由器之间可通过多个逻辑接口互通时，园区网络内每个VPN通过本地出口独自与外部网络互通，通过IPv4/IPv6双栈路由互通。

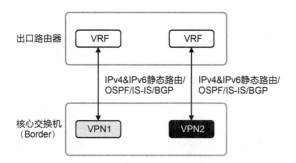

图8-19　园区外部网络出口路由设计（模式2）

|8.6　园区业务质量保障设计|

以上各节介绍了园区网络方案设计及相关IT系统的部署设计，网络基本的业务互访能力可以满足用户办公、看视频、上网等需求。但在实际的应用场景中，由于不同业务系统对网络的要求不同，需要园区网络能够针对特定业务系统进行质量保障，在网络状况不好、流量突发拥塞的情况下，优先保障高优先级的业务质量。

8.6.1 QoS 保障

IPv6 QoS与IPv4 QoS的实现及方案区别不大，都是通过报文头中的流量类型标记业务报文的优先级，然后基于优先级完成相应的业务流量调度。因此，在IPv6改造中可沿用原有的业务调度策略。

1. 有线调度策略

有线网络传统QoS设计的基本原则是在不同DS（DiffServ，差分服务）域的边界处进行报文标记/重标记，并进行带宽控制。在同一DS域内部的设备通常只需要按照边界设备的标记进行队列调度。通常部署业务主要分为接入层流量识别、汇聚层/核心层DS部署、出口设备带宽控制3个部分。

（1）接入层流量识别

接入交换机作为边界交换机，在用户侧需要承担数据流的识别、分类以及流标记的工作，在实际部署的时候，接入交换机上不同的端口接入不同的终端，在接入交换机上可以通过手动配置或动态授权的方式给不同的业务分配不同的优先级，然后网络侧按优先级进行调度。

（2）汇聚层/核心层DS部署

汇聚层和核心层的设备端口信任DSCP或802.1p，基于接入层标识的优先级实施调度策略，保证高优先级业务优先获得调度，交换机端口需要配置信任802.1p或者DSCP。

（3）出口设备带宽控制

对于出口设备，同样作为DS域，信任设备标识的DSCP或802.1p参数，实施QoS策略。在出口设备的WAN口上，由于受限于出口带宽，WAN口带宽参数设置需要考虑差异性。另外，根据企业广域网络搭建方式不同，出口设备的QoS策略也不同。

- 广域网络QoS可由企业自身管理，包括企业自建广域网络、租用光纤建立专线、广域网络设备配置企业制定的QoS策略。此时，园区网络出口设备或PE设备无须对流量进行边界重标记，继承原有QoS标记即可。
- 广域网络QoS不受企业自身控制，主要指企业租用运营商的专网，且运营商不信任企业网络所做的报文标记，或者双方对相同报文标记的定义不同。此时，园区网络出口设备可能需要对流量进行边界重标记。

2. 无线调度策略

由于WLAN效率普遍比有线网络的低，无线终端的体验更加敏感，因此针对无线终端的QoS策略，建议考虑如下设计。

- 按照实际业务需要，限制单用户的最大带宽使用。同时，如果规划了多个SSID，对于非关键SSID，可限制该SSID的总带宽使用。
- 在高密场景，用户对信道的抢占非常激烈，导致每个用户的上网质量变差，通常建议开启如下两个功能。

用户接入控制CAC（Call Admission Control，呼叫准入控制）功能，基于射频的信道利用率、在线用户数目或终端信噪比，设置门限值控制用户的接入，以保证在线用户的上网质量。

动态调整EDCA（Enhanced Distributed Channel Access，增强型分布式信道访问）参数的功能，动态调整EDCA参数通过感知用户数量，灵活调整物理信道竞争参数，降低碰撞概率，大大提升整体吞吐量，有效改善用户体验。

- 为促使终端（特别是黏性终端）能够重新关联或者漫游到信号更好的AP上，可开启快速强制用户下线功能，迫使低信噪比或者低速的终端下线。
- 对组播业务体验要求高的场景，为避免网络中低速终端对组播业务的影响，建议开启组播转单播功能，以提高组播业务的体验（例如高清视频点播业务）。
- 需要保障VIP用户体验的场景，建议开启VIP用户优先接入功能，以实现VIP优先接入、调度和带宽保障。

WLAN QoS需要考虑与有线网络报文优先级的映射关系，例如终端发出的802.11报文中携带UP优先级或DSCP优先级，有线网络中的VLAN报文使用802.1p优先级，IP报文使用DSCP优先级。为了保持报文在有线/无线网络中按照一致的QoS调度，需要在设备上配置优先级字段的映射关系。

3. 典型业务的调度模型设计

不同企业对数据的重要程度认识不同，例如，门户网站认为Internet访问流量、网络游戏流量为重要业务；在金融系统中，Internet访问及网络游戏的流量可能被定义为垃圾流量。因此，在实际网络中，应该根据每个企业的实际业务类型以及企业对各项业务的QoS诉求进行设计、部署。如表8-11所示，根据工程经验给出了通用办公场景的调度模型设计方案，可供设计人员参考。

表8-11 调度模型设计建议

应用类型	典型应用或协议	服务等级	队列（优先级）	调度算法	最大带宽
信令与控制	路由协议；网管协议/多媒体协议信令	CS6	6	PQ（Priority Queuing，绝对优先级）	不限制

续表

应用类型	典型应用或协议	服务等级	队列（优先级）	调度算法	最大带宽
实时交互多媒体	VoIP； 多媒体会议； 桌面云	EF	5	PQ	接口可用带宽 ×30%
按需订阅多媒体、关键业务	在线视频； 视频直播或组播； 企业自身要求的低时延、高稳定性的重要网上实时交互业务（如 ERP、网上下单等）	EF	4	WDRR（Weighted Deficit Round Robin，加权差分轮询）：权重为 20	不限制
其他业务	企业的日常普通网上业务（如 Mail、Web 浏览等）	BE	0	WDRR：权重为 20	不限制

8.6.2 应用识别与体验分析

传统流量分类技术只能检测 TCP/IP 栈 4 层以下的内容，包括源 IP 地址、目的 IP 地址、源端口、目的端口以及报文类型等，而无法分析出报文的应用，此时就需要借助应用识别和体验分析技术。

1. 应用识别

SAC（Smart Application Control，智能应用控制）是一个智能的应用识别与分类引擎，它对报文中的第 4～7 层内容和一些协议[如 HTTP（Hypertext Transfer Protocol，超文本传送协议）、FTP、RTP（Real-time Transport Protocol，实时传输协议）]进行检测和识别，是业务感知技术的基本技术。不同的应用程序通常会采用不同的协议，不同的应用协议具有各自的特征，这些特征可能是特定的端口、特定的字符串或者特定的位序列，能标识该协议的特征称为特征码。特征识别技术即通过匹配数据报文中的特征码来确定应用。协议的特征不仅在单个报文中体现，某些协议报文的特征还分布在多个报文中，需要对多个报文进行采集分析，才能够识别出协议类型。系统对流经设备的业务流进行分析，将分析结果与已加载到设备上的特征库进行对比，通过匹配数据报文中的特征码来识别出应用程序，根据识别结果进行进一步应用质量分析与 QoS 保障策略。对网络来说，应用包含 IPv4 和 IPv6 两种类型，针对 IPv6 应用，需要设备支持并开启应用识别和应用体验分析的能力。

在园区网络中，SAC 功能部署的位置如图 8-20 所示。有线用户的应用流量在接入交换机上进行识别；无线用户的应用流量直接转发时在 AP 上进行识别，采用隧道转发时既可以在AP上识别也可以在独立WAC上进行识别。

SAC功能能够支持识别应用的范围取决于设备支持的特征库,当前业界设备的一些主流应用都能够被准确识别。但是,在实际的使用过程中,往往存在着一些企业内的私有应用,如果应用特征库无法覆盖,则这些私有应用就无法被有效识别。此时,用户可以通过自定义应用规则的方式,来设定应用的关键五元组或URL(Uniform Resource Locator,统一资源定位符)信息,标识一些企业内部应用。

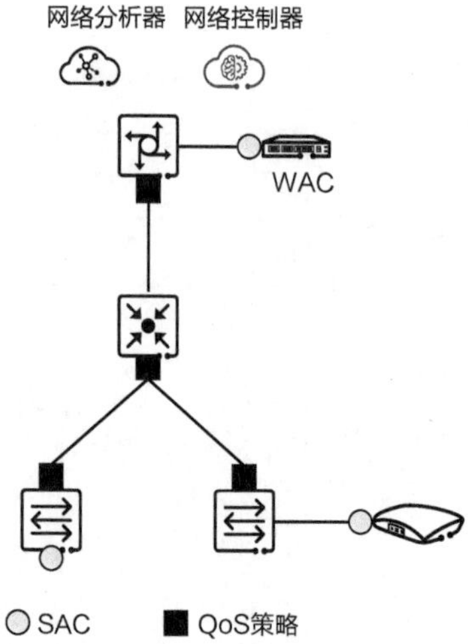

2. 应用体验分析

应用体验分析是通过eMDI(enhanced Media Delivery Index,增强型媒体传输质量指标)技术对数据流的丢包、时延、抖动等指标进行统计,并依据通信信息来计算MOS(Mean Opinion Score,平均评定评分)(根据RFC 4594的描述,不同的应用类型对丢包、时延、抖动的要求不同,因此会计算出不同的MOS)。用户可以通过指定应用(依赖SAC的特征库识别或自定义规则)来开启应用体验分析。如图8-21所示,应用体验分析只能部署在接入交换机的边缘口和AP上,如果接入交换机的端口下挂AP,则应用体验分析应该部署在AP上。

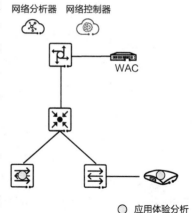

图 8-20　SAC 功能部署位置

图 8-21　应用体验分析部署位置

8.6.3　网络切片

园区网络在进行IPv6改造时,考虑到网络建设成本,大多会设计多网融合的目标架构,即通过"一张网"建设,支撑多种业务融合部署,如有线网络与无线网络融合、办公网络与生产网络融合等。网络融合后,为达到原有的专网隔离效果,避免不同业务之间相互影响,需要有一种能够隔离不同类型业务的机制,以提供独立的网络资源服务能力和业务质量保障能力。最简单的方式之一就是通过不同物理接口的隔离来区分不同业务。但是随着园区网络内交换机大速率端口的持续演进,短期内没有任何一种类型的业务流量能够独占大速率端口带宽,这时可通过网络切片技术实现不同类型业务的隔离。

如前文所述,网络切片是指在一个共享的网络基础设施上提供多个资源隔离的逻辑网络(切片),每个逻辑网络服务于特定的业务类型或者行业用户。每个网络切片都可以灵活定义自己的逻辑拓扑、SLA需求、可靠性和安全等级,以满足不同业务、行业或用户的差异化需求。切片接口在园区网络中主要应用于终端接入与接入交换机、汇聚交换机以及核心交换机之间的链路互联,来满足不同业务应用的带宽要求。

园区的网络切片实现原理与2.4节介绍的相同,主要包含如下两个关键配置。

- 网络切片接口:通过切片隔离技术,规划者分配独立队列和带宽资源给相应的切片,从而将网络划分为多个网络切片。切片之间带宽严格隔离,但又能通过配置灵活调整,从而提供灵活的细粒度的接口资源预留方式。
- Slice ID:Slice ID是网络切片的核心要素,在同一个物理网络中,每个网络切片作为一个切片实例,需要分配Slice ID,通过Slice ID进行标识和隔离,并在接口预留带宽转发资源时,绑定相应的网络切片实例。在报文转发过程中,需要将报文基于Slice ID将报文映射到不同的网络切片资源中。因此,在业务转发流量中需要携带Slice ID信息,其中Slice ID长度为32 bit。当园区网络采用SRv6封装时,可以将Slice ID携带在IPv6的hopbyhop头中,以实现逐跳处理。当园区网络采用VXLAN封装时,采用VXLAN的扩展头携带Slice ID信息。

根据以上元素,在各个转发节点上的切片预留和配置如下。

```
[HUAWEI]network-slice instance 100    //指定切片实例对应的Slice ID为100
[HUAWEI]interface gigabitethernet 1/0/0   //进入指定物理接口
[HUAWEI-GigabitEthernet1/0/0]network-slice 100 flex-channel 200   //在该接口
为Slice ID为100的切片实例分配200 Mbit/s带宽资源
```

在完成以上配置后,在入节点配置复杂流匹配策略,匹配五元组、VLAN、端口、VRF、DSCP等信息入网络切片。

```
[HUAWEI] traffic classifier c1 type and
[HUAWEI-classifier-c1] if-match any                        //配置匹配策略
[HUAWEI-classifier-c1] quit
[HUAWEI] traffic behavior b1
[HUAWEI-behavior-b1] network-slice-instance 100            //配置引流到对应
的切片实例
[HUAWEI-behavior-b1] quit
[HUAWEI] traffic policy p1
[HUAWEI-trafficpolicy-p1] classifier c1 behavior b1 precedence 5
[HUAWEI-trafficpolicy-p1] quit
```

配置完成后，园区网络中的报文转发流程大致如下。

第一步：在入节点（如接入节点），基于复杂流引流入网络切片，报文从接入节点转发出去，封装Slice ID和SRv6隧道头或VXLAN隧道头，且在出接口基于Slice ID作切片调度。

第二步：在中间节点，基于报文中携带的Slice ID，在相应出端口作切片调度。

第三步：在出节点（如核心节点），终结SRv6隧道或VXLAN隧道。如果终结隧道后仍需继续转发，可基于报文中携带的Slice ID在出端口作切片调度。

| 8.7 园区 WLAN IPv6 规划设计 |

园区WLAN主要有WAC+FIT AP以及FAT AP+云管理两种组网场景。其中大中型办公园区主要采用WAC+FIT AP的组网方式；部分小型分支机构采用FAT AP的组网方式，同时企业结合云管理模式实现WLAN的用户接入管理、漫游控制、射频调优等功能。因此，在园区网络从WLAN IPv4向IPv6演进的过程中，需要结合WLAN的组网方式进行针对性的改造设计。

对于WAC+FIT AP的组网模式，无线网络需要从以下几个方面进行规划。

1. 管理和转发隧道设计

对于WAC+FIT AP场景，用于管理和集中转发的管理通道即CAPWAP隧道，也需要进行IPv6部署和改造，不同场景的改造建议不同。

对于新建WLAN，WAC与AP之间建议直接采用IPv6地址建立CAPWAPv6隧道。

对于现有WLAN的扩容和改造，如果采用现有WAC扩容和替换AP的场景，需结合WAC规格能力和上线时间制定不同方案。如果在WLAN建设初期，AP上线数量占比较低，且WAC支持CAPWAPv6隧道，建议新增AP与WAC之间采用CAPWAPv6隧道，并最终全部替代为CAPWAPv6隧道，如图8-22所示。对于WLAN已建设至中后期，WAC上线较长时间，且AP已规模部署的情况，可以保持现网在现有CAPWAPv4隧道，随着网络生命周期到期，替换WAC和AP时，完成IPv6管理平面改造。

2. IPv6地址设计

IPv6地址设计分为管理IP地址设计和业务IP地址设计。其中管理IP地址用于WAC与FIT AP之间的通道管理以及WAC的地址管理，该地址主要有以下两种使用场景。

· 用于网络控制器纳管网络设备以及通过CLI或者Web界面登录WAC。

- 用于WAC与外界服务器通信，如RADIUS服务器，在用户接入认证时，通过管理IP与认证服务器交互，获得认证结果和授权。

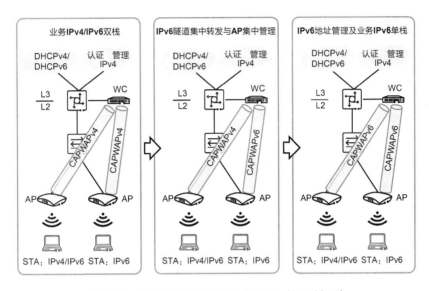

图 8-22　园区 WAC+FIT AP WLAN IPv6 演进规划设计

而业务IP地址是终端设备通过WLAN与外部设备和服务通信所使用的IP地址，WLAN提供对应的业务VLAN和业务网关。

WLAN的管理IP地址和业务IP地址规划建议遵循整体IPv6网络地址规划原则和方案，具体地址规划设计如表8-12所示。

对于FAT AP+云管理的组网模式，WLAN不涉及隧道类型，组网相对简单，其主要完成管理地址规划和业务地址规划，并完成双栈改造。

表 8-12　IPv6 演进过程中涉及的地址规划设计

类别	业务 IPv4/IPv6 双栈	新增 AP 采用 IPv6 管理通道	全面改造，AP 采用 IPv6 管理通道	备注
公共服务	DHCP 服务 · AC 作 为 DHCP 服务器为 AP 分配 IPv4 地址。 · STA IPv4/IPv6 地址可选第三方 DHCP 服务器。 认证服务：RADIUS IPv4	DHCP 服务 · AC 作为 DHCP 服务器为 AP 分配 IPv4/IPv6 地址。 · STA IPv4/IPv6 地址可选第三方 DHCP 服务器。 认证服务：RADIUS IPv4	DHCP 服务 · AC 作为 DHCP 服务器为 AP 分配 IPv6 地址。 · STA IPv4/IPv6 地址可选第三方 DHCP 服务器。 认证服务：RADIUS IPv6	主要用于终端 IP 地址分配、用户接入认证服务等，还包括 DNS 等其他服务

续表

类别	业务 IPv4/IPv6 双栈	新增 AP 采用 IPv6 管理通道	全面改造，AP 采用 IPv6 管理通道	备注
AP 的管理 IP 地址池	IPv4 地址池：10.23.100.2～10.23.100.254/24	IPv4 地址池：10.23.100.2～10.23.100.254/24。IPv6 地址池：FD01::/64	IPv6 地址池：FD01::/64	通常在 AP 接入网络时由 WAC 或者 DHCP 服务器自动分配，用于 AP 设备的管理，WAC 与 AP 之间建立 CAPWAP 隧道
STA 的 IP 地址池	IPv4 地址池：10.23.101.2～10.23.101.254/24。IPv6 地址池：FC02::/64	IPv4 地址池：10.23.101.2～10.23.101.254/24。IPv6 地址池：FD02::/64	IPv6 地址池：FD02::/64	终端的 IP 地址，可采用静态或者动态分配方式
AC 的源接口 IP 地址及管理 IP 地址	IPv4 源接口：10.23.100.1/24（CAPWAPv4）。业务网关地址：10.23.101.1/24（IPv4）；FC02::1/64（IPv6）。管理地址：IPv4 地址	IPv4 源接口：10.23.100.1/24（CAPWAPv4）。IPv6 源接口：FD01::1/64（CAPWAPv6）。业务网关地址：10.23.101.1/24（IPv4）；FD02::1/64（IPv6）。管理地址：IPv4 地址	IPv6 源接口：FD01::1/64（CAPWAPv6）。业务网关地址：10.23.101.1/24（IPv4）；FD02::1/64（IPv6）。管理地址：IPv6 地址	·AC 的源接口 IP 地址是用于 AC 与 AP 建立 CAPWAP 隧道的地址。·业务网关地址是无线终端的网关地址。·管理地址是用于管理 AC 的地址
VAP 模板	名称：wlan-net。转发模式：隧道转发。业务 VLAN：VLAN101。引用模板：SSID 模板 wlan-net、安全模板 wlan-net	名称：wlan-net。转发模式：隧道转发。业务 VLAN：VLAN101。引用模板：SSID 模板 wlan-net、安全模板 wlan-net	名称：wlan-net。转发模式：隧道转发。业务 VLAN：VLAN101。引用模板：SSID 模板 wlan-net、安全模板 wlan-net	不涉及 IPv6 的改造，注意业务 VLAN 的规划需要与对应的子网匹配
其他	AP 组、SSID 模板、安全模板等	AP 组、SSID 模板、安全模板等	AP 组、SSID 模板、安全模板等	不涉及 IPv6 改造

8.8 园区网络出口部署建议

园区网络出口主要分为互联网出口和广域出口。互联网出口直接与ISP的Internet线路对接，IPv4时代，主要通过默认路由的方式访问Internet业务。园区网络广域出口主要用于园区访问总部或多分支园区互访的场景。广域网络包含企业自建骨干网的情况或者企业租用运营商MPLS VPN线路/Internet线路，通过IPsec VPN隧道/SD-WAN互访的场景。

园区网络出口区一般会部署出口路由器和防火墙。路由器解决内外网互通的问题,防火墙提供边界安全防护能力。根据园区网络出口流量规模、路由规模和线路等情况,部分园区网络也可以只部署防火墙,此时防火墙兼作路由器。因此通常会有图8-23所示的两种组网模型(组网1是路由器作出口,组网2是防火墙作出口)。

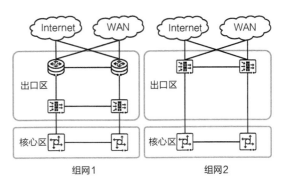

图 8-23　出口组网拓扑

此外,为了保证可靠性,两种组网均推荐出口路由器和防火墙采用冗余备份部署。

具体采用组网1和组网2的考虑因素如下,如果符合以下条件之一,则建议选择组网1模型。

- 出口的链路类型:如果出口区运营商提供的链路类型为EI、CE1、CPOS等非以太网的链路,考虑到路由器支持的接口类型比防火墙更为丰富,建议选择路由器作出口。
- 接口数量和密度:如果出口设备不仅要和Internet互联,还要和合作单位或分支机构通过多条专线互联,考虑到路由器支持的接口数量和密度更高,建议选择路由器作出口。
- 协议类型:如果出口设备与外部网络间运行动态路由协议(如BGP),考虑到路由器的路由表规模和性能更强大,同时考虑到在出口设备上需要部署多种路由策略,建议选择路由器作出口。
- QoS需求:如果需要在出口设备上部署QoS策略,考虑到路由器的QoS功能更强大,建议选择路由器作出口。

8.8.1　园区互联网出口IPv6部署建议

企业园区互联网出口主要满足企业园区内部办公用户访问外部互联网的需求,企业对外提供的公众服务通过数据中心独立的互联网出口区满足外部用户的访问需求。两种场景采用的运营商服务通常是不同的,如数据中心的互联网出口服务采用上下行带宽对称的互联网专线线路,并购买加速服务。而园区互联网出口则是购买提供公网IP地址但上行带宽小于下行带宽的商业宽带接入服务。本节重点介绍企业园区互联网出口访问外部互联网的场景。企业园区互联网出口的方案受IPv6地址类型的影响较大，方案设计上需考虑以下地址规则的影响。

- 园区网络采用GUA PI地址，即企业独立申请的地址，不依赖于运营商。
- 园区网络采用GUA PA地址，即运营商分配的地址，涉及互联网访问多运营商多出口或者单运营商单出口场景，两种场景方案设计不同。
- 园区网络采用ULA，该场景需要在互联网出口处部署NAT设备。

不同企业涉及的场景存在差异，以下将根据园区网络使用的IPv6地址、互联网多出口/单出口等情况，提供园区互联网IPv6出口方案设计。

1. 场景一：园区网络采用GUA PI地址

如园区网络采用GUA PI地址，IPv6地址全网唯一，同时不依赖于运营商。在该场景下，园区网络与互联网对接可以直接发布GUA PI地址，无须部署NAT设备。在该场景下，仅考虑技术维度可行性，与互联网对接通过静态路由、BGP方案均可实现互通，但综合考虑方案部署难度、部署成本、最优选路等问题，仅满足园区访问外部互联网内容的需求，建议采用IPv6静态路由方式对接运营商，在访问效果上与IPv4时代的类似。通过静态路由、BGP方案与互联网IPv6对接的方案对比如表8-13所示。

表8-13　互联网 IPv6 对接方案对比

技术方案	部署难度	部署成本	最优选路
静态路由	部署简单，运营商发布企业园区网络 GUA 前缀，对接访问路径通过静态路由实现。运维简单，技能要求低	路由发布数量少，园区设备要求低，部署成本低	园区内部通过默认路由方式实现对互联网的访问，多出口场景无法最优选路，访问效果与IPv4园区类似
BGP	部署难度大，涉及运营商路由协议对接，BGP对接需要申请AS。运维复杂，技能要求高	出口路由设备性能要求高，BGP路由专线费用高	天然解决了最优选路问题

如图8-24所示，园区网络采用GUA PI地址，通过IPv6静态路由方式对接多个运营商互联网出口，园区网络出口互联网线路需升级，以支持IPv4/IPv6双栈流量的访问，或建设独立的IPv6单栈访问出口，具体部署方案如下。

- 园区网络出口路由器分别配置默认路由和各运营商的明细路由，指引对外访问流量转发。同时，在园区网络出口路由器上通过动态路由向园区内部网络发布路由。另外，可在园区网络出口设备上配置IPv6知名明细路由，保障部分访问的最优选路。

- 运营商对接设备根据园区网络IPv6地址前缀配置静态路由，指引园区网络对外访问的回程流量转发。同时，运营商需发布该静态路由到互联网上。
- 互联网出口涉及多运营商多线路的场景，可在出口防火墙上配置链路负载均衡或者ECMP/UCMP等功能，实现互联网出口的流量均衡。
- 在大型企业中，统一使用企业申请的IPv6地址前缀。如果企业涉及多地的园区互联网出口且发布同一段路由前缀，则会导致园区访问外部互联网时回程流量无法最优选路并绕行企业内部网络的情况。因此，如果企业涉及多地互联网出口，需合理规划外发地址段，确保发布的地址网段不重叠。同时，各互联网出口可以通过低优先级的方式发布其他互联网出口的地址段路由，由此形成回程流量的冗余备份，提升互联网业务可靠性。
- 运营商对发布的IPv6路由有长度限制，如路由前缀一般不允许超过48 bit。进行地址发布时需要注意这一点。

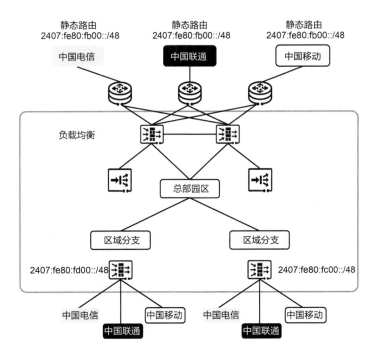

区域分支内部48 bit前缀路由：2407:fe80:fd00::/48
对外发布采用运营商地址

图 8-24　园区网络通过 IPv6 静态路由对接互联网方案

2. 场景二：园区网络采用GUA PA地址

企业园区向某运营商申请了GUA PA地址，并在内部园区网络采用GUA PA

地址。在该场景下，园区网络的地址使用对运营商有依赖，该地址前缀已经在提供地址的运营商网络内发布，园区网络仅有单一互联网出口时无须考虑运营商侧的路由发布问题，只需在园区内部部署静态出口路由即可。在互联网出口为多运营商多线路的场景时，园区网络使用单一运营商分配的GUA PA地址存在限制，一般该地址前缀不允许发布给其他运营商，故需要通过NPTv6转换为其他运营商指定的地址，实现与其他运营商的对接。

如图8-25所示，园区网络采用从中国电信申请的GUA PA地址，通过静态路由方式对接多运营商互联网，具体部署方案如下。

- 园区网络出口互联网线路需升级，以支持IPv4/IPv6双栈流量的访问，或建设独立的IPv6单栈访问出口。
- 园区网络出口路由器分别配置默认路由和各运营商的明细路由，指引对外访问流量转发。同时，在园区网络出口路由器上通过动态路由向园区内部网络发布路由。另外，可在园区网络出口设备上配置IPv6知名明细路由，保障部分访问的最优选路。
- 园区网络采用从中国电信申请的GUA PA地址，中国电信网络应已向互联网发布了该地址前缀路由，中国电信网络侧无须增加配置。
- 除中国电信外，与其他运营商网络对接，同样需要从该运营商分配一个IPv6地址段，并在出口位置单独部署NPTv6设备，完成园区内部地址和其他运营商分配的地址的转换，NPTv6功能也可在出口防火墙上启用。
- 涉及互联网出口多线路场景，可在出口防火墙上配置链路负载均衡或者ECMP/UCMP等功能，实现多互联网出口的流量均衡。

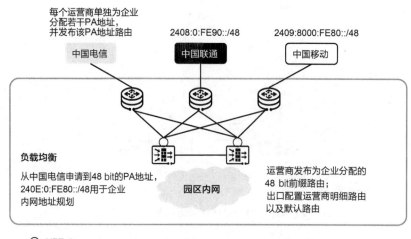

图 8-25   园区网络采用 GUA PA 地址对接多互联网出口的方案

3. 场景三：园区网络采用ULA

如园区网络采用ULA，则必须从外部运营商申请一段GUA IPv6地址，园区终端访问外部互联网时必须通过NAT方式执行内外部IPv6地址转换。该场景方案与场景二方案差别不大，互联网出口位置均需要部署NPTv6设备，此处不赘述。

场景二和场景三均存在受制于运营商的情况，当希望更换运营商时，需要同步进行网络地址的重分配。

综合上述场景分析，在有条件的情况下，从长远发展角度考虑，建议企业独立申请GUA，采用PI方式对外发布地址，以减少对运营商的依赖，减少NPTv6造成的性能下降、增加故障点和地址溯源困难等问题。

8.8.2　园区广域互联部署建议

园区广域互联存在多种场景，如自建专网接入、SD-WAN接入、IPsec专线接入等。对于自建专网接入方式，推荐企业在园区IPv6业务接入前先完成广域网络升级改造，园区网络出口可直接采用IPv6对接；而SD-WAN接入方式和IPsec专线接入方式可以充分利用现有线路，在不改动广域网络线路的情况下完成改造。

1. 自建专网接入

园区网络接入专网在进行IPv6改造前，需要优先完成自建专网的IPv6改造。自建广域专网的改造方案可参见第6章。如图8-26所示，园区网络接入专网的对接方式可以与IPv4保持一致，采用静态路由、OSPFv3或eBGP动态路由对接方式发布园区内IPv6路由。同时，通过静态路由或动态路由方式对园区内部网络发布集团IPv6聚合路由。

图 8-26　园区网络接入专网
对接方式

2. 专线接入/SD-WAN接入

还有很多园区网络通过运营商专线、互联网线路、MPLS VPN等多种非自建专网的方式回传接入总部。线路不同其部署方案不同，对应的IPv6改造方案也不同。

对于仅租赁Internet专线回传的场景，一般园区网络出口通过IPsec加密隧道，实现和企业内部网络连接。该场景主要有以下方案。

• 双栈流量over IPsec6：该方案需升级Internet专线支持IPv6，确保园区网络出口IPsec设备与企业总部IPsec网关的IPv6路由互通，园区网络出口与企业总部采用IPsec6隧道模式构建加密连接通道，园区终端访问内部双栈应用流量通过IPsec6隧道封装后传输。该场景仅支持单播流量，园区网络出口采用静态路由方式加入加密隧道，同时该方案采用IPsec6隧道模式，不支持NAT穿越。

- 双栈流量over IPsec4：该方案无须升级Internet专线，园区网络出口IPsec设备与企业总部IPsec网关通过IPv4路由建立IPsec加密连接隧道，园区终端访问内部双栈应用流量通过IPsec4隧道封装后传输。原园区网络出口区的配置保持不变，出口IPsec设备需支持双栈，并增加IPv6相关的静态路由配置，确保流量可被转发。

- 双栈流量over GRE over IPsec6/IPsec4：该方案的主要特点在于双栈流量先封装到GRE隧道，通过GRE隧道解决IPsec仅支持单播业务转发的问题，实现GRE和IPsec两种技术的优势互补，出口侧可灵活采用IPsec6隧道方案或IPsec4隧道方案。

- 对于分支机构较多（>50个）的场景：可以在IPv6改造的同时增加SD-WAN部署，通过SD-WAN提升管理和运维效率。对于租赁多Internet线路的出口，还可以通过SD-WAN实现业务的灵活选路。各厂商SD-WAN采用的隧道方案不同，在改造时建议选择同时支持IPv6 Underlay和IPv6 Overlay的方案，如双栈流量over GRE6 over IPsec6方案。该方案支持IPv6单栈演进，避免二次改造。

对于仅租赁MPLS VPN专线回传的场景，可采用的IPv6改造方案为：升级MPLS VPN专线支持IPv4/IPv6双栈连接，园区网络出口路由可通过BGP、IGP或者静态路由等多种方式灵活对接运营商的MPLS VPN专线。如果该场景下园区网络内部划分了多个业务类型，且需要构建端到端的业务隔离网络，则可考虑中小型分支园区网络出口路由器和总部互联采用SRv6技术，通过SRv6 EVPN over运营商MPLS VPN，实现端到端业务的隔离。

该场景也可以考虑进行SD-WAN改造，通过SD-WAN的本地VPN实现业务隔离，通过SD-WAN的智能运维提高部署和运维效率。此外，该场景建议采用IPv6 Underlay+双栈Overlay的部署模式。

对于存在MPLS VPN+Internet专线多种回传方式的场景，或者随着4G/5G的普及，以4G/5G线路作为备份链路的场景，均可采用SD-WAN方案实现业务部署和IPv6改造（如图8-27所示），并实现业务的灵活选路。推荐采用IPv6 underlay+双栈Overlay方案，对于运营商部分线路不提供IPv6能力的情况，也可以采用IPv4 Underlay+双栈Overlay的方案。

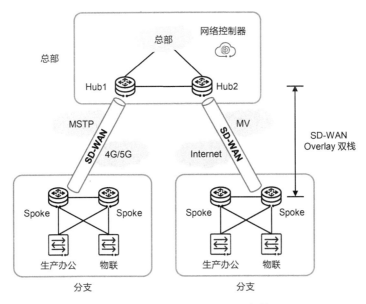

图 8-27　IPv6 over SD-WAN 场景

|8.9　园区网络管理和智能运维设计改造|

随着企业数字化转型进入"深水区"，IPv6业务的开展以及IPv6海量终端的接入使得网络规模不断增长，且业务交互越来越复杂，如果IPv6网络的管理和运维仍采用传统人工方式，则会面临新的挑战。因此，需要高效的管控分析平台进行支撑，实现对有线、无线网络以及用户的统一管理。当前的大多数管控分析平台已经支持IPv4的网络自动化、业务自动化、用户准入、策略控制等自动控制能力，并且支持通过大数据分析实现网络业务和用户管理可视化，故障快速分析、定位等智能运维能力。网络在进行IPv6改造时，同样需要对IPv6网络和业务提供管理控制、分析的能力，具体包含如下能力。

1. IPv6网络和业务的管理和自动化配置能力

面向IPv6 Only，设备、网管、控制器、分析器等需具备或有规划具备打通IPv6管理通道的能力。因此，设备、网管、控制器和分析器等也需要确保NETCONF和Telemetry等对接协议能够支持IPv6。

对于传统方案需要Underlay是IPv6的网络，能够支持自动开局和设备标识开局。因此，从网络规划、离线配置文件制作、设备布线上电、网络规划调整布局到故障设备替换等环节，均需具备IPv6能力。

- 需支持IPv6 over VXLAN的自动化配置发放和对应业务网关的IPv6地址配置。

- 需能够支持基于IPv6用户的Portal认证能力，以及对于MAC和802.1X准入认证后的IPv6地址分配能力。同时能够支持哑终端基于部分IPv6特征如DHCPv6等标识的终端指纹识别。

- 需要支持WLAN全生命周期管理，包含IPv6网络的可视规划、IPv6业务开通、IPv6用户接入配置、IPv6的一键式故障诊断，以及IPv6网络、业务和用户360°监控等能力，帮助用户高效部署和管理无线网络。

2. IPv6网络、用户以及应用数据的分析、可视、故障诊断能力

（1）IPv6网络可视运维

使用传统运维工具进行指标采集时，大多是通过SNMP，且采集间隔需要大于5 min，由此会造成采集粒度不足，从而错过故障发生时间，无法准确获取问题发生时刻的精确数据。同时，因为日志告警噪声等的影响，传统运维工具会采集设备大量数据，靠人工去排查日志是相当费时费力的。因此需要网络分析平台，将AI应用于运维领域，基于已有的运维数据（如设备KPI、终端日志等数据），通过大数据分析和AI算法等方式辅助客户及时发现网络问题，改善用户体验。对于IPv6用户和流量，也需要具备相应的采集和呈现能力，包括采集和呈现IPv6路由信息、转发表信息、用户信息、策略信息、流量信息等，并能够通过IPv6 Telemetry的方式实现秒级采集。然后，基于这些IPv6数据进行大数据分析和AI学习，确保IPv6网络360度健康度可视。

（2）IPv6用户可视运维

除了IPv6网络的360度健康度可视外，园区网络分析可视的重点是承载的用户和业务的质量。而每时每刻的用户体验感知需要基于大数据分析进行用户旅程回放，基于时间、空间维度，详细地针对每个用户画像，精准识别用户问题。需要通过各个用户数据、性能指标、日志等信息进行群障分析，以快速识别连接、空口性能、漫游、设备等网络故障。因此，在IPv6改造中，分析器需要能够实时记录和分析IPv6用户协议旅程，以快速、精准发现问题。

（3）IPv6应用可视运维

针对客户对应用体验的要求不断提高，能够基于应用的识别，对重点业务进行保障和提供应用质量多维分析能力，快速发现应用级别的质量劣化并定位修复至关重要。在IPv6改造中，分析平台要能够对IPv6流量数据进行分析，以实现应用识别和质差快速发现。如识别IPv6封装下的RTP/UDP应用及UDP应用体验感知，识别质差应用，保障VIP用户体验；并且需要通过IFIT等"IPv6+"技术对质差应用流进行路径分析及故障定界。

| 8.10　园区 IPv6 网络升级改造演进策略 |

园区IPv6网络改造涉及办公终端、物联终端和无线接入终端等各类终端应用，在改造过程中应充分发挥IPv6海量地址空间优势，采取全IP统一接入方案，并充分利用Wi-Fi 6、AI、SDN等新型技术，降低园区网络接入和运维的复杂度，提升园区网络的稳定性。在园区改造中，IPv6的主要演进策略为"网络先行，双栈过渡，云端并进，逐步单栈"。

园区网络改造同样存在新建园区网络和存量园区网络改造两个场景。

1. 新建园区网络

对于新建园区网络，建议确保所有网络和终端设备均具备IPv6能力，然后基于双栈目标方案完成设计和部署。可先根据不同场景，以小范围办公、生产园区的有线和无线网络作为试点，业务运行一段时间，观察没有问题后再完成规模实施。

2. 存量园区网络

需要考虑分步骤进行现有园区网络以及系统的升级和替换，具体建议如下。

第一步：进行网络设备的升级和替换，需要网络设备支持IPv6，IPv6环境下的网络设备功能和性能等方面的能力应不低于IPv4环境下的。

第二步：进行IPv4/IPv6双栈协议设计，包括但不限于IPv6地址规划、路由规划、网络功能规划、网络策略规划等方面。同时应对网络承载业务进行需求梳理，明确制定IPv6升级演进策略，逐步分区、分域、分阶段过渡到IPv6单栈网络。

第三步：启动小范围的办公网络和无线网络的双栈改造试点，并逐步实现规模覆盖。对于通过VXLAN技术构建的园区网络，建议短期内采用Overlay平面部署IPv4/IPv6双栈，Underlay平面仍保持IPv4；传统网络则开启IPv6，实现IPv4和IPv6共存。该过程需要额外关注IPv6用户和网络策略的制定，IPv6策略的制定可参考IPv4策略的规划，确保策略一致。

第四步：企业选取IPv6物联/工业专网作为试点，研究物联/工业专网与IPv6技术融合的课题，开展IPv6升级改造试点，并逐步实现企业内部工业专网IPv6全面升级。对于有条件的封闭网络，可以直接使用IPv6单栈建设物联/工业专网。

最终，企业随着IPv6应用系统改造和IPv6终端改造的进程，逐渐演进到IPv6单栈环境。这时，对于新建园区网络，应选择IPv6单栈技术，如VXLANv6技术，同时，存量园区网络也需要逐步向IPv6单栈技术路线过渡。

对于园区网络改造，除了网络设备和终端设备的IPv6改造外，其安全防护系统、业务支撑系统（如DHCP服务器）以及网络运维系统等均需要配套进行IPv6改造。各个环节的具体改造内容如下。

1. 安全防护系统改造

园区网络需对现有安全防护系统进行充分评估和改造设计，需要确保IPv6网络的安全防护能力不低于IPv4网络的安全防护能力，同时还需要对IPv6特定的安全威胁（如NDP攻击）进行防护，结合国家等级保护2.0的相关要求进行企业内IPv6安全防护体系升级建设。

园区网络需要确保IPv6安全体系防护的完整性与高效性，对态势感知、防火墙、入侵检测、行为审计、数据防泄露、防病毒、补丁分发、网闸、流量清洗等网络安全设备，进行统一规范化升级和改造，并符合国家IPv6安全防护设备测试评估相关要求，以实现对IPv6的最优化防护性能。

园区网络进行IPv6改造时，需同步进行IPv6安全策略升级，可以遵循现有IPv4环境下的安全策略配置原则和现有策略，同时保证IPv4/IPv6互访的安全策略同步，避免安全盲区。

2. 业务支撑系统改造

业务支撑系统如认证服务器、DNS系统和DHCP服务器等作为网络和终端应用的服务支撑系统，同样需要遵循先IPv4/IPv6双栈再到IPv6单栈的原则，以确保系统对存量网络和业务的支撑能力。存量支撑系统改造需优先评估其IPv6能力，除功能评估外，需重点关注存量支撑系统的双栈性能评估。如存量系统能力满足，则直接进行双栈化改造。待网元设备、应用或用户完成IPv6单栈改造后，支撑系统同步完成IPv6单栈切换。

3. 网络运维系统改造

对于各类网络运维管理平台，需确认其是否支持基于IPv6的通信协议、地址管理、IPv6数据采集及分析、双栈设备管理等功能，对不支持IPv6的功能模块和管理平台进行升级或替换改造。

- 网络管理系统需实现各种IPv6地址类型的识别和管理；支持对于IPv6业务的性能、资源、故障等数据的采集能力，满足对IPv6业务的性能管理、资源管理、故障管理及分析等功能的需求；能够对IPv6业务进行自动部署。
- 网络智能运维系统需支持IPv6业务，对IPv6用户的监控、协议回放、用户旅程以及性能、资源、故障进行管理及分析。
- 网流监控系统需基于IPv6流量进行流量监控和性能分析。

| 8.11 小结 |

本章阐述了在终端和业务应用向IPv6演进的过程中，园区网络作为所有用户终端的接入网络需要具备向IPv6演进的能力。传统网络的业务网可通过SDN方案实现IPv4/IPv6双栈，而SDN方案通常通过Overlay隧道技术实现IPv4及IPv6业务的互通。在园区网络向IPv6演进的过程中，对应的IT系统（如DHCP系统、DNS系统等）需要提供双栈服务能力；管理网也需要部署双栈，因为管理网不仅用于园区网络设备管理，通常用户接入的认证系统也部署在该网络中，在管理系统和认证系统分别使用IPv4或IPv6地址时，对应的认证系统需要提供双栈服务能力；质量保障可以通过传统QoS根据业务不同的优先级进行调度，可以通过应用识别技术，针对不同的应用实现队列调度，也可以利用网络切片技术进一步实现确定性带宽和时延的保障。

第 9 章
终端 IPv6 改造

企业网络要完成IPv6演进，除了要完成园区网络、数据中心网络、广域网等网络设备的升级改造外，更为关键的一环是终端IPv6改造。因为所有业务交互都发生在终端与终端、终端与服务器、服务器与服务器之间。只有完成企业内的终端IPv6改造，其操作系统网络协议栈从IPv4切换到IPv6，支撑上层应用从以IPv4通信为主，切换到以IPv6通信为主，直至真正实现全网IPv6交互，才完成企业网络的IPv6升级改造。

| 9.1 终端 IPv6 能力现状分析 |

终端设备及其对应的操作系统的现有能力直接影响到IPv6改造进程，不同类型的终端IPv6发展进程不同。下面分析在企业网络改造中主要涉及的几类终端，并介绍其使用的操作系统以及对应操作系统的IPv6满足度。

9.1.1 终端分类

根据所承载的企业业务类型，可以将终端分为办公类终端、生产类终端、安防类终端和辅助类终端。

1. 办公类终端

办公类终端主要服务于企业员工日常办公业务，如文本编辑、邮件系统、Web系统等接入，具体分类如下。

- 固定办公类终端：包括PC以及桌面云等新技术引入，衍生出桌面瘦客户端等新的接入终端，还包括智慧屏、电子白板、视频会议终端、打印机、IP电话机、扫描仪、传真机等配套终端。
- 移动办公类终端：主要包括便携式计算机、手机、iPad等。

由于主要和人进行交互，办公类终端对于终端的性能、可用性、人机交互体验都有诉求，因此更新换代较快，存在固定的生命周期（一般以3~5年为周期）。而这类终端的操作系统，包括Windows、Linux、macOS、Android、 iOS、鸿蒙等，对IPv6协议栈的支持一般都比较友好。

2. 生产类终端

生产类终端主要服务于企业的生产业务，具体分类如下。

- 专业生产设备：如钢铁行业的轧钢设备、天车、钢铁机器人；矿业的凿岩台机、采煤机、护帮板；电子行业的光刻机。不同行业，其终端类型差异很大，无法一一列举。
- 人员仓储物流类设备：主要包括人、车、货、场等4类。人员类设备如智能头盔、智能手表、导航类设备；车辆类设备如平板车、跨运车、重卡、火车、AGV（Automated Guided Vehicle，自动导引车）；仓库和货场类的设备如资产盘点设备等。
- 仪表类设备：包括温度、压力、流量（固体、液体、气体）、物位、电表等传感仪表，以及阀门、控制器等控制装置。

生产类终端需要保证生产活动的连续运行。生产类终端有其明确的功能定位，长时间正确、安全、可靠、稳定运行为其首要设计目标。同时，生产类终端的升级换代诉求不明显，存在大量10年以上的终端。运行中的产线很难进行终端的升级改造，即通常只能在产线生命周期结束下线和新线建设时才能同步进行IPv6的升级改造。

目前，生产类终端一般基于独立的OT（Operation Technology，操作技术）网络承载。由于服务的业务场景实时性要求不同，生产类终端的协议栈也有所不同：实时[RT（Real-Time，实时）/IRT（Isochronous Real-Time，等时同步）]场景无IP层，不涉及IPv6改造；非实时（Non-Real-Time，NRT）场景采用标准TCP/IP协议栈，即只有NRT场景终端才涉及IPv6升级问题。

3. 安防类终端

安防类终端主要保证企业的安全生产环境，实现对人、车、货的准入和监控。安防类终端的具体分类如下。

- 生物识别类终端：如指纹识别设备、人眼虹膜识别设备、测温类设备等。
- 门禁类终端：智能密码锁、ID卡门锁、安全围栏、人脸识别闸机、停车场闸机、对讲设备等。
- 火灾类：燃气报警、烟感报警等设备。
- 安全监控类终端：如办公场所/生产区域的摄像头、红外摄像头、声音传感器、蜂鸣器、报警器、显示大屏等。

安防类终端一般统一归为IoT终端，这类设备的特点是通用操作系统和物联操作系统并存：门禁、安全监控类设备资源丰富，通常采用通用操作系统，IPv6的支持度较好；受限于终端资源，生物识别、安全类终端通常采用物联操作系统；也存在部分终端无操作系统等情况。安防类终端的升级换代周期介于办公类终端和生产类终端之间。

4. 辅助类终端

辅助类终端主要指辅助企业园区运行的其他类终端设备，具体分类如下。

- 供电类设备：市电、UPS（Uninterruptible Power Supply，不间断电源）等电源类终端。
- HVAC（Heating Ventilation and Air Conditioning，供热通风与空气调节）类设备：暖通空调类终端设备。
- 照明类设备：智慧路灯、办公场所照明设备等。

辅助类终端主要受PLC（Programmable Logic Controller，可编程逻辑控制器）控制，执行对应的开关和调节功能，同时反馈状态和执行结果，一般功能相对简单，无操作系统的占比较高。辅助类终端一般归为IoT终端。

9.1.2 终端操作系统的市场份额

终端操作系统的市场份额决定了后续推进IPv6改造的难度。下面根据第三方NetMarketShare在2020年底的统计结果，简要介绍桌面端、移动端、IoT端操作系统的市场份额情况。

桌面端操作系统：以Windows和macOS为主，总占比为97.1%，如表9-1所示。

表 9-1　桌面端操作系统占比

操作系统	占比
Windows	87.56%
macOS	9.54%
Linux	2.35%
Chrome OS	0.41%
BSD	0.01%
其他	0.13%

移动端操作系统：在2020年，移动端操作系统以Android和iOS为主，总占比为99.5%，如表9-2所示。目前，以Harmony OS为主的国产手机操作系统已经完成大规模商业升级，用户已经突破3.6亿，2023年目标接入12.3亿终端，市场份额达到16%（2020年统计结果中，Harmony OS暂未纳入）。所以，桌面

端和移动端均是由主流的2～3种操作系统占据，这种情况对IPv6的改造和推进是有好处的。

表 9-2 移动端操作系统占比

操作系统	占比
Android	71.24%
iOS	28.26%
Linux	0.05%
其他	0.45%

IoT端操作系统：由于设备类型多、硬件资源差异大，存量IoT端操作系统的市场比较分散，因而业界各方的统计结果差别很大，图9-3所示的市场份额情况仅供参考。从表9-3可以看出，在IoT端，Linux系统占据了较大的市场份额，同时也存在大量其他操作系统终端；另外，有近1/4的终端无操作系统。

表 9-3 IoT 端操作系统占比

操作系统	占比
Linux	47.56%
No OS/bare metal	13.89%
FreeRTOS	7.64%
Windows Embedded	5.71%
mbed	4.45%
Contiki	3.61%
TinyOS	3.61%
RIOT	3.37%
其他	10.16%

9.1.3 终端操作系统 IPv6 现状

根据9.1.2节的介绍，目前终端的主流操作系统包括Windows、macOS、Android、iOS、Harmony OS、Linux等，下面简要介绍这些操作系统对IPv6的支持情况。

Windows：如表9-4所示，从Windows XP开始，均已支持并默认安装了IPv6。

表 9-4　Windows 系统对 IPv6 的支持情况

名称	是否支持 IPv6	是否默认安装 IPv6
Windows XP	是	是
Windows 7	是	是
Windows 10	是	是
Windows 11	是	是
Windows Server 2003	是	是
Windows Server 2008	是	是

macOS：IPv6首次内置到Mac OS X v10.1中时，它没有GUI（Graphical User Interface，图形用户界面），因此必须从命令行启用它；从10.7版本起已经默认开启IPv6，但流量默认走IPv4转发；从10.11版本开始流量优先走IPv6。

Android：谷歌公司的Android 1.0基于Linux Kernel 2.6，Linux系统的Kernel从2.2版本开始就在源码级别上实现了IPv6，对其有着完善的支持，所以Android 1.0自然在底层源码级别上也是支持IPv6的。基于App的稳定性等因素考虑，在Android 4.0之前，谷歌并没有使Android在Application Framework（应用框架）层支持IPv6，虽然修改了底层的源码，但修改之后的源码经编译后并不能直接支持IPv6。继Android 4.0之后，谷歌再次修改Android的网络协议模块相关代码，使得Android平台支持IPv6。

iOS：iOS从4.1版本开始支持并默认安装了IPv6；同时，苹果公司强推App对IPv6 only的支持，如果不通过这个功能审核，则不能上架App Store。

Harmony OS：华为公司发布的鸿蒙操作系统，从2.0版本开始默认安装并支持IPv6。

Linux：Linux系统在内核版本2.2.0以后支持IPv6，可查看/proc/net/if_inet6文件是否存在，以确定该Linux系统是否支持IPv6。目前常见的Linux发行版本均已为4.x以上的版本。Linux系统对IPv6的支持情况如表9-5所示。

表 9-5　Linux 系统对 IPv6 的支持情况

名称	版本	是否支持 IPv6	是否默认安装 IPv6
Fedora	13	是	是
Red Hat Enterprise Linux	6	是	是
Ubuntu	12.04	是	是
Solaris	10	是	是
SUSE Linux Enterprise Server	11	是	是

|9.2　终端 IPv6 升级路径 |

1. 非智能终端改造

如前文所述，对于安防类和辅助类终端，存在一定比例的非智能终端。但随着MCU/SoC（Multimedia Control Unit/System on a Chip，多媒体控制单元/单片系统）的低成本化（1～10元），非智能终端迎来了智能化改造的契机。同时，随着以OpenHarmony等为代表的开源操作系统的发布，目前物联操作系统正在重复移动端的发展历史，即从"七国八制"的操作系统，逐步收敛到主流的2～3家操作系统。截至目前，非智能终端升级面临的问题都已经解决。

国内某些仪表厂家已经启动智能仪表的行标规范制定；以煤炭、城市行业为代表，目前已经启动基于鸿蒙的生产设备、物联终端的大规模升级改造。

"数据上得来，智能下得去"是数字化转型的基础。只有完成智能终端改造，才能真正实现"工业4.0"和行业的数字化转型，才能支撑企业的业务可视、精细化经营、生产效率提升、物料有效协调等工作，让数据真正成为助力企业发展的驱动力。

智能化改造完成前，非智能终端可采用传统模拟通信或者HART（Highway Addressable Remote Transducer，可寻址远程传感器高速通道）通信方式，将数据发送给网关设备；再由网关设备进行协议转换，将终端的数据信息封装到IPv6报文中，与其他节点进行通信。

2. 智能终端升级

目前，智能终端，例如某些生产设备，还在运行DOS、Windows 95等系统，主要是由于生产业务App只适配了这些系统，一旦上线运行后，App不再适配后续操作系统。这类系统的升级改造主要依赖产线的整体升级改造，或者旧产线下线与新产线建设。相比较而言，新产线建设是更为实际的升级路径。因而要求企业在进行新产线建设时，同步考虑终端操作系统的升级，一方面可以支持IPv6网络通信能力，另一方面可以修复老旧系统的缺陷、系统漏洞等。

|9.3　终端"IPv6+"能力 |

终端操作系统目前主要支持IPv6和SRv6，但对其他"IPv6+"的能力支持有限。目前，行业内也在研究基于开源操作系统（例如OpenHarmony），来构筑其"IPv6+"能力，具体包括以下几方面。

- 简化接入能力（无感接入）：终端存在Ethernet、Wi-Fi、蓝牙、LoRa等多种接入方式。以Wi-Fi为例，需要在终端上选择SSID、加密模式、SSID Password。企业的大量终端，需要支持无感接入能力，才能解决终端部署工作量。
- 终端身份标识和认证能力：企业终端直接连接企业内网（OT或者IT网络），一旦终端被攻破或者替换，会导致严重的安全问题。这些信息依赖终端对IPv6报文进行扩展，携带身份信息和证书信息。
- 终端通信可视能力：通过在端侧引入IFIT能力，可以实现业务的E2E和逐跳检测。
- 应用标识能力：与网络侧APN6方案相比，基于端侧的APN6可以实现低代价的网络感知应用能力，从而提供应用级的质量可视、切片、QoS调度等差异化能力。

上述能力目前还处于前期的孵化阶段，但其引入能真正实现IPv6体系的商业价值，切实解决各类型终端的接入、安全、通信保障问题，为企业未来业务发展奠定更好的数字化基础。

| 9.4　小结 |

只有完成了终端的IPv6改造，才能实现IPv6业务的端到端打通。从企业内不同终端类型以及其运行的操作系统现状来看，办公类终端几乎全面支持IPv6，因而可以作为IPv6升级改造的切入点；而生产类、安防类、辅助类终端，由于其设备硬件资源或者升级改造周期等问题，对IPv6的支持能力参差不齐。对于安全类和辅助类终端，根据其硬件支持能力，可以采用局部试点、逐步切换的方式实现IPv6升级。对于生产类终端，建议在终端升级换代时，将IPv6能力纳入升级范围，避免二次调整。

第10章
应用系统 IPv6 改造

端到端IPv6改造策略建议网络先行，终端与应用系统协同改造。前文重点介绍了各类型网络和终端的改造要点，而应用系统改造作为IPv6改造的关键环节，在实际应用环境中，很多企业客户无从下手。因此，本章将重点介绍应用系统IPv6改造的主要步骤以及需要重点评估的注意事项。

|10.1   应用系统改造流程概述|

在不考虑物理机、虚拟机、容器等系统差异的前提下，应用系统的软、硬件组成大致可以认为是3层架构，即服务器等组成的硬件、硬件所需的操作系统和操作系统上运行的应用系统，如图10-1所示。相应地，应用系统改造也需要分层完成。

图 10-1　软、硬件分层

在硬件这一层中，现行主流的服务器硬件网卡均已具备IPv6功能，因此在数据中心IPv6网络升级改造的同时，只需为服务器硬件配置动态或静态IPv6地址。

运行于硬件之上的操作系统一般在较早版本中已支持IPv6环境，如Linux、UNIX和Windows等。参考《2021全球IPv6支持度白皮书》和操作系统相关官网数据，表10-1列举了常见Linux和UNIX操作系统对IPv6的支持情况，以及各操作系统开始全面支持IPv6的版本及其默认安装IPv6的情况。如果企业现有操作系统已采用上述系统版本或更新版本，只需在操作系统中使能IPv6即可。如果采用的是早期版本，则建议与厂商接口人确认或直接升级到对应版本。表10-1中的信息仅供参考，如需实际改造操作，请与相应操作系统接口人进行二次确认。

表 10-1 常见 Linux 和 UNIX 系统对 IPv6 的支持情况

名称	版本	是否支持 IPv6	是否默认安装 IPv6
Debian	3.0（Woody）	是	是
Fedora	13	是	是
FreeBSD	9	是	是
NetBSD	7	是	是
OpenBSD	6.6	是	是
OpenSUSE	42.1（Leap）	是	是
Red Hat Enterprise Linux	6	是	是
Solaris	10	是	是
SUSE Linux Enterprise Server	11	是	是
Ubuntu	12.04	是	是

除Linux和UNIX之外，Windows操作系统早在Windows Server 2003中宣称支持IPv6，但没有默认安装IPv6功能，需要手动配置相应的软件包。Windows Server 2008及之后的服务器版本均已默认安装IPv6功能。

完成硬件与操作系统的IPv6改造后，应用系统软件已基本具备IPv6运行环境。此时即可根据不同应用类型确定改造顺序和范围，启动应用系统及相应的应用支撑系统改造。制定改造方案时，企业应用可以根据不同维度进行分类，常用分类方法包括如下3种。

第一种，按照是否已经上线，可分为已经上线、正在开发和将要开发的应用。IPv6演进升级需要重点关注已经上线的应用的改造和新应用的开发规范。

第二种，按照标准化水平，可分为标准IT系统和自研应用系统。标准IT系统主要包括数据库、中间件、浏览器、网络管理、网络服务等基础支撑类应用，提供Web、FTP和E-mail等标准IT服务。这类IT服务通常配备专用软件，企业只需完成少量配置或开发工作，即可满足业务系统应用的升级需求。而企业自研系统则由企业自行承担全部开发工作，需要重点关注自研软件的IPv6改造。

第三种，按照是否有客户端软件，可分为C/S（Client/Server，客户/服务器）模式和B/S（Browser/Server，浏览器/服务器）模式应用。C/S模式需要安装客户端应用程序，并对IP地址相关代码进行系统评估，而B/S模式在客户端主要关注浏览器通用软件改造即可。

基于以上分类，我们将应用系统及应用支撑系统的IPv6改造梳理为以下4步。

第一步：优先改造应用支撑系统，首要任务是全面部署支持IPv6的DNS系统，增加AAAA记录，将主机名（或域名）指向IPv6地址。后续改造需确保全部采用域名方式标识远端主机而非IP地址，以确保地址变化时无须进行代码改造，并需要排查应用是否能够正确解析URL的AAAA记录。

第二步：改造标准应用系统，如E-mail系统、数据库、Web服务器等。此项工作主要依赖标准软件能力，IPv6改造方案较成熟。

第三步：全面排查自研应用系统中IPv4地址格式的处理代码，确保文件中不存在IP地址硬编码情况，检查地址校验、存储等是否存在数据结构仅能支持32 bit地址格式的问题，调整UI（User Interface，用户界面）中直接显示IPv4地址的位置。同时需要确保IP地址不再作为用户ID、业务关键属性等使用，仅作为地址标识，实现业务与IP地址类型互相独立。

第四步：全面排查Socket通信接口，确保全部由面向IPv4编程转向兼容支持IPv4和IPv6。

| 10.2　应用支撑系统 IPv6 改造 |

应用支撑系统IPv6改造的首要目标是DNS系统部署。开源软件BIND作为常使用的DNS软件，约占据DNS市场的90%。BIND 9.10之前的版本默认不响应来自IPv6的客户端请求，而BIND 9.10中设置了以下选项。

```
listen-on-v6 { any; };
```

由此，BIND 9.10及之后版本只需要进行简单配置即可提供IPv6地址解析功能。如果没有设定listen-on-v6语句，服务器将不会侦听任何IPv6地址。

IPv6和IPv4的域名解析方法类似，但资源记录类型不同，A类型和AAAA类型记录分别将域名指向IPv4地址和IPv6地址。下面以一个数据中心的典型对外业务为例，介绍域名解析的关键部分配置，详细的BIND 9配置方法可参考《BIND 9管理员参考手册》，如图10-2所示。假设数据中心部署了两台Web服务器、一台FTP服务器和一台E-mail服务器，需要为以上服务增加IPv6地址解析记录。

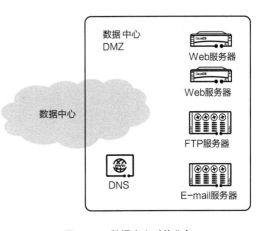

图 10-2　数据中心对外业务

各服务器信息如下，其中IPv6服务对应的域名信息用加粗字体表示。

```
@       IN SOA  @    test.com  (
        ... )
www     IN A    192.168.56.101 ;  Web1
web     IN A    192.168.56.102 ;  Web2
ftp     IN A    192.168.56.103 ;  FTP
mail    IN A    192.168.56.104 ;  MAIL
www     IN AAAA 2001:db8::101
web     IN AAAA 2001:db8::102
ftp     IN AAAA 2001:db8::103
mail    IN AAAA 2001:db8::104
```

上述IPv6服务对应的域名信息生效后，当通过其他客户端查询时，可以得到以下记录数据。

```
linux-ubc0:~ # dig www.test.com
...
;; ANSWER SECTION:
www.test.com.                604800  IN       A       192.168.56.101
...
;; ADDITIONAL SECTION:
www.test.com.                604800  IN       AAAA    2001:db8::101
...
linux-ubc0:~ # dig www.test.com AAAA +short
2001:db8::100
linux-ubc0:~ # ping6 www.test.com
PING www.test.com(2001:db8::101) 56 data bytes
64 bytes from 2001:db8::101: icmp_seq=1 ttl=64 time=0.289 ms
```

除BIND之外，Microsoft自Windows Server 2003起开始支持IPv6，在DNS服务市场也占据了一定份额。部署Windows Server 2003及以上版本的主机，可通过简单的启动配置获取IPv6地址解析能力，具体请参见Microsoft相关手册。

| 10.3 标准应用系统 IPv6 改造 |

标准应用系统IPv6改造，除需要对各类成熟商用软件进行改造之外，各应用所需的数据库及Web服务器等也要完成升级迭代。因此，本节对标准应用系统的IPv6改造流程进行逐项说明，以供读者参考。

10.3.1　标准应用软件改造

标准应用系统改造需要升级各类成熟商用软件，涉及常用的E-mail和FTP系统等。

1. E-mail系统改造

E-mail系统主要包含邮件服务器和邮件客户端两部分。其中，邮件服务器常用软件对IPv6的支持情况如表10-2所示。

表 10-2　邮件服务器常用软件对 IPv6 的支持情况

名称	版本	是否支持 IPv6
Courier	0.42.2	是
Exim	4.2	是
Postfix	Native since 2.2.0	是
Sendmail	8.12.9	是
ZMailer	2.99.55	是

以Linux SUSE 12系统中常用的Postfix邮件服务为例。该服务主要通过以下两项配置实现IPv6支持。

```
/etc/postfix/main.cf:
# 修改此参数后必须停止/开始后缀
    inet_protocols = all        #(enable IPv4, and IPv6 if supported)
# 可选指定参数，用于在多个接口时指定使用的IPv6地址
smtp_bind_address6 = 2001:db8::101
```

邮件客户端升级改造已取得阶段性成果。Windows操作系统内置的Outlook和苹果操作系统内置的Apple Mail程序分别于2007版本和4.0版本开启对IPv6的全面支持，而Foxmail 7目前还不支持IPv6。

2. FTP系统改造

FTP系统与IP强相关，其大部分服务器和客户端均已支持IPv6。其中，常用FTP服务器对IPv6的支持情况如表10-3所示。

表 10-3　常用 FTP 服务器对 IPv6 的支持情况

名称	版本	是否支持 IPv6
Cerberus FTP Server	8.0.36 ～ 10.0.3	是
FileZilla Server	0.9.60.2	是
Ginseng-ftpd	1.6	是

续表

名称	版本	是否支持 IPv6
Libra–ftpd	1.3.6	是
Moftpd	2.3.4	是
ProFTPD	1.3.6，1.3.5e	是
Pure–fipd	1.0.46	是
Serv–U	15.1.6	是
Tnftpd	2.0 beta3	是
Vsftpd	3.0.3	是
WZDftpD	0.8.3.5	是

大部分FTP服务器均可通过简单的1～2个命令开启IPv6服务。例如SUSE 12操作系统通过YaST界面或者yast2 ftp-server命令使能FTP（即vsftpd）服务后，在/etc/vsftpd.conf配置文件中修改以下内容，可开启IPv6。

```
listen=NO
listen_ipv6=YES
```

重启生效后，在DNS中增加关于FTP域名到IPv6地址的AAAA记录，其他客户端即可通过IPv6正常访问服务器。

DNS配置完成后，在服务器上执行以下命令可以发现，主机已具备同时建立IPv4地址和IPv6地址连接的能力。

```
linux-ubc9:~ # netstat -ant
Active Internet connections (servers and established)
Proto Recv-Q Send-Q Local Address      Foreign Address        State
...
tcp       0      0 192.168.56.101:21   192.168.56.201:58120   ESTABLISHED
tcp       0      0 2001:db8::101:21    2001:db8::201:52732    ESTABLISHED
```

FTP客户端IPv6改造工作也正在稳步推进。根据《2021全球IPv6支持度白皮书》数据，汇总FTP客户端对IPv6的支持情况如表10-4所示。

表 10-4　FTP 客户端对 IPv6 的支持情况

名称	版本	是否支持 IPv6
AbsoluteTelnet	6.28	是
Cftp	8	是
Fget	4.3.0	是
FileZilla Client	3.28.0	是

名称	版本	是否支持 IPv6
Ftp copy	4.8.0	是
Ftpmirror	2.5.1	是
Konqueror	5.0.97	是
Lftp	4.8.3	是
Ncftp	3.2.6	是
SecureFX	7.0.3	是
Smartftp	8	是
Tnftp	2.0 beta1	是
UploadFTP	2.0.1	是

10.3.2　数据库改造

作为应用系统的关键组成部分，数据库服务多采用成熟软件支持。常用数据库系统对IPv6的支持情况如表10-5所示。如果现有版本低于表10-5所列版本，则需完成升级以支持IPv6服务。

表 10-5　常用数据库系统对 IPv6 的支持情况

名称	版本	是否支持 IPv6
DB2	9.1	是
FileMaker Pro	16.0.2.205	是
FileMaker Server	16.0.1.185	是
Informix Dynamic Server (IDS)	11.5	是
MariaDB	10.2.9	是
SQL Server	2016	是
MySQL	5.7.17	是
Oracle Database	12.1.0.2.0	是
PostgreSQL	10	是
OpenSwitch	15.1	是

由表10-5可见，DB2从9.1版本开始支持使用IPv6网络连接到数据库服务器。为了增加对IPv6的支持能力，DB2命令也相应扩充了catalog tcpip4 node和catalog tcpip6 node两个选项，具体示例如下。

```
db2 catalog tcpip node db2tcp1 remote hostname server db2inst1
   with "Look up IPv4 or IPv6 address from hostname"
db2 catalog tcpip4 node db2tcp2 remote 192.0.32.67 server db2inst1
   with "Look up IPv4 address from 192.0.32.67"
db2 catalog tcpip6 node db2tcp3 1080:0:0:0:8:800:200C:417A server 50000
 with "Look up IPv6 address from 1080:0:0:0:8:800:200C:417A"
```

10.3.3　Web 服务器改造

Web服务器提供了使用较为广泛的网上信息浏览功能。目前常用的Web服务器软件有Apache、Nginx和微软的IIS等，其对IPv6的支持情况如表10-6所示。

表 10-6　常用 Web 服务器软件对 IPv6 的支持情况

名称	版本	是否支持 IPv6
Apache	2.4.29	是
WebSphere Application Server (WAS)	8.5	是
Hiawatha	9.14	是
Internet Information Services (IIS)	10	是
SharePoint	2010	是
Nginx	0.7.36	是
Tomcat	8.5.23	是
WebLogic Server	12.2.1	是

如果用户当前使用的Web服务器版本高于表10-6中的版本，通过下述简单的配置操作，即可启用IPv6服务。

对于Apache软件，如果没有特别指定服务器绑定地址，则无须任何改动，即可支持同时在IPv4地址和IPv6地址下侦听80端口。

```
NameVirtualHost *:80
Listen 80
```

对于Nginx软件，需要在server{}段配置中增加如下描述。

```
server {
  listen [::]:80 default_server;
  listen [::]:443 default_server ssl;
...
```

配置修改完成后，重启生效，即可支持IPv6服务，屏幕显示如下。

```
linux-ubc9:~ # service nginx reload
```

服务器就绪后，在客户端打开浏览器测试IPv4/IPv6访问服务是否正常。测试时可通过命令行curl控制客户端采用IPv4或IPv6。

```
linux-ubc0:~ # curl -I -4 www.test.com
HTTP/1.1 200 OK
Date: Tue, 14 Jan 2020 19:29:25 GMT
Server: Apache
Last-Modified: Mon, 11 Jun 2007 18:53:14 GMT
ETag: "2d-432a5e4a73a80"
Accept-Ranges: bytes
Content-Length: 45
Content-Type: text/html
linux-ubc0:~ # curl -I -6 www.test.com
HTTP/1.1 200 OK
Date: Tue, 14 Jan 2020 19:29:29 GMT
Server: Apache
Last-Modified: Mon, 11 Jun 2007 18:53:14 GMT
ETag: "2d-432a5e4a73a80"
Accept-Ranges: bytes
Content-Length: 45
Content-Type: text/html
```

另外，对Web服务器进行IPv6改造，还需要确认门户网站的前端编码中是否存在使用IPv4地址硬编码作为通信地址的问题，如果存在，则需修改为URL。

| 10.4　自研应用系统 IPv6 改造 |

应用支撑系统和标准应用系统改造结束后，应接着开展自研应用系统改造。原则上，应用系统与IP栈类型关联较小，主要关注通信API与网络协议栈改造即可。但软件开发过程中可能存在不规范的编码（如在代码中直接规定IPv4互访地址），会导致应用系统在进行IPv6改造后出现系统流程不通的问题，影响正常使用。因此，应用系统的IPv6改造还需重点排查IP地址相关问题，如代码中是否存在IPv4地址硬编码、内存存储是否采用IPv4地址格式、UI或控件中输入的地址类型是否正确等。同时还应检查所有需要改造的通信API，是否由面向IPv4地址编程变为兼容支持IPv4和IPv6。

为了让读者能够清晰了解自研应用系统的改造流程，本节对应用系统改造的关键环节进行简要介绍，同时概述具体改造案例，说明测试思路。由于应用系统改造较为复杂且软件编码方式不一，无法定义统一标准，在实际改造过程中，需根据具体应用系统制定改造和验证方案。

10.4.1 代码检查

自研应用系统改造首先需要全面排查代码中的IPv4地址硬编码问题，并查找所有可以输入、存储、访问或使用IPv4地址的部分。如果某些位置的现有数据结构仅支持32 bit地址格式，则需修改代码以确保支持128 bit的IPv6地址。建议使用自动化软件应用程序检查IPv4地址硬编码问题，常用的地址格式代码检查工具如表10-7所示。

表10-7　常用的地址格式代码检查工具

平台（组织）	工具
EGEE	IPv6–CARE
EUChinaGRID	IPv6 代码检查器
Microsoft	Checkv4.exe
SourceForge	PortToIPv6

另外，Linux自带的搜索命令也可逐个文件地完成IP地址扫描。在服务器代码文件中查找IP地址硬编码的命令参考如下。

```
grep -e "[0-9]*\\.[0-9]*\\.[0-9]"
grep -e (^|[^\.0-9])([0-2]?[0-9]{,2}\.){3}[0-2]?[0-9]{,2}($|[^\.0-9])
find . -exec grep -w '^[0-9][0-9]*[.][0-9][0-9]*[.][0-9][0-9]*[.][0-9][0-
9]*' {} \;
\b(25[0-5]|2[0-4][0-9]|[01]?[0-9][0-9]?)\.(25[0-5]|2[0-4][0-9]|[01]?[0-
9][0-9]?)\.(25[0-5]|2[0-4][0-9]|[01]?[0-9][0-9]?)\.(25[0-5]|2[0-4][0-
9]|[01]?[0-9][0-9]?)\b
(\d{1,3}\.){3}\d{1,3}
\d+\.\d+\.\d+\.\d+
\d{1,3}\.\d{1,3}\.\d{1,3}\.\d{1,3}
\[0-9]{1,3}\.\[0-9]{1,3}\.\[0-9]{1,3}\.\[0-9]{1,3}
([1-9]|[1-9][0-9]|1[0-9][0-9]|2[0-4][0-9]|25[0-5])(\.([0-9]|[1-9][0-
9]|1[0-9][0-9]|2[0-4][0-9]|25[0-5])){3}
(25[0-5]|2[0-4][0-9]|[01]?[0-9][0-9]?)\.){3}(25[0-5]|2[0-4][0-9]|[01]?[0-
9][0-9]?)
([01]?\d\d?|2[0-4]\\d|25[0-5])\.([01]?\d\d?|2[0-4]\d|25[0-5])\.([01]?\d\
d?|2[0-4]\d|25[0-5])\.([01]?\d\d?|2[0-4]\d|25[0-5])
(25[0-5]|2[0-4][0-9]|[01]?[0-9][0-9]?)\.(25[0-5]|2[0-4][0-9]|[01]?[0-
9][0-9]?)\.(25[0-5]|2[0-4][0-9]|[01]?[0-9][0-9]?)\.(25[0-5]|2[0-4][0-
9]|[01]?[0-9][0-9]?)
```

除排查IPv4地址硬编码问题外，IPv6地址存储改造中的代码检查还需关注以下几个问题。

- 内存空间：检查是否存在长度变化引发的溢出风险，地址结构能否满足双栈地址存储需求等。
- 配置文件：检查配置文件中出现的地址信息，并尽量修改为全部基于域名配置。对于确实不能采用域名的情况，需要补充IPv6地址。
- 数据库：排查数据库字符串类型是否支持IPv6存储，字段长度是否存在限制等。
- 日志文件：考虑地址改造对日志格式的影响，确认日志管理平台或大数据平台是否已完成IPv6改造，是否支持IPv6信息处理。

10.4.2　自研应用系统 IPv6 改造示例

本章前述内容介绍了在应用系统进行IPv6升级改造时代码检查的一般流程。值得注意的是，应用程序大多通过Linux Socket编程接口和内核空间的网络协议栈进行通信，因此还需实现Socket通信接口由面向IPv4编程到兼容IPv4和IPv6的演进升级。RFC 3493和RFC 3542中分别定义了Basic Socket API（基础Socket API）和Advanced Socket API（高级Socket API），其中，典型IPv4/IPv6 Socket API如图10-3所示。

	IPv4特有	IPv4/IPv6共有	IPv6特有
数据结构	AF_INET	AF_UNSPEC	AF_INET6
	in_addr sockaddr_in	sockaddr_storage	in6_addr sockaddr_in6
地址转换功能	inet_aton() inet_addr()	inet_pton()*	
	inet_ntoa()	inet_ntop()*	
地址解析功能	gethostbyname() gethostbyaddr()	getnameinfo()* getaddrinfo()*	

图 10-3　典型 IPv4/IPv6 Socket API

本节所列出的应用系统改造着重关注Socket通信接口升级，同时说明改造后的验证方式，期望能为读者实际操作带来一定的参考。不同语言的Socket通信接口改造的实现是不一样的，下面将分别介绍C/C++、C#、Java的Socket通信接口改造示例。

1. C/C++（Linux）

对于在Linux操作系统中使用C语言进行编程的应用，代码改造主要体现在以下4个方面。

- 地址结构检查：IPv4相关地址结构均改为IPv6格式，sockaddr_in结构替换为sockaddr_in6。
- 地址绑定：将INADDR_ANY和INADDR_LOOPBACK替换为in6addr_any和in6addr_loopback。
- 地址族变化：将AF_INET改为AF_INET6，PF_INET改为PF_INET6。
- 库函数处理地址更新：更新IPv6相关地址。例如用getaddrinfo和gethostbyname处理本地地址，用inet_pton转换地址等。

下面以一个简单的TCP应用为例，概述基于C语言编程的自研应用系统应该如何进行代码改造。首先，客户端主机发出连接请求，服务器端与其建立连接后将获取对方IP地址信息，一方面显示于自身屏幕中，另一方面添加"Hello"字符串发回给客户端。客户端收到后直接显示报文信息并断开双方连接。

IPv6改造之前，完成上述连接过程所需的IPv4服务器端代码如下。

```c
#include <sys/socket.h>
#include <netinet/in.h>
#include <arpa/inet.h>
#include <stdio.h>
#include <stdlib.h>
#include <unistd.h>
#include <errno.h>
#include <string.h>
#include <sys/types.h>
int main(int argc, char *argv[])
{
    int listenfd = 0, connfd = 0;
    struct sockaddr_in serv_addr, client_addr;
    char sendBuff[1025];

    listenfd = socket(AF_INET, SOCK_STREAM, 0);
    memset(&serv_addr, 0, sizeof(serv_addr));
    memset(sendBuff, 0, sizeof(sendBuff));

    serv_addr.sin_family = AF_INET;
    serv_addr.sin_addr.s_addr = htonl(INADDR_ANY);
    serv_addr.sin_port = htons(2000);
    bind(listenfd, (struct sockaddr*)&serv_addr, sizeof(serv_addr));
    listen(listenfd, 10);
    while(1)
    {
socklen_t  len = sizeof(client_addr);
        memset(&client_addr, 0, sizeof(client_addr));
```

```
        connfd = accept(listenfd, (struct sockaddr*)&client_addr, &len);
    char *s = inet_ntoa(client_addr.sin_addr);
        snprintf(sendBuff, sizeof(sendBuff), "Connected from : %s\r\n", s);
        printf("%s", sendBuff);

        snprintf(sendBuff, sizeof(sendBuff), "Hello %s", s);
        write(connfd, sendBuff, strlen(sendBuff));

        close(connfd);
        sleep(1);
    }
}
```

类似地，IPv4 客户端代码中的主函数部分如下。

```
    int sockfd = 0, n = 0;
    char recvBuff[1024];
    struct sockaddr_in serv_addr;

    if(argc != 2)
    {
        printf("\n Usage: %s <ip of server> \n",argv[0]);
        return 1;
    }
    memset(recvBuff, 0,sizeof(recvBuff));
    if((sockfd = socket(AF_INET, SOCK_STREAM, 0)) < 0)
    {
        printf("\n Error : Could not create socket \n");
        return 1;
    }

 memset(&serv_addr, 0, sizeof(serv_addr));
    serv_addr.sin_family = AF_INET;
    serv_addr.sin_port = htons(2000);
    if(inet_pton(AF_INET, argv[1], &serv_addr.sin_addr)<=0)
    {
        printf("\n inet_pton error occured\n");
        return 1;
    }
if(connect(sockfd, (struct sockaddr *)&serv_addr, sizeof(serv_addr)) < 0)
    {
        printf("\n Error : Connect Failed \n");
        return 1;
    }
while ((n = read(sockfd, recvBuff, sizeof(recvBuff)-1)) > 0)
{
```

```
    recvBuff[n] = 0;

    printf("Receive message: %s\r\n", recvBuff);

}
if(n < 0)
{
    printf("\n Read error \n");
}

close(sockfd);
return 0;
```

两台主机分别运行上述代码并建立连接后，服务器端应用显示如下内容。

```
linux-ubc9:~/ipv6_demo # ./server4
Connected from : 192.168.56.201
```

而连接的客户端将收到服务器发来的信息，显示如下。

```
linux-ubc0:~/ipv6_demo # ./client4 192.168.56.101
Receive message: Hello 192.168.56.201
```

在服务器上使能IPv6（测试默认使用SUSE 12 Server）需要先改造服务器端应用，以支持IPv6。服务器端具体代码如下，其中与IPv6改造相关的内容用加粗字体表示。

```
int main(int argc, char *argv[])
{
    int listenfd = 0, connfd = 0;
    struct sockaddr_in6 serv_addr, client_addr;
    char sendBuff[1025];
    char str_addr[INET6_ADDRSTRLEN];

    listenfd = socket(AF_INET6, SOCK_STREAM, 0);
    memset(&serv_addr, 0, sizeof(serv_addr));
    memset(sendBuff, 0, sizeof(sendBuff));

    serv_addr.sin6_family = AF_INET6;
    serv_addr.sin6_addr = in6addr_any;
    serv_addr.sin6_port = htons(2000);

    bind(listenfd, (struct sockaddr*)&serv_addr, sizeof(serv_addr));
    listen(listenfd, 10);

    while(1)
    {
```

```
        socklen_t  len = sizeof(client_addr);
        memset(&client_addr, 0, sizeof(client_addr));
        connfd = accept(listenfd, (struct sockaddr*)&client_addr, &len);
        inet_ntop(AF_INET6, &(client_addr.sin6_addr),
    str_addr, sizeof(str_addr));
         snprintf(sendBuff, sizeof(sendBuff), "Connected from : %s\r\n",
    str_addr);
        printf("%s", sendBuff);

        snprintf(sendBuff, sizeof(sendBuff), "Hello %s", str_addr);
        write(connfd, sendBuff, strlen(sendBuff));

        close(connfd);
        sleep(1);
    }
}
```

服务器端应用改造完成后,服务器再次与同一个IPv4客户端建立连接时,屏幕中显示的信息如下。

```
linux-ubc9:~/ipv6_demo # ./server6
Connected from : ::ffff:192.168.56.101
```

尽管此时服务器端应用接收的仍然是IPv4地址连接,但已经自动转换并显示为IPv6地址,如::ffff:192.168.56.101字段所示。此时服务器端应用已具备处理来自IPv4/IPv6连接的能力。

与此同时,客户端应用改造的要点在于将直接使用IP地址的位置全部修改为通过域名系统查询得到的IP地址,并从本地获取的地址中选取IPv4或IPv6地址建立连接。在双栈系统中,优先使用IPv6地址进行连接;在单栈系统中,以获得的IPv4/IPv6地址为准进行连接。客户端具体代码如下,其中与IPv6改造相关的内容用加粗字体表示。

```
int main(int argc, char *argv[])
{
    int sockfd = 0, n = 0;
    char recvBuff[1024];
    struct addrinfo hints;
    struct addrinfo *result, *res ;

    if(argc != 2)
    {
        printf("\n Usage: %s <ip of server> \n",argv[0]);
        return 1;
    }
```

```
memset(&hints, 0, sizeof(struct addrinfo));
hints.ai_family = AF_UNSPEC;
hints.ai_socktype = SOCK_STREAM;
int e = getaddrinfo(argv[1], "2000", &hints, &result);
if (e != 0)
{
    fprintf(stderr, "getaddrinfo error: %s\n", gai_strerror(e));
    exit(1);
}
for (res = result; res != NULL ; res = res->ai_next)
{
    if((sockfd = socket(res->ai_family, SOCK_STREAM, 0)) < 0)
    {
        continue;
    }
    if(connect(sockfd, res->ai_addr, res->ai_addrlen) != -1)
    {
        break;
    }
}
if (res == NULL) {
    fprintf(stderr, "Could not connect\n");
    exit(-1);
}
freeaddrinfo(result);

memset(recvBuff, 0,sizeof(recvBuff));
while ((n = read(sockfd, recvBuff, sizeof(recvBuff)-1)) > 0)
{
    recvBuff[n] = 0;
    printf("Receive message: %s\n", recvBuff);
}
if(n < 0)
{
    printf("\n Read error \n");
}

close(sockfd);
return 0;
}
```

完成上述代码改造后，客户端和服务器端均已实现完全支持IPv4/IPv6双栈和IPv6单栈。

为进一步辅助理解自研应用系统的IPv6改造要点，下面给出完整测试流程示例。按照图10-4所示的环境部署3台主机，通过DNS分别将ipv4.test.com和

ipv6.test.com两个域名映射到对应的IPv4/IPv6地址上。主机Linux-ubc1不部署
IPv6环境，作为仅支持IPv4的旧版主机使用。

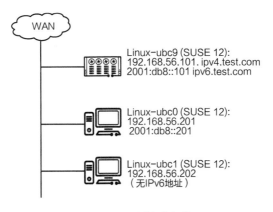

图 10-4　测试架构拓扑

在服务器和两台主机客户端分别运行IPv6应用并建立连接后，各屏幕显示
的内容如下。

服务器Linux-ubc9代码如下。

```
linux-ubc9:~/ipv6_demo # ./server6
Connected from : 2001:db8::201
Connected from : ::ffff:192.168.56.202
```

客户机Linux-ubc0代码如下。

```
linux-ubc0:~/ipv6_demo # ./client6 ipv6.test.com
Receive message: Hello 2001:db8::201
```

客户机Linux-ubc1代码如下。

```
linux-ubc1:~/ipv6_demo # ./client6 ipv4.test.com
Receive message: Hello ::ffff:192.168.56.202
linux-ubc1:~/ipv6_demo # ./client4 192.168.56.101
Receive message: Hello ::ffff:192.168.56.202
```

服务器显示内容表明，此时应用可以同时接收来自IPv4和IPv6的连接。两
台客户端均正常回显，说明对于未使能IPv6的客户机，使用新旧版本应用均可
正常连接。此示例中IPv4地址和IPv6地址使用了不同的域名，此方法更适用于
业务初期调试。实际IPv6改造完成并实现长期稳定运行后，改为同时解析到两
地址的一个域名即可。

2. C#（Windows）

Windows操作系统自.NET Framework 2.0版本（2005年发布）起默认支持

IPv6。在之前的Windows XP（SP1）和Windows Server 2003系统中，应用需要创建两个Socket连接，以便同时处理来自IPv4和IPv6的数据。2006年，Windows Vista系统发布，自此Windows系统开始使用一个IPv6 Socket同时处理IPv4和IPv6连接。

采用C#语言调用高级封装库，可以实现网络编程与IPv4/IPv6相互独立。下面展示直接使用TcpClient等进行编程的方法。使用经过高级封装的接口，应用可以完成IPv4/IPv6自适应并建立TCP连接，因此网络编程无须再关注IPv4/IPv6环境变化，只需关注业务处理代码即可。

服务器端样例如下。

```
// TCP Server
var listener = new TcpListener(new IPEndPoint(IPAddress.IPv6Any, 8080));
listener.Server.DualMode = true;
listener.Start();
```

客户端样例（来自微软 MSDN文档样例）如下。

```
static void Connect(String server, String message)
{
  try
  {
    // 创建TcpClient，服务器的地址通过server参数代入
    Int32 port = 8080;
    TcpClient client = new TcpClient(server, port);
    client.Client.DualMode = true;

    // 获取用于读写的客户端流
    NetworkStream stream = client.GetStream();
    // 将信息发送至连接的TcpServer
    ......
    // 关闭流和连接资源
    stream.Close();
    client.Close();
  }
  catch (ArgumentNullException e)
  {
    Console.WriteLine("ArgumentNullException: {0}", e);
  }
  catch (SocketException e)
  {
    Console.WriteLine("SocketException: {0}", e);
  }

  Console.WriteLine("\n Press Enter to continue...");
  Console.Read();
}
```

3. Java语言（平台无关）

在Linux操作系统中，Java程序自J2SE 1.4开始支持IPv6，在Windows系统中则始于J2SE 1.5。

默认情况下，支持双栈的系统优先使用IPv6地址。如果需要修改默认设置，可以在启动JVW（Jawa Virtual Machine，Jawa虚拟机）时通过参数指定优先地址类型，具体代码实现如下。

```
java.net.preferIPv4Stack=<true|false>
java.net.preferIPv6Addresses=<true|false>
```

其中，preferIPv4Stack参数用于控制Java程序在IPv4/IPv6双栈条件下是否优先使用IPv4，默认值为false，即优先使用IPv6 Socket，实现与对应IPv4/IPv6主机的对话功能。相反，如果将该参数值设为true，则优先使用IPv4 Socket，此时无法与IPv6主机进行通信。

preferIPv6Addresses参数用于本地或远端IP地址查询场景，在IPv4/IPv6双地址条件下控制Java程序是否优先返回IPv6地址。该参数默认值为false，即默认返回IPv4地址，实现向后兼容，满足原有IPv4验证逻辑以及仅支持IPv4地址的服务需求；相反，如果将该参数值设为true，则返回IPv6地址。

使用主机名或DNS解析进行IPv6的Socket通信编程时，所用Java代码与IPv4环境下的相同，具体内容如下。

对于客户端，代码如下。

```
import java.net.*;
import java.io.*;
void client(String name) {
    Socket s = new Socket(name, 8080);
    InputStream in = s.getInputStream();
    ......
    in.close();
}
```

对于服务器端，代码如下。

```
ServerSocket server =new ServerSocket(port);
Socket s;
while (true) {
    s = server.accept();
    ......
}
```

|10.5 小结|

本章重点介绍了应用系统IPv6改造的通用流程和基本要点，主要包含应用支撑系统的IPv6改造、标准应用系统的IPv6功能开通、自研应用系统的代码排查关键项及通信接口改造点。一般建议在企业启动IPv6改造之前完成应用系统改造，以便为整体难度评估、工作量评估和改造规范制定提供参考。需要注意的是，作为网络技术人员，我们对应用系统开发的理解较为粗浅，本章内容可能存在疏漏。因此，具体应用系统改造还需要IT开发人员根据自身应用情况进行细化分析，并且按照影响程度由小到大的顺序启动对应用系统的IPv6改造。

第 11 章
IPv6 改造推荐工具

企业"IPv6+"网络演进路线规划已在第4章中进行详细介绍。为了实现IPv6规模部署,保障各阶段有序、平滑演进,建议网络演进遵循先现网评估再规划设计、先试点验收再规模部署的模式逐步进行改造实施,同时分阶段进行运营监测,确保各阶段业务上线有保障,如图11-1所示。

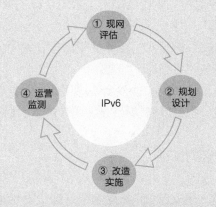

图 11-1 IPv6 规模部署流程

现网评估的目的是分析现有网络设备的软硬件信息、特性支持度、License激活状态等是否存在影响IPv6网络改造的瓶颈点。进行IPv6网络规划改造前,必须先完成瓶颈点的整改和优化。确保网络具备改造能力后,再针对IPv6地址、协议、新特性等进行整体规划和设计,支撑后续实施和交付工作,实现IPv6网络改造的阶段目标。同时,部署运营监测平台可持续检测的端(终端)、管(网络)、云(应用)的IPv6准备度情况,把握整体改造节奏,多方协调、统一部署,解锁现网中端、管、云互相掣肘的状态,实现真正意义上的IPv6持续演进。IPv6运营监测平台主要用于国家或省级行政区域内大型网络统一部署、行业网络规模改造等场景。

在IPv6网络演进过程中,可以使用工具平台全面识别网络软、硬件准备度,辅助完成网络设计,加速割接交付进度,实现阶段改造成果的可视化。因此,本章主要介绍IPv6改造各阶段中的推荐工具,以提升改造效率和准确度,实现整体进度可控。其中,企业IPv6规划设计阶段常用的IP地址管理工具已在5.3.3节中进行介绍,此处不赘述。

| 11.1　IPv6 现网评估 |

IPv6现网评估是"IPv6/IPv6+"网络准备度评估的统称，主要目的是评估当前网络的软、硬件是否满足对应IPv6改造的需求。利用工具平台构建各设备的IPv6支持基线库，可以快速输出全网设备软、硬件IPv6支持能力的详细结果。华为uNetVision平台是现网评估阶段常用的分析工具。

依据"IPv6/IPv6+"改造的演进路线，现网评估可以分为以下3个阶段。

- IPv6基础能力评估：主要评估现网设备对IPv6的软、硬件支持度和路由表规格等指标。
- "IPv6+"基础能力评估：主要评估现网设备对SRv6特性的软、硬件支持度和指令空间规格等指标。
- "IPv6+"高阶能力评估：主要评估现网设备对"IPv6+"高阶特性的软、硬件支持度，包括网络切片FlexE、IFIT、BIERv6等。

11.1.1　IPv6 基础能力评估

IPv6基础能力评估建议包含4个指标项，即设备的软硬件支持度、IPv6 License状态、掩码长度大于64 bit的路由支持能力和VPN路由表规格满足度。实际应用时，可以根据业务需求选取特定指标项进行评估。

1. IPv6软、硬件支持度评估

目的是识别设备软、硬件是否具备开通IPv6的能力。针对不同设备类型，评估规则稍有差异。

对于一体化的盒式设备，评估结果可以分为2大类3小项。

设备支持IPv6的情况是：设备的软件和硬件均支持IPv6，且规格满足业务要求，可启动IPv6规划设计工作。

设备不支持IPv6的情况如下。

- 硬件不支持：硬件不支持IPv6，需要优先替换板卡等硬件设备。当硬件不支持IPv6时，不需要单独评估软件支持度。
- 软件不支持：硬件设备支持IPv6，仅软件不支持，只需升级软件版本即可。

对于多槽位的框式设备，需要考虑不同业务单板的支持情况，评估结果分为2大类4小项。

设备支持IPv6：设备中所有业务单板的软、硬件均支持IPv6。

设备不支持IPv6的情况如下。

- 硬件完全不支持：设备及所有单板硬件均不支持IPv6，需要整机替换。
- 硬件部分不支持：只有部分单板硬件不支持IPv6，替换即可。
- 软件不支持：设备中所有单板硬件均支持IPv6，仅软件不支持，只需升级软件版本即可。

基于上述评估规则，工作人员可以筛选出不适配的硬件设备和软件信息，在IPv6改造之前指导完成设备升级。以华为uNetVision工具为例，通过工具可以快速统计全网设备对IPv6的支持情况，并输出不支持IPv6的设备、板卡类型和数量，如图11-2所示。

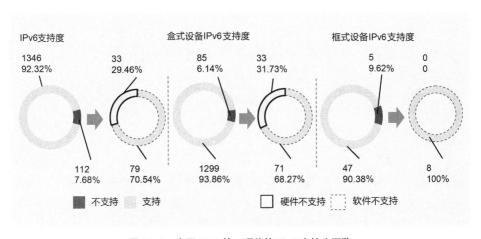

图 11-2　全网 IPv6 软、硬件的 IPv6 支持度概览

另外，华为uNetVision工具还可输出设备IP地址、型号、板卡类型和版本等信息，并对具体设备的详细支持度情况进行统计。

2. IPv6 License状态评估

部分设备的软、硬件即使具备开通IPv6的能力，也需通过License授权才能使用IPv6功能。IPv6 License状态评估主要针对这种场景，确认在License管控状态下设备是否已激活IPv6功能。

3. 掩码长度大于64 bit的路由支持能力评估

当网络规划使用掩码长度小于64 bit的网段时，设备中用于存放路由表项的硬件资源相对较少。而网段掩码长度大于64 bit时，路由表项会消耗设备中更多的硬件存储资源，可能成为IPv6改造后设备的性能瓶颈，因此需要评估设备是否具备支持掩码长度大于64 bit的路由的能力。

针对不同设备类型，评估内容稍有差异。盒式设备需要评估整机的支持能力，而框式设备只需评估涉及的单板部件即可。根据行业经验，1000条掩码长度大于64 bit的路由可以满足绝大多数企业的IPv6场景需求。因此,一般设置掩码长度大于64 bit的路由的数量阈值为1000条,当设备支持的规格数低于阈值时识别风险,认为其不具备支持掩码长度大于64 bit的路由的能力。

同样以华为uNetVision工具为例,该工具可以输出全网掩码长度大于64 bit的路由的支持度汇总和明细,如图11-3所示。

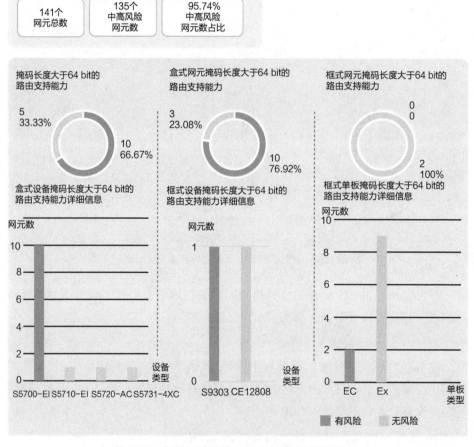

图11-3　全网掩码长度大于64 bit 的路由支持度分析

4. VPN路由表规格满足度评估

在现网IPv6演进场景的VPN业务割接过程中,IPv4/IPv6的邻居会学习相同的VPN实例路由信息,从而造成VPN路由数量翻倍。因此,IPv6改造前需要检查现网IPv4 VPN表项是否已超过设备路由表规格的50%,以避免业务割接时

VPN路由表超规格导致设备性能瓶颈，致使割接失败。

11.1.2　"IPv6+"基础能力评估

"IPv6+"基础能力评估建议包含3个部分，即SRv6特性包支持度评估、SRv6特性包License激活状态评估和单板剩余指令空间评估。

1. SRv6特性包支持度评估

在"IPv6+"改造过程中，根据需要对SRv6相关特性进行评估，如现网对SRv6 BE、SRv6 Policy、L3VPN over SRv6 BE、L3VPN over SRv6 Policy、TWAMP（Two-Way Active Measurement Protocol，双向主动测量协议）、1588v2等子特性的支持能力。

华为uNetVision工具可以支撑上述指标快速评估，汇总结果如图11-4所示。针对硬件不支持SRv6的设备，输出设备型号和数量信息，建议更换硬件；针对软件不支持SRv6的设备，只需升级软件即可。

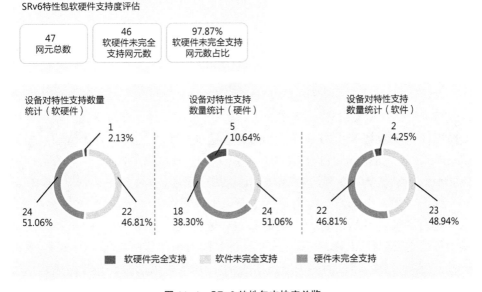

图 11-4　SRv6 特性包支持度总览

2. SRv6特性包License激活状态评估

部分厂商设备支持SRv6等相关特性也需要使能License，因此需要评估现网设备中SRv6、EVPN、1588v2等相关特性的License激活状态，其中License主要分为功能型业务License和资源型业务License两类。

- 功能型业务License：评估设备是否开启这项功能。量纲为整机，即整设备有效，无须考虑设备中具体模块部件的激活情况。
- 资源型业务License：评估指定单板、端口、用户等模块支持的License规格数量，判断其是否满足业务需求。量纲为单板、端口带宽、用户数或隧道数等部件。

3. 单板剩余指令空间评估

指令空间是保证转发业务弹性的重要资源，对弹性要求极高的产品（如业务路由器等）尤为重要。随着"IPv6+"新业务特性不断迭代，现网设备版本持续演进，业务功能逻辑模块不断增加，可能导致单板剩余指令空间不足，致使新业务特性无法成功部署，最终影响设备版本升级和新特性上线。因此，IPv6改造前还需评估设备单板剩余指令空间，识别设备升级到目标版本后相关单板在部署新特性时是否存在剩余指令空间不够的风险，并针对风险单板优先进行升级替换。

说明： 需要部署的新业务特性包括L3EVPN over SRv6、L2EVPN over SRv6、SRv6尾节点保护、SRv6拼接MPLS、IFIT、网络切片、BIER、TWAMP、Y1731等。

11.1.3 "IPv6+"高阶能力评估

"IPv6+"高阶能力评估建议包含两部分，即"IPv6+"高阶特性的软、硬件支持度评估和相关License状态评估。其中，"IPv6+"高阶特性的软、硬件支持度评估指标主要包含FlexE、信道化子接口、IFIT、BIERv6等特性。相关License状态评估指标则包含FlexE、增强OAM、IFIT等"IPv6+"高阶特性的功能型License激活状态和已激活的License规格数量。

综上所述，IPv6基础能力评估主要识别现网中不支持IPv6的软、硬件信息并进行必要的升级改造，以支撑双栈快速开通。"IPv6+"的基础和高阶能力评估主要包括SRv6、FlexE和SLA保障能力等，是网络向"IPv6+"创新阶段演进的重要保障。上述现网评估的3个阶段均可借助工具高效完成，华为uNetVision平台是常用的评估辅助工具。

完成现网评估并确认设备网络具备改造能力后，即可启动IPv6规划设计。在IPv6规划设计阶段，IPv6地址资源的规划和管理通常使用IPAM工具进行辅助，以提高效率和准确性，相关内容已在5.3.3节中介绍，此处不赘述。IPv6规划设计完成后，即可进入改造实施阶段。

| 11.2 IPv6 改造实施 |

IPv6改造实施主要包括IPv6双栈改造和SRv6协议改造两种方法。正确利用辅助工具，可以针对每个设备、每个步骤批量生成配置脚本并验证其准确性，提前发现割接问题，提升割接改造效率和准确性。

11.2.1 IPv6 双栈改造

IPv6双栈改造期间，可以使用割接交付工具输出规范化脚本，提前模拟、验证脚本的准确性和对现网的影响范围。以华为数通割接工具为例，IPv6双栈改造流程可分为以下4个步骤。

第一步：现网还原。还原存量现网资源、拓扑、网元层次、IPv4接口地址等，作为脚本生成的重要输入参数。

第二步：规则定义。根据IPv6地址分配原则和双栈割接计划，规划设备互联信息、管理地址、业务地址和各阶段割接步骤诉求，设置相应的自动化脚本规则。

第三步：脚本生成。

第四步：脚本验证。验证上述割接步骤的合理性和脚本的正确性，保障割接成功。

完成上述步骤后，该工具还可自动批量生成割接文档、脚本等，支撑多局点并行割接，加速IPv6双栈改造。

11.2.2 SRv6 协议改造

随着智能云网不断发展，存量网络由MPLS向SRv6演进的场景越来越多。面对海量的SRv6交付需求，人工输出脚本效率低、易出错，因此对工程师的技能提出了更高的要求。借助割接交付工具，可以将复杂的参数设计变得规则化、可视化，助力规划、设计、割接整个交付流程，确保SRv6交付准确、高效。

以华为数通割接工具为例，SRv6协议改造流程主要包括图11-5所示的内容。

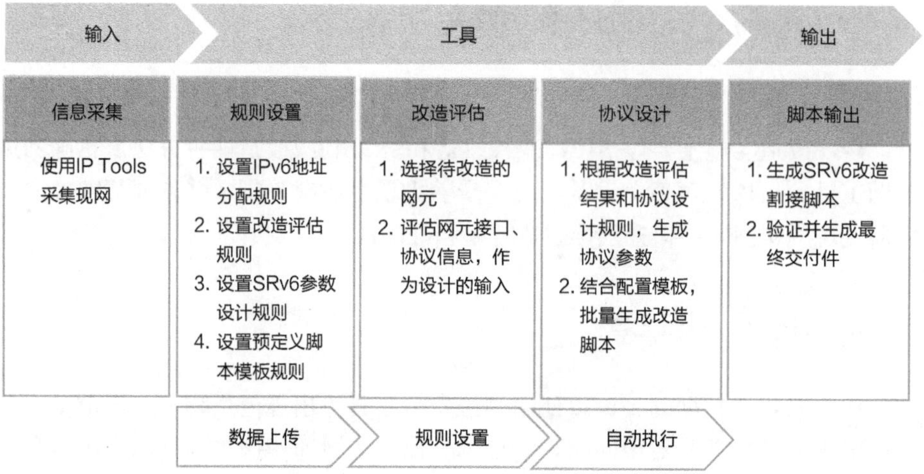

图 11-5　SRv6 协议改造流程

| 11.3　IPv6 运营监测 |

为加快推进IPv6规模应用，掌握IPv6改造进度并提升业务质量，需要从根本上解决改造过程中的端、管、云互相掣肘的问题。部署IPv6运营监测平台，参考国家要求对下述各项重要指标进行监测，能够客观、准确地反映IPv6运行状态和改造进度，并基于各指标结果形成完整的监测报告，实现IPv6改造可量化，支撑统一布局、合理规划，加速IPv6改造进度。

- 终端层面：主要监测活跃用户、地址使用情况、终端就绪度等指标。
- 管道层面：主要监测IPv6流量、IPv6质量、网络准备度等指标。
- 云端层面：主要监测基础设施、业务应用就绪度等指标。

建设IPv6发展监测平台，是贯彻落实国家重大工作决策部署的具体要求，是推动各地、各部门、各单位加快推进IPv6升级改造的重要技术手段。本节以国家监测体系为主体，以主流监测平台为样例，着重介绍IPv6监测平台的内容和指标体系。

11.3.1　组网建议

当前，IPv6运营监测平台主要部署在特定行业的国家、省（自治区、直辖市）、市等各级垂直部门或区域内的各行政管理部门，用以监测行业或行政区域范围内网络的IPv6改造进展。通常使用主平台与监测点的架构模式，如图11-6所示。

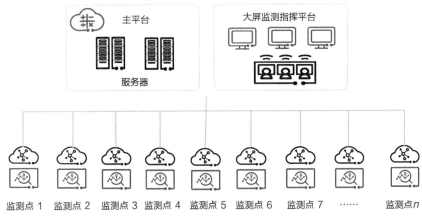

主平台

大屏监测指挥平台

服务器

监测点 1　监测点 2　监测点 3　监测点 4　监测点 5　监测点 6　监测点 7　……　监测点n

图 11-6　IPv6 运营监测平台部署拓扑

- 主平台：主要部署前端、中台、调度、数据库、网关等核心组件，负责IPv6运营监测平台的主要业务功能，并向各监测点下发监测任务。
- 监测点：主要部署监测点子系统，采用分布式架构，根据目标位置将监测点分散部署在不同区域，实现网状监测覆盖。监测点接收主平台下发的任务，执行并返回监测结果。

11.3.2　指标体系

根据国家IPv6指标要求完成参数量化建模，主要确定活跃连接、分配地址、网络流量、网络质量、基础资源、云端就绪、应用就绪、终端就绪和"IPv6+"创新等9个一级监测指标和32个二级监测指标，覆盖IPv6网络演进路线中3个阶段的任务范围，具体如表11-1所示。

表 11-1　IPv6 监测指标体系

一级监测指标	二级监测指标
活跃连接	IPv6 活跃连接数
	IPv4 活跃连接数
	关键应用活跃连接数

一级监测指标	二级监测指标
分配地址	IPv6 地址块总量
	已分配 IPv6 地址块统计
	未分配 IPv6 地址块统计
	已使用 IPv6 地址块统计
	IPv6 地址块使用情况统计
网络流量	互联网出口 IPv6 流量占比
	主干网络 IPv6 流量占比
	数据中心 IPv6 流量占比
	关键应用 IPv6 流量占比
网络质量	互联网出口网络质量
	主干网络质量
	数据中心网络质量
基础资源	网络设备 IPv6 支持度
	网络设备 IPv6 覆盖率
	安全设备 IPv6 支持度
	安全设备 IPv6 覆盖率
云端就绪	IaaS 层 IPv6 部署率
	PaaS 层 IPv6 部署率
	SaaS 层 IPv6 部署率
应用就绪	互联网应用支持 IPv6 访问数量和占比
	内部应用支持 IPv6 访问数量和占比
	App IPv6 支持统计
终端就绪	终端设备 IPv6 支持度
	终端设备 IPv6 覆盖率
"IPv6+"创新	网络设备"IPv6+"支持度
	网络设备"IPv6+"覆盖率
	安全设备"IPv6+"支持度
	安全设备"IPv6+"覆盖率
	"IPv6+"流量统计

下面将对IPv6监测指标体系进行逐一介绍。

1. 活跃连接

活跃连接指标反映现网中IPv6活跃用户数的占比情况，主要统计网络中的各项活跃连接数信息，如图11-7所示。其中，IPv4/IPv6活跃连接数代表指定网络区域内在线的IPv4/IPv6地址数量，反映IPv4/IPv6在线地址数量比例；关键应用活跃连接数代表统计访问该应用的在线IPv6和IPv4地址数量，可用于计算在线地址总数中的IPv6活跃连接数占比。

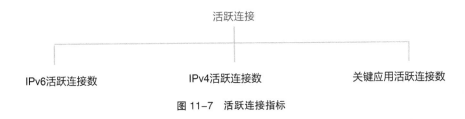

图 11-7　活跃连接指标

通常情况下，建议统计一定周期内的IPv6连接数量信息。例如统计30天内使用IPv6访问目标监测网站和App的用户数量，以反映整体IPv6使用占比。

2. 分配地址

分配地址指标反映当前IPv6地址的申请、规划和实际使用情况，建议至少包含5个量化指标，如图11-8所示。一般通过SNMP采集或从电信运营商网络出口处获取分配地址信息，以评估IPv6地址空间的使用情况和占比。

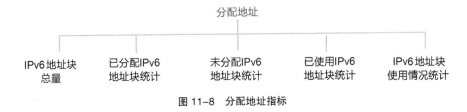

图 11-8　分配地址指标

3. 网络流量

网络流量指标体现IPv6相关数据流量在不同网络区域中的占比信息，客观反映IPv6在企业网络中的实际使用情况，如图11-9所示。

图 11-9　网络流量指标

IPv6流量占比定义为一定周期（如30天）内特定网络区域中流入和流出的IPv6流量占IPv4和IPv6总流量的比例，反映该区域内主流业务使用IPv6的真实情况。网络IPv6流量通常采用SNMP方式采集。

4. 网络质量

IPv6改造后，网络质量与IPv4网络趋同是最低要求，优于IPv4网络是最终目标。良好的网络质量是牵引企业业务逐步完成IPv6网络改造的重要保障。网络质量指标反映不同网络区域中企业IPv6网络质量相比IPv4网络质量的劣化程度（性能指标相对劣化度），建议至少评估典型网络区域的3个质量表现，如图11-10所示。各个区域的网络质量主要通过IPv6劣化度指标来衡量，评估对象包括时延、丢包和抖动3项性能指标。

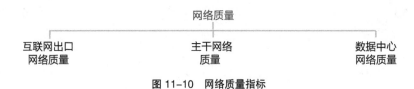

图11-10　网络质量指标

- 性能指标相对劣化度：评估特定网络区域中IPv6具体性能指标的劣化程度。网络区域出口节点的探针分别通过IPv6和IPv4访问指定目标，以评估IPv4/IPv6环境下平均时延、平均丢包率和平均抖动等性能指标的相对劣化度。例如，平均时延相对劣化度的计算公式为：（IPv6平均时延-IPv4平均时延）/IPv4平均时延。
- IPv6劣化度指标：评估特定网络区域中IPv6总体网络质量的劣化程度。得到上述平均时延、平均丢包、平均抖动的相对劣化度后，通过设置3项性能指标的权重占比，计算该区域内的IPv6网络质量的相对劣化度。例如，设置三者的权重分别为30%、40%、30%，则该网络区域的IPv6劣化度计算公式为：时延相对劣化度×30%+丢包相对劣化度×40%+抖动相对劣化度×30%。

5. 基础资源

基础资源指标分析企业内部网络基础设施的IPv6支持度和覆盖率，建议至少对4个量化指标进行评估，如图11-11所示。其中，网络设备主要包括路由器、交换机、无线AP等，安全设备主要包括防火墙、IPS、VPN设备、行为管理设备和漏洞扫描服务器等。

图 11-11　基础资源指标

- IPv6支持度：反映现网中支持IPv6的设备占比，体现可实现IPv6改造的空间比例。计算公式为：网络中支持IPv6的网络设备的数量/网络设备的总数量。
- IPv6覆盖率：反映现网中已经部署IPv6的设备占比，体现实际使用IPv6的空间比例。计算公式为：已经部署IPv6的网络设备数量/网络设备的总数量。

6.　云端就绪

云端就绪指标反映企业内部核心IT系统的IPv6支持程度，建议至少评估3层部署率指标，如图11-12所示。

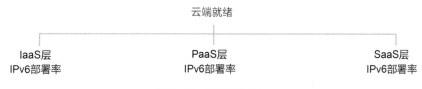

图 11-12　云端就绪指标

- IaaS层IPv6部署率：企业应用所在主机已启用IPv6的数量及占比。其中，主机可能是物理机、虚拟机或容器。
- PaaS层IPv6部署率：企业应用开发使用的数据库、中间件等已启用IPv6的数量及占比。
- SaaS层IPv6部署率：企业使用的三方应用（如云桌面、邮箱、DNS、DHCP等）已启用IPv6的数量及占比。

7.　应用就绪

应用就绪指标反映企业互联网门户网站、内部应用网站和移动端App的IPv6改造程度。设置3大类7小类的量化指标，评估在网络和核心IT基础之上的应用层准备度，指标定义和建议权重如图11-13所示。

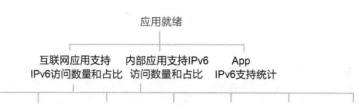

图 11-13 应用就绪指标

8. 终端就绪

终端就绪指标反映现网终端的IPv6支持度和覆盖率，即终端IPv6准备度，如图11-14所示。

图 11-14 终端就绪指标

9. "IPv6+"创新

"IPv6+"创新指标反映企业网络向"IPv6+"目标网演进的能力和现网中"IPv6+"技术的应用情况，建议至少评估5个量化指标，如图11-15所示。其中，"IPv6+"技术包括SRv6、网络切片、IFIT、BIERv6、APN6等。

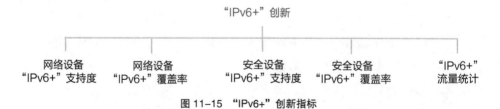

图 11-15 "IPv6+"创新指标

- 网络/安全设备"IPv6+"支持度：企业网络/安全设备支持"IPv6+"相关特性的数量占比，用于衡量企业网络中具备演进到"IPv6+"能力的网络/安全资产比例。
- 网络/安全设备"IPv6+"覆盖率：企业网络/安全设备已部署"IPv6+"相

关特性的数量占比，用于衡量企业网络已完成"IPv6+"改造的网络/安全资产比例。

· "IPv6+"流量统计：网络设备总流量中启用"IPv6+"的设备中各项技术承载的流量占比，主要包括SRv6、网络切片、IFIT、BIERv6、APNv6等技术。

综上所述，部署IPv6运营监测平台可以实现目标网络中用户、流量、业务、应用、终端等的IPv6使用、覆盖和运行状态可视化，结合科学的方法指导IPv6改造快速推进。

| 11.4　小结 |

本章重点介绍了IPv6网络演进过程中推荐使用的辅助工具。各项工具的使用覆盖现网评估、规划设计、改造实施、运营监测4个阶段，可以提升改造效率和准确度，加速实现IPv6改造目标。通过现网评估识别不同阶段网络改造的设备支持能力，提前升级或替换不支持IPv6的软、硬件设备，确保现网满足IPv6改造的特性和规格需求。使用IPAM规划工具可以完成复杂IPv6地址层次化、语义化。使用割接交付工具可批量生成配置脚本，提高IPv6改造效率和准确度。对大型网络进行IPv6改造时，可以部署运营监测平台，实现各阶段端、管、云指标量化可视，确保IPv6改造相互解耦，加速实现IPv6改造目标。

第12章
安全 IPv6 演进设计

在数字化时代，随着设备互联程度越来越高，网络安全问题愈加凸显。尤其在当下，很多国家的基础设施已经向云化、数字化转型，万物互联的时代来临，网络安全已经不再是个人的事情，而是关系到国计民生的大事。IPv6是基于IPv4替换、升级后的网络协议，在其设计之初就考虑了网络安全问题，能够为IPv6网络的演进和发展提供更高效、更灵活的安全防护能力，那么在网络安全方面IPv6能提供哪些显著的提升和优势呢？IPv6演进过程中应该怎样设计安全方案？本章将探讨IPv6相对IPv4的安全变化，IPv6对安全的影响，IPv6安全演进策略、IPv6基础安全防护策略，以及园区网络、数据中心网络、广域网络在IPv6环境下的安全防护方案。

| 12.1 IPv6对安全的影响 |

众所周知，IPv4和IPv6之间最显著的变化就是，IP地址，从32位点分十进制变成128位冒号十六进制，这会对安全产生什么影响呢？没有了NAT后的网络会更加安全，还是更不安全？IPv4网络中的攻击手段在IPv6网络下依然有效吗？带着这些疑问，我们将在本节探讨IPv6特有的安全风险、IPv6从IPv4继承的安全风险、IPv6提升的安全能力，以及IPv6安全建设面临的挑战。

12.1.1 IPv6 特有的安全风险

总体而言，IPv6在安全性上的考虑要比IPv4更加周全，IPv6取消了部分在IPv4下容易被利用产生攻击的协议，如APR、广播报文、ICMPv4等，同时引入了ICMPv6来实现这些协议的功能，但精明的攻击者总能找到协议交互机制上的漏洞并加以利用，他们采取与IPv4下相同或类似的攻击方式，对IPv6网络进行攻击。本节主要介绍一些目前已知的针对IPv6的攻击方式，这并不表明IPv6安全性降低了，因为无论多么周全的设计，总会有漏洞被挖掘，安全工作永远做不到一劳永逸。

1. IPv6扩展报文头攻击

与IPv4报文格式相比，IPv6报文格式的一个重要变化就是引入了扩展报文头，IPv6对扩展报文头的数量没有做出限制，同一种类型的扩展报文头也可以出现多次。攻击者可以通过构造异常数量扩展报文头的报文对防火墙或者目标主机进行DoS攻击，利用协议特性，解析精心构造的攻击报文，消耗大量计算资源，降低设备的处理性能。

2. ICMPv6相关的攻击

ICMPv6是IPv6协议族中的一个基础协议，它合并了IPv4中的ICMP、IGMP、ARP、RARP等多个协议的功能，例如ICMPv6的邻居发现功能，取代了ARP、RARP的部分功能。ICMPv6控制着IPv6网络中的地址生成、地址解析、差错控制、组播控制等关键环节，因此攻击者可能利用ICMPv6的漏洞和机制达到攻击目的，大部分的攻击方式是IPv4下常见的方式，举例说明如下。

- 路由重定向攻击。攻击者可以伪装成路由器，发送重定向报文，修改主机的路由，将报文发给自己，进而获取交互中的关键参数和重要信息。
- 目的不可达攻击。对于一个TCP连接，如果已知端口号和序列号，那么对两端或者其中一端节点发送CMPv6 Destination Unreachable消息，就能够破坏这个连接。
- ND协议攻击。IPv6采用ND协议实现IPv4中的ARP功能，二者虽然协议层次不同，但实现机制大同小异，所以针对ARP的攻击，如ARP欺骗、ARP泛洪攻击、中间人攻击等，在IPv6网络中仍然存在。例如，攻击者仿冒其他用户的IP地址发送NS报文、NA报文、路由器请求报文，进而改写网关或者其他用户的ND表项，导致被仿冒用户无法正常接收报文，从而无法正常通信。此外，攻击者通过截获被仿冒用户的报文，可以非法获取用户的游戏、网银等账号口令，有可能造成用户的重大利益损失。
- DAD攻击。DAD攻击是指攻击者在某个主机的地址分配过程中，监测目标主机的DAD交互报文。在侦听到NS报文时，攻击者通过发送非法的NA报文，宣称分配的地址被占用，破坏该主机的地址分配过程，从而造成该主机网络地址配置无法完成，无法联网。DAD攻击产生的根本原因是主机无法对NA报文的合法性进行验证。
- 前缀欺骗攻击（RA攻击）。IPv6的无状态自动地址配置，是指节点利用路由前缀与自己的接口地址生成全局的IPv6地址。获得路由前缀的方法有两个，一是节点主动发送ICMPv6 RS消息，二是监听链路上周期广播的RA消息。攻击者可以向本地组播地址发出RA消息，发布虚假的路由前缀。更进一步，如果攻击者把DAD攻击和前缀欺骗攻击结合起来，首先通过DAD攻击，使所有新入网设备不能获得正确的地址，同时发布自己的前缀，并且开启本机路由转发功能，这样攻击者将成为本链路所有主机的默认路由器，实施中间人攻击。

3. IPv4/IPv6双栈部署过渡期的安全风险

双栈机制下的网络安全风险大部分是临时的，随着IPv6的规模部署，过渡期的安全风险都会被解决。了解过渡期的安全风险并通过有效的处置措施，可以帮助企业用户更加安全、平稳地度过IPv6演进初期。

（1）双栈机制安全风险

过渡期间双栈部署的网络中同时运行着IPv4、IPv6两个逻辑通道，增加了设备/系统的暴露面，也意味着防火墙、安全网关等防护设备需同时配置双栈策略，导致策略管理复杂度翻倍。同时，在IPv4网络中，部分操作系统默认启动了IPv6自动地址配置功能，使得IPv4网络中存在隐蔽的IPv6通道。如果该IPv6通道并没有进行防护配置，攻击者可以利用IPv6通道实施攻击。双栈系统的复杂性也会降低网络节点的数据转发效率，导致网络节点的故障率增加。

（2）隧道机制安全风险

隧道机制就是对任何来源的数据包只进行封装和解封装，如果不对源地址和报文内容进行检查，攻击者可以将攻击行为隐匿在隧道中，并注入目的网络。

由于大部分隧道机制都没有内置认证、完整性和加密等安全功能，因此攻击者可以伪装成合法用户，向隧道中注入攻击流量，进行仿冒、篡改、泛洪等攻击。

（3）翻译机制安全风险

翻译机制（协议转换）为IPv6网络节点和IPv4网络节点间提供透明的路由转发。翻译设备作为IPv6与IPv4互联的网络节点，可以实现"多对一、多对多"的灵活地址映射，从而难以对网络进行可靠的溯源和源地址验证，增加了对网络的滥用风险。另外，攻击者可以通过伪造的报文耗尽翻译设备的地址池，造成网络瘫痪。

12.1.2 IPv6从IPv4继承的安全风险

IPv6对网络层的影响较大，对应用层的影响相对较小。在很多场景下，应用层不需要感知网络层的实现，因此IPv4网络下针对应用层的攻击在IPv6场景下依然有效，这类攻击方式也从IPv4网络继承到IPv6网络。本节主要阐述IPv6从IPv4继承的安全风险。

1. DDoS攻击

在DDoS攻击中，大量计算机同时访问目标服务器，导致服务器的流量剧增，从而无法正常提供服务。IPv6在抵御DDoS攻击方面也存在和IPv4网络同样的问题及缺陷。单从数据包来说，IPv6数据包头比IPv4数据包头大，这意味着中间的传输设备如路由器、防火墙和其他网络设备必须处理更多的数据，消耗更多的带宽。一旦发生DDoS攻击，将产生巨大的影响，IPv4网络中常见的DDoS攻击在IPv6网络中可能更具危险性，影响范围更大。

2. 应用层攻击

IPv6只影响网络层的实现，很多场景下不影响原有应用层的实现，因此IPv4网络下的应用层攻击，例如Web攻击、SQL注入攻击、跨站攻击等，在IPv6网络下仍然有效，其防护方式也不会发生变化。

3. 物理层和链路层攻击

针对物理层和链路层的攻击在IPv6网络下仍然有效，例如通过伪造大量的虚假MAC地址耗尽交换机的MAC表项，从而达到拒绝提供服务的目的等。

4. 漏洞利用攻击

非网络层的协议、软件、系统的漏洞在IPv6网络下仍然有效，攻击者可以通过IPv6网络对这些漏洞发起攻击并达到攻击效果，其防护方式与IPv4网络下的防护方式相同，通过网络IPS或主机IPS进行防护的同时，需要及时升级版本及补丁。

5. 非授权访问

非授权访问指在未经授权的情况下访问网络及数据资源，主要包括非法用户有意避开系统访问控制机制，进入网络或系统进行违规操作，或者低权限用户以越权或擅自扩大权限的方式进行违规操作等。IPv4网络下存在的非授权访问风险在IPv6网络下仍然存在，通过精细的权限管控和完善的认证机制可以最大限度地避免非授权访问行为。

12.1.3　IPv6 提升的安全能力

如前文所述，IPv6新的机制存在被攻击者利用的安全风险。与此同时，IPv6新的机制也解决或缓解了一部分IPv4网络下原有的安全风险，例如蠕虫攻击、网络放大攻击及报文分片攻击等，并且在认证加密、资产管理、威胁溯源及精细化访问控制等能力上有较大提升。

1. 有效缓解蠕虫攻击、网络放大攻击及报文分片攻击

（1）缓解基于遍历扫描的蠕虫攻击

网络扫描在IPv4环境下比较普遍而且非常迅速，无论是攻击者通过网络扫描探测网络结构及主机，还是管理员通过网络扫描进行资产探测和漏洞管理，都可以在有效的时间内完成目标网络的遍历扫描。但这种基于地址遍历的扫描方式，会因为IPv6网段地址空间的"无穷巨大"而变得不再适用，假设攻击者每秒可以扫描一百万个地址，需要大约58万年的时间才能遍历整个子网。网络蠕虫等病毒通过遍历扫描和随机选择IP地址的方式在IPv6网络中的传播将会变得极为困难。

（2）缓解基于广播报文的网络放大攻击

基于广播报文的网络放大攻击是通过发送ICMP报文，将报文的回复地址设置成受害网络的广播地址，来淹没受害主机，最终使该网络的所有主机都对此ICMP应答请求给出答复，导致网络阻塞。ICMPv6在设计上不会响应广播地址的消息，攻击者难以利用IPv4下相同的机制进行网络放大攻击，从而降低了此类攻击的风险。

（3）缓解报文分片攻击

IPv6禁止中间节点设备对IP报文进行分片，分片只能在端侧执行，其目的是让IPv6报文头长度固定，且内部字段对齐，便于高效预取或者直接通过固定硬件处理，从而达到提高处理性能的目的，这有助于防止分片攻击，分片ID不能被攻击者预测。因此，通过发送伪造的分片报文发动攻击的方法在IPv6下不再有效。

2. 提升认证及加密能力

（1）IPsec提供网络层安全通信保障机制

根据RFC 4301，IPsec是IPv6的一部分。IPsec可以为OSPFv3、RIPng等提供无缝的认证和加密，提高整个IPv6网络抗攻击的能力。

（2）有效防御中间人攻击

IPv6有较为健全的认证机制，如果充分利用，有能力在第一跳就阻止恶意设备。如果启用IPv6内增强的端到端鉴别机制，可以最大限度防御中间人攻击。

3. 优化资产管理能力

IPv6的128 bit地址通过合理规划和层次化设计能够被赋予更多的语义信息，每一个终端资产都能够被赋予一个唯一、可识别的地址，就好比通过现实世界中的身份证号码可以识别一个人的出生年月、性别和所在省份等信息，IPv6地址也可以成为网络世界中资产的身份证，如图12-1所示。

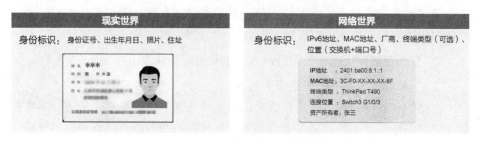

图12-1　IPv6地址与终端标识示意

一个经过合理规划、语义化设计的IPv6地址能够提供很多有价值的信息，例如资产所属的园区、大楼、办公区，甚至设备类型（PC终端、哑终端等），为网络的资产管理、准入控制、威胁溯源提供了巨大的优化空间。在规划良好、管理严格的场景下，甚至可以实现IP地址即设备的能力。

4. 提供精准溯源能力

IPv4网络由于地址不足引入了NAT策略，这导致溯源难度大大提升，而IPv6地址空间巨大，不需要通过NAT协议进行地址或端口的映射，报文在经过网关设备时源地址不会被修改，可以实现端到端的真实地址连接。在IPv6 Only网络中，经过严格的网络规划和地址管理，攻击者的IP地址会被立刻溯源出来，而不需要借助任何溯源工具。即使在IPv6的演进初期，也可以通过在IPv6扩展字段中植入地址相关信息进行溯源追踪，后续的12.6.1节将介绍广域网络APN6动态溯源方案。

对于习惯了IPv4网络下通过NAT提供隐私防护的用户，可能会产生担忧：内网终端和内部服务器的真实IP地址暴露在互联网上，是否会增加网络安全风险？此类担忧其实是没有必要的，通过边界防火墙的安全策略默认阻断外部到内部的访问，即使攻击者获取了内部主机地址，也无法直接主动建立连接，形成攻击，如图12-2所示。因此，去除NAT并不会增加内网被攻击的风险。

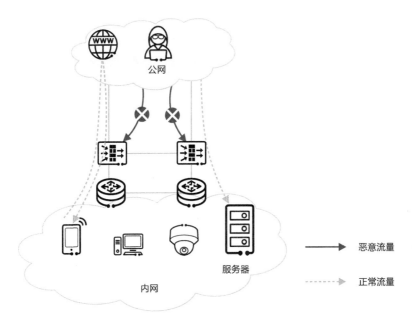

图 12-2　IPv6 网络下无 NAT 防护示意

12.1.4　IPv6 安全建设面临的挑战

基于上述IPv6对安全的影响，IPv6的安全建设面临与IPv4不同的挑战。不同于IPv4环境下"先建网络后补安全"的建设思路，IPv6安全防护与网络规划有更紧密的关联，同时IPv6新特性对安全提升大，但取决于相关技术体系的完善及网络的规划设计。对企业客户而言，在IPv6演进的不同阶段，既不希望超前投入导致成本增加，又希望能落地最有效的防护能力保障IPv6业务的安全。不但需要企业对IPv6演进有清晰的目标和规划，还需要设备及方案提供商具备深厚的技术储备和实施经验。本节主要探讨IPv6网络下安全建设过程中可能面临的变化和挑战。

1. IPv6环境下安全需要与网络紧密结合，需要同步规划和设计

IPv6安全建设离不开与网络的协同联动，例如IPv6巨大的地址空间使得传统的资产探测及漏洞扫描类设备难以完成子网扫描操作，需要与DNS、DHCP、网关设备等基础设施联动，获得网络拓扑及设备的精确地址后，再进行定向扫描。网络地址的规划及IP的管理能够提高资产管理效率和增强威胁溯源能力。因此在IPv6网络中，安全与网络的协同规划和设计能够更好地发挥IPv6特性优势，企业客户应尽可能对网络和安全进行同步规划及设计。

2. IPv6威胁检测对软、硬件要求更高，需要同步提升

在IPv6网络下，巨大的地址空间和128 bit的地址长度，会使得传统安全防护设备在实现流量清洗、数据包过滤、入侵检测等各类以网络地址标识解析为核心的功能时，面临性能上的挑战。复杂网络地址标识和海量流量带来的双重压力，对DDoS、防火墙、IDS/IPS等传统安全设备提出更高要求。因此，当前安全设备的计算架构需要优化和升级，以满足IPv6规模部署后带来的性能需求，企业客户需要提前评估网络及安全现状，对升级后的检测能力及性能提供明确的要求。

3. IPv6新特性对安全提升大，需提前研究和规划

基于IPv6的128 bit地址长度，可赋予IPv6地址更多的语义化信息，提升IPv6地址管理能力；基于APN6等灵活扩展报文头的地址溯源、应用粒度访问控制、随路验证等功能都能够极大提升IPv6网络下的安全防护效果。但相关方案中仍有部分处于研究阶段，尚未达到落地实施的阶段，无法充分发挥IPv6新特性的安全能力，需加强创新研究投入，提前布局IPv6新安全体系的建设。企业客户与方案提供商应加强交流和合作，通过联合创新等方式提前布局、小规模验证，共同推动IPv6安全体系更加完善。

| 12.2　IPv6 安全演进策略 |

随着IPv6网络的普及，IPv6安全的问题会逐步凸显，如何在现有网络安全防护能力的基础上快速具备IPv6安全防护能力；在业务和网络平滑演进到IPv6后，如何提供不低于IPv4网络的安全防护能力，甚至利用IPv6特有机制和能力提供更便捷、高效、精准的安全防护能力，这都是网络安全从业人员必然会面临的问题。

本节主要介绍IPv6的安全演进原则及在不同阶段安全演进的建设思路。

12.2.1　IPv6 安全演进原则

在IPv4时代的信息化建设过程中，基于"急用先行、统筹规划"的建设思路，很多企业采取了先建设后防护的模式。但随着网络环境的变化及科技的进步，安全的重要性不断提高，先建设后防护模式的弊端愈发凸显，存在效果差、成本高、重复建设等问题。因此，安全与信息系统同步规划、同步建设、同步使用的模式被更多企业所采纳。同时，结合前文中探讨的IPv6演进中面临的安全挑战，提出新的问题：在IPv6安全建设过程中遵循哪些建议和原则能够达到事半功倍的效果呢？本节提出了一些建议和原则，供大家参考。

1. 网络和安全同步规划，同步建设，同步使用

如前文所述，要想充分发挥IPv6的安全防护作用，需要与网络规划设计紧密结合，在网络规划时同步启动安全规划，分析安全需求，将安全设计融入网络规划中，通过网络与安全的协同联动，达到更好的安全防护效果。

2. 提前评估，小规模试用

IPv6尚处于演进初期，很多新的方案要想实现价值，需要经过实践的检验，尤其大规模部署前更需要做好充分验证，建议提前做好软、硬件设备的评估，先小规模试用，及时排查实施及使用过程中可能遇到的问题，待充分验证可用性、可靠性、可扩展性以及防护效果后，再进行大规模部署。

3. 主动预防，提前布局

为了更好地应对IPv6安全风险，应主动开展IPv6安全问题研究，构筑安全应对体系，加强IPv6安全产品和服务探索，提前识别IPv6演进过程中的安全风险，并结合IPv6网络建设节奏，主动规划安全技术，攻克技术难点，避免因为安全问题影响整体IPv6演进的推进。

12.2.2　IPv6安全演进阶段

IPv6的演进分两个阶段，第一阶段由IPv4主导，少量部署IPv6；第二阶段由IPv6主导，少量部署IPv4，每个阶段的安全建设内容有所不同。在IPv6网络的建设初期，仍然以IPv4为主导，以适配和复用IPv4防护能力为主，同时利用IPv6的特性，探索和建设新的安全体系；在IPv6演进中后期，则以IPv6为主导，解决IPv6网络下的算法及性能瓶颈的问题，充分发挥IPv6特性，提供更加高效、可靠、便捷的安全服务能力。

1. 由IPv4主导，少量部署IPv6

IPv6演进初期，IPv6网络尚未规模应用，IPv4网络仍占据主导地位，IPv4安全体系及相关标准已经成熟、完善。相较之下，IPv6安全部署经验少，安全体系不健全，安全标准有待完善。随着针对IPv6网络的攻击事件逐步出现，信息系统仍需满足IPv6环境下的网络安全等级保护等基础合规要求。在此阶段，应提供至少"等同于"IPv4安全强度的一系列"合规"的安全防护能力、产品、服务等，为保障此阶段的IPv6应用安全，建议按照以下步骤平稳度过IPv6安全演进的初期阶段。

（1）增加IPv6相关的安全防护

在IPv6网络互联互通的前提下，对已知IPv6安全漏洞及攻击方式进行安全防护，主要包括如下防护措施。

- 边界设备IPv6非法地址过滤：非法地址是指不应该出现在公网的地址，例如未指派地址、环回地址、IPv4兼容地址等。这些地址（曾经）有各自的使用范围和作用，但不应该穿过边界设备进入其他网络。因此要在边界设备上过滤IPv6非法地址，避免攻击者利用伪造的非法地址进行攻击。
- IPv6扩展报文头合法性校验：防火墙或三层设备应丢弃包含不可识别扩展报文头的IPv6报文，需对发送异常报文的源地址进行回应，如ICMPv6的差错报文等，需设置限速阈值，避免被攻击者利用该机制发起泛洪类攻击。
- ICMPv6消息类型过滤：仅允许必要的、已知的消息类型进出网络，对未分配或非必要的消息类型进行丢弃处置，避免攻击者利用未被分配的消息类型进行网络攻击。
- 针对ICMPv6等新协议引入的威胁进行防护：对ND、OSPFv3等协议引入的风险进行消减，具体内容参考12.3节。

（2）复用IPv4安全能力

在IPv6网络中，应用层防御功能一般包括应用协议识别、IPS、反病毒、URL过滤等，主要检测报文的应用层负载，几乎不受网络层协议IPv4/IPv6影响，因此，大部分IPv4网络中的应用层安全能力在IPv6网络中仍然有效。此类安全防护能力在IPv4时代经过充分的验证且证明有效，在IPv6网络中可以继续复用。这部分安全防护能力包括但不限于表12-1所示的内容。

表 12-1　IPv6 网络下可快速复用的 IPv4 安全防护能力

安全能力	防护内容	相关安全设备
应用层漏洞攻击	攻击检测，对攻击行为的拆分、乱序、混淆等躲避方式的检测	IPS
Web 类攻击如 SQL 注入类攻击	Web 安全防护，如注入、跨站、Web Shell 等；访问行为检查，如爬虫、CC（Challenge Collapsar，挑战黑洞）攻击检测等；内容安全保障，如敏感信息提交等	WAF
应用层 DDoS 攻击，如水坑攻击、HTTP 泛洪	带宽资源耗尽攻击、服务器资源耗尽攻击等	Anti-DDoS
用户网络行为合规性检查	合规审计：用户行为审计，以及网络安全相关的法律法规的合规性要求。行为管理：访问权限管理、出口选路管理等	上网行为管理
事后审计，追踪溯源	日志采集：多种协议格式、多种类型设备的日志自动采集。日志解析：日志过滤、转译、格式化、关联分析等	日志审计
终端安全，如病毒查杀、合规性检查等	桌面管理、资产注册及准入控制、终端威胁检测及防病毒等	终端安全软件、主机杀毒软件
运维审计，非法操作阻断	运维人员认证及鉴权管理，行为审计及风险管控等	堡垒机

以上安全设备通过IPv6适配与升级改造后可同步处理IPv6报文，具备IPv4网络下同等的安全防护能力，使IPv6网络快速具备IPv4网络的安全防护能力。

（3）探索及建设IPv6安全体系

随着应用、数据、设备的爆发式增长，相应的漏洞及风险越来越多，企业在安全检测及防护上的投入越来越大，但防护效果可能难以达到预期。IPv6的新特性可以实现很多IPv4难以实现的新方案，帮助我们构筑一个可信的网络环境，减少安全风险和暴露面，达到更好的安全防护效果。随着IPv6的持续演进和发展，还会有更多的安全能力被发掘和应用，如下安全能力供读者借鉴和探讨。

① 构筑IP地址即设备的实名制网络

基于IPv6的128 bit地址长度，能够对IPv6地址赋予更多语义化信息，通过合理的子网规划、无NAT组网、资产管理，以及IPAM等地址管理技术，在一个管理严格的园区网络内构筑一个实名制的网络，配合辅助工具实现IP地址即设备的能力，对于任何网络异常或攻击行为，都能够通过源IP地址实时定位到威胁源。

② 构筑应用粒度的访问控制能力

在IPv4网络下，检测设备需要通过解析应用层报文才能准确识别应用信息，而IPv6/SRv6的可编程空间，将应用信息（安全标识、网络性能需求等）携带进入网络，使得网络感知应用及其需求，为其提供精细化的网络服务，配合认证及鉴权服务，提供安全、可信的应用访问能力。

③ 构筑端到端加密的可信网络连接

IPv6天然支持IPsec，能够在网络层实现数据加密和报文头的认证。不同于IPv4的外挂式加密防护，IPv6能提供更高效、便捷的端到端加密连接，是构筑可信网络的重要手段。

2. 由IPv6主导，少量部署IPv4

在此阶段，IPv6规模超过IPv4，成为主流的网络协议，逐步形成IPv6时代的安全防护体系。IPv6网络在企业的支撑以及管理等方面体现出优势，吸引产业全面向IPv6迁移。与此同时，IPv6的安全问题逐渐暴露，安全需求和防护能力可能出现一定差距，需要IPv6安全技术不断发展与演进，主要体现在以下两点。

（1）检测算法及防护策略全面升级

IPv6环境中的一些安全问题是现有的检测算法和防护策略无法解决的，当前需要通过新的检测能力解决的问题主要有网络探测、加密流量安全检测、网络信誉/威胁情报以及网络流量统计算法等。

- 网络探测：IPv6巨大的地址空间让病毒攻击无法在内网通过地址扫描进行扩散，对于64 bit的IPv6地址子网空间，假设攻击者每秒可以扫描一百万个地址，需要大约58万年的时间才能遍历整个子网。这使得基于地址遍历的资产探测功能同样失效，运维人员要想对网络内的资产进行探测和识别，需要通过其他的探测方式，例如与交换机、DHCPv6服务器进行交互，获取精准地址，再进行针对性的扫描等，也可以利用组播协议对内网中支持组播的设备进行探测。
- 加密流量安全检测：在IPv6规模应用后，端到端的IPsec加密可能会成为普遍现象，在保障通信的安全性和完整性的同时，也为攻击流量提供了逃避检测的方式。传统的入侵检测、知识库匹配等检测方法无法检测加密流量中的攻击特征，常规的内容分析审计技术也难以发挥作用。对于威胁检测，有两种应对方式，一是改变威胁检测的位置，在加密前或解密后的位置进行检测；二是在不解密的情况下，借助机器学习或统计类算法，检测出恶意流量。

- 网络信誉/威胁情报：当前的IP信誉相关威胁情报绝大多数都是基于IPv4的，在IPv6下无法使用。由于IPv6地址空间无穷大，一个恶意的IP地址很可能只使用一次，难以基于黑名单机制进行标记，基于IP地址的网络信誉和威胁情报将难以在IPv6环境下发挥作用，需要创造新的安全策略或方式对恶意源进行标记。

- 网络流量统计算法：在IPv6网络下，一个网元可能有多个IP地址，如果多个IP地址都产生了流量，如何对网元的流量进行统计？如何唯一识别一个终端并聚合其流量？这都需要结合具体应用进行算法调整。

（2）性能瓶颈实现突破

IPv6巨大的地址空间以及网络安全业务的复杂性可能对现有软、硬件设备提出更高的性能要求。为满足IPv6规模应用之后的性能需求，可能会全面推动软、硬件架构的演进，解决IPv6下的安全性能挑战。

该阶段最终会演进到IPv6单栈。在IPv6单栈阶段，安全生态趋于完善，网络基础设施、关键技术实现突破，用户将得到更高安全强度、更低成本、更便捷的安全防护能力。同时，基于"IPv6+"的新协议（如SRv6、APN6等）的新业务场景（如5G、IoT、移动计算）的大规模应用将对安全提出新的挑战。安全标准和安全体系不断迭代演进，为万物互联的智能AI时代提供高效、可靠、便捷的安全保障服务。

至此，我们完成了IPv6对安全的影响、IPv6安全演进策略等内容的探讨，基于这些分析，我们将在后文对IPv6基础安全防护策略、园区网络IPv6安全防护方案、数据中心网络IPv6安全防护方案以及广域网络IPv6安全防护方案逐个进行研究和探讨。

12.3　IPv6 基础安全防护策略

从前面各节我们了解了IPv6对安全的影响以及IPv6安全演进思路，在此基础上，本节提出IPv6安全防护的基础配置建议，主要从协议安全防护、主机安全防护、网络安全防护方面给出可实施的具体建议。

12.3.1　协议安全防护策略

IPv6中使用一些新的协议和机制来提供网络的基础服务能力,这些协议和机制如果使用不当,可能导致网络异常或阻塞,攻击者也会利用协议和机制上的漏洞发起网络攻击。这里给出一些IPv6组网中针对协议的安全防护策略。

1. ICMPv6安全防护策略

ICMPv6是IPv6的基础协议之一,包含差错报文和信息报文,用于IPv6节点报告报文处理过程中的错误和信息。如果对ICMPv6报文处理不当,可能会被攻击者用来攻击网络。

（1）ICMPv6差错报文

- 目的不可达差错报文:网络节点处理转发报文发现目的地址不可达时,就会向发送报文的源节点发送ICMPv6目的不可达差错报文。
- 数据包过大差错报文:网络节点报文超过出接口的链路MTU时,则向发送报文的源节点发送ICMPv6数据包过大差错报文,报文携带出接口的链路MTU值。
- 超时差错报文:网络节点收到Hop Limit值等于0的数据包,或者当路由器将Hop Limit值减为0时,会向发送报文的源节点发送ICMPv6超时差错报文。
- 参数差错报文:目的节点对报文进行有效性检查,发现基本报文头或扩展报文头中某个域有错误或出现未知选项时,向发送报文的源节点回应一个ICMPv6参数差错报文。

（2）ICMPv6信息报文

ICMPv6信息报文包括请求信息（Echo Request）报文和应答信息（Echo Reply）报文。收到Echo Request报文的节点向源节点回应Echo Reply报文,实现两节点间报文的收发。

ICMPv6面临的攻击主要是构造发送报文,形成DoS攻击或者仿冒欺骗性攻击,迫使对端产生大量差错报文,对网络造成攻击影响,如表12-2所示。

表 12-2　ICMPv6 安全风险及消减措施

威胁类型	ICMPv6 安全风险	ICMPv6 安全风险消减措施
DoS 攻击	· 恶意 ping（不间断 ping）,耗尽 CPU 资源,使得其他业务中断。 · 大量 ICMPv6 差错请求及应答报文,耗尽 CPU 资源,使得其他业务中断	· ICMPv6 数据包过滤。 · CAR 机制,限制接口上 ICMPv6 报文上送 CPU 的速率。 · 设置 ICMPv6 差错报文发送、接收的速率。 · ping 快回机制,ICMPv6 应答报文不上送 CPU

威胁类型	ICMPv6 安全风险	ICMPv6 安全风险消减措施
仿冒欺骗性攻击	仿冒 ICMPv6 各类型差错报文, 恶意欺骗设备做出回应(如各种类型不可达, 需要做重定向、回复掩码请求, 超时及参数错误处理, 组播 ping 响应等)	· 提供开关配置, 禁止 / 允许设备发送 / 接收 ICMP6 各种类型的报文。 · 不识别类型, 默认丢弃

2. NDP安全防护

NDP类似IPv4的ARP和IRDP, 它通过ICMPv6报文实现地址解析、路由器发现、DAD、跟踪邻居状态、重定向等功能。

- 地址解析: 地址解析过程中使用了两种ICMPv6报文。
  - NS报文: ICMPv6报文, Type字段值为135, 在地址解析中的作用类似IPv4中的ARP请求报文。
  - NA报文: ICMPv6报文, Type字段值为136, 在地址解析中的作用类似IPv4中的ARP应答报文。
- 路由器发现: 路由器发现功能用来发现与本地链路相连的设备, 并获取与地址自动配置相关的前缀和其他配置参数。
  - RS报文: ICMPv6报文, Type字段值为133, 主机接入网络后发送RS报文获取网络前缀信息。
  - RA报文: ICMPv6报文, Type字段值为134, 路由器周期性地发布RA报文, 响应RS报文, RA报文包括网络前缀信息和一些标志位信息。
- DAD: 接口使用某个IPv6单播地址之前发送NS报文探测是否有其他节点使用该地址, 其他节点如果使用了该地址, 则回复NA报文。
- 跟踪邻居状态: 节点维护邻居表, 在邻居的链路层地址已知时, 发送NS报文和NA报文验证邻居的可达性。
- 重定向功能: 路由器能够通过重定向消息通知主机存在比它更好的下一跳路由。重定向报文为ICMPv6报文, Type字段值为137, 网关发送重定向报文, 通知主机重新选择下一跳。

IPv6的NDP和IPv4的ARP的作用类似, 二者虽然协议层次不同, 但实现原理基本一致, 所以针对ARP的攻击, 如ARP欺骗、ARP泛洪等, 在IPv6中仍然存在。IPv6新增的NS、NA报文的交互机制也可能被攻击者利用, 实施攻击行为。NDP攻击的常用手段有两种, 一是仿冒合法网络设备发布信息; 二是对内存表项、CPU处理能力进行DoS攻击。常见NDP安全风险及消减措施如表12-3所示。

表 12-3   常见 NDP 安全风险及消减措施

威胁类型	NDP 安全风险	NDP 安全风险消减措施
DoS 攻击	•CPU 攻击：使设备的计算资源长期忙于 ND 请求及应答报文处理，CPU 无法顾及其他业务的处理，最终导致用户业务中断。 •内存攻击：通过发送大量伪造的 NS 报文、NA 报文，使设备的 ND 表项溢出，造成正常用户的 ND 表项无法学习或者刷新，最终导致用户业务中断	•校验认证：配置 SEND（Secure Neighbor Discovery，安全邻居发现）认证 ND 报文的发送者的合法性和报文的完整性，防止重放攻击。 •ND 报文速率抑制：限制 ND 报文上送 CPU 的速率，限制 RSA（Rivest Shamir Adleman）签名验证速率。 •ND 过滤：支持禁止接收、发送各种 ND 报文。 •ND 双向分离：控制平面只处理自己发出请求的回应报文，否则直接丢弃；对于 NS 报文，在转发平面直接回应，不上送控制平面，从而保护控制平面的 CPU。 •ND–LIMIT 表项限制功能：基于接口设置可学习的 ND 表项数目。 •ND 严格学习能力：只学习自己发出请求的 NA 报文。 •禁止接口学习 ND 表项：支持禁止接收 ND 报文和配置接口可学习的最大 ND 个数
仿冒欺骗性攻击	•欺骗设备回应 NUD，欺骗设备邻居在线，导致设备流量丢包。 •虚假的重定向报文，导致流量转发异常。 •向设备发送错误的 NA 应答，使设备刷新错误的链路地址，导致设备无法上线。 •欺骗设备回应 DAD，欺骗设备地址冲突，导致接口无地址无法上线	•校验认证：支持 SEND 认证，配置 CGA、RSA 签名选项及 Nonce 选项对报文源进行校验认证。 •报文合法校验：收到 NS/NA 报文时，需要对报文内容中的源地址、目的地址是否与报文头一致进行校验。 •关闭 ND 重定向功能

从表12-3可知，针对DoS攻击可通过限速、限表项规格进行防护，仿冒欺骗性攻击可通过SEND来防护。SEND定义了CGA、CGA选项、RSA签名选项，用来验证ND报文的发送者的合法性和报文的完整性，还定义了时间戳选项和随机数选项，用来防止重放攻击。不过由于SEND在实际使用过程中的限制较多，因此其在网络中使用的并不多。

- CGA（Cryptographically Generated Address，密码生成地址）：IPv6地址的接口ID部分，由公钥和附加参数使用单向哈希函数计算生成。
- CGA选项：包含接收方在验证发送方的CGA时需要的一些信息，包括发送方的修正值和公钥等，用来验证ND报文的发送者是否是IPv6源地址的合法拥有者。
- RSA签名选项：包含发送方公钥的哈希值，以及根据发送方私钥和ND报文，使用算法生成的数字签名，用来验证ND报文的完整性和发送者的真实性。

- 时间戳（Timestamp）选项：包含一个时间戳的64 bit无符号整数，表示从1970年1月1日零时以来的秒数，用来保护非请求的通告报文和重定向报文不会被重放。接收者应确保收到的每个报文的时间戳都比上一个收到的报文新。
- 随机数（Nonce）选项：包含由请求消息的发送者所生成的一个随机数。用来在请求和回应交互中防止重放攻击，比如在NS和NA报文的交互中，NS报文中携带Nonce选项，回应的NA报文中也携带此选项，发送者根据收到的选项判断是否为合法的回应报文。

3. 路由协议安全

经过多年的发展，IPv6路由协议已逐步完善。相比IPv4的路由协议，有些是在原有协议基础上做了扩展，如IS-ISv6、BGP IPv6，有些则做了全新升级，如OSPFv3，但这些路由协议的交互机制和实现原理几乎没有变化。IPv6的路由协议面临的安全威胁依旧是通过伪造、篡改路由协议报文和路由前缀信息，构造各种攻击，如通过路由协议进行Flood攻击等，与IPv4的路由协议没有本质差别。继承IPv4的路由协议的防护手段，即可对IPv6的路由协议安全威胁实现消减。

（1）OSPFv3

OSPF（包括OSPFv2和OSPFv3）具有层次化路由结构，区域内部的拓扑结构对区域外的网络进行隐藏，AS间路由信息减少，促进收敛的加速；具有可靠的泛洪机制，采用LSU报文携带路由信息泛洪，让路由一致性得到保障；提供认证机制，实现认证邻居身份，协议报文防篡改。OSPFv3安全风险及消减措施如表12-4所示。

表 12-4 OSPFv3 安全风险及消减措施

威胁类型	OSPFv3 安全风险	OSPFv3 安全风险消减措施
仿冒欺骗性攻击	仿冒合法的网络节点与其他网络节点建立 OSPF 邻居关系，发布错误的路由信息进行各种攻击	· 基于区域、接口、进程的 HMAC-SHA256 认证。 · GTSM 对报文的 TTL 进行校验。 · 支持过滤策略，对发送、接收的路由信息进行过滤。 · OSPFv3 IPsec 对协议报文进行加密、认证、完整性校验
DoS 攻击	发送大量协议报文，对 CPU 处理能力和路由表项内存进行 DoS 攻击	· CAR 机制，限制接口上 OSPFv3 报文上送 CPU 的速率。 · OSPFv3 过滤，对发送、接收的路由信息进行过滤。 · 限制路由表项规格

RFC 4552定义了通过IPsec机制来达到对OSPFv3报文认证的目的。IPsec通过AH（Authentication Header，鉴别头）协议和ESP（Encapsulating Security Payload，封装安全载荷）协议来实现协议报文的机密性、完整性、可用性、防重放攻击。

OSPFv3 IPsec在某些网络中部署维护困难，新的标准定义了通过针对OSPFv3的认证追踪（Authentication Trailer For OSPFv3）来对OSPFv3进行认证保护。OSPFv3增加认证尾字段对报文进行认证，只有通过认证的报文才能接收，否则将不能正常建立邻居关系。根据认证的范围，可分为区域认证、进程认证、接口认证。OSPFv3使用HMAC-SHA256对报文进行认证。HMAC-SHA256认证将配置的密码进行HMAC-SHA256算法加密之后加入报文，从而提高密码的安全性。

当OSPFv3中的Hello报文、DD报文的选项字段设置为AT-bit（认证尾字段）时，表示包含一个报文认证尾，接收报文后根据认证尾携带的信息对报文进行校验，校验失败则丢弃报文。

OSPFv3认证尾包括序列号、认证类型、安全协商ID等字段，实现OSPFv3邻居身份认证、协议报文防篡改、协议报文防重放攻击，其格式如图12-3所示。

Authentication Type	Auth Data Len
Reserved	Security Association ID
Cryptographic Sequence Number(High−Order 32 bit)	
Cryptographic Sequence Number(Low−Order 32 bit)	
Authentication Data(Variable)	

图 12-3　OSPFv3 认证尾格式

使用OSPFv3进行安全防护配置举例如下。

```
# 在接口GigabitEthernet1/0/0上设置OSPFv3 HMAC-SHA256验证模式
[HUAWEI] interface gigabitethernet 1/0/0
[HUAWEI-GigabitEthernet1/0/0] ipv6 enable
[*HUAWEI-GigabitEthernet1/0/0] ospfv3 1 area 0
[*HUAWEI-GigabitEthernet1/0/0] ospfv3 authentication-mode hmac-sha256
key-id 10 cipher Huawei-13579
# 使能OSPFv3 GTSM功能，配置允许接收的公网OSPFv3报文的最大跳数为5
<HUAWEI> system-view
[~HUAWEI] ospfv3 valid-ttl-hops 5
# 单板配置防攻击策略，限制OSPF（包括OSPFv3）报文上送速率
#
slot 1
cpu-defend policy 14
#
cpu-defend policy 14
```

```
user-defined-flow 1 acl 3001
car user-defined-flow 1 cir 1000 cbs 100000
#
acl ipv6 number 3001
rule 5 permit ospf
#
```

（2）IS-IS

IS-IS是一种链路状态协议，使用SPF算法进行路由计算，可以实现大规模网络的互通。IS-IS在链路层承载，同时支持IPv4和IPv6，因而IPv4和IPv6面临的威胁和安全防护措施一致。IS-IS安全风险及消减措施如表12-5所示。

表 12-5　IS-IS 安全风险及消减措施

威胁类型	IS-IS 安全风险	IS-IS 安全风险消减措施
仿冒欺骗性攻击	仿冒合法的网络节点与其他网络节点建立 IS-IS 邻居关系，发布错误的路由信息进行各种攻击	· IS-IS 认证：IS-IS 支持基于接口认证、基于区域认证、基于路由域（进程）认证；支持多种认证方式，如简单认证、MD5 认证、HMAC-SHA256 认证及 Keychain 认证。 · IS-IS 可选校验和：通过在 SNP 报文及 Hello 报文中携带 checksum TLV，IS-IS 设备收到报文后，首先检查报文的 checksum TLV 是否正确，通过检查的报文才可以被接收。IS-IS 可选校验和主要用于保证链路层携带数据的正确性
DoS 攻击	发送大量协议报文，对 CPU 处理能力和路由表项内存进行 DoS 攻击	· CAR 机制，限制接口上 IS-IS 协议报文上送 CPU 的速率。 · 限制路由表项规格

使用IS-IS协议进行安全防护的配置举例如下。

```
# 设置区域认证密码为Huawei-123，认证采用HMAC-SHA256算法
<HUAWEI> system-view
[~HUAWEI] isis 1
[*HUAWEI-isis-1] area-authentication-mode hmac-sha256 key-id 2 Huawei-123
# 使能IS-IS在Hello报文和SNP报文中携带可选checksum TLV
<HUAWEI> system-view
[~HUAWEI] isis 1
[*HUAWEI-isis-1] optional-checksum enable
# 配置LSDB的最大容量为1000，阈值上限为85，阈值下限为75
#
slot 1
cpu-defend policy 14
#
cpu-defend policy 14
user-defined-flow 1 acl 3001
```

```
car user-defined-flow 1 cir 1000 cbs 100000
#
acl ipv6 number 3001
rule 5 permit ospf
#
```

（3）BGP

BGP是一种网关协议，与OSPF、RIP等内部网关协议（IGP）不同，其着眼点不在于发现和计算路由，而在于在AS之间选择最佳路由和控制路由的传播。BGP使用TCP作为其传输层协议，提高了协议的可靠性；提供了丰富的路由策略，能够对路由实现灵活的过滤和选择；提供了防止路由振荡的机制，有效提高了Internet的稳定性。BGP用于不同自治域路由器之间交换路由信息，维护大量路由信息，是网络互联的核心路由协议，一旦被攻击，影响较大。BGP IPv6实现了对IPv6的支持，其他与BGP IPv4相同。因此，BGP IPv6、BGP IPv4面临的安全风险及消减措施一致，如表12-6所示。

表 12-6　BGP 安全风险及消减措施

威胁类型	BGP 安全风险	BGP 安全风险消减措施
仿冒欺骗性攻击	·伪造、篡改路由协议报文和路由前缀信息，实现路由前缀劫持、路由错误引流、路由泄露。 ·构造各种类型的错误报文，如超长的 AS_PATH 属性个数报文等，进行错误报文攻击	·BGP 认证：MD5、Keychain 认证。 ·AS_PATH 数量控制：BGP 接收路由时会检查 AS_PATH 属性中的 AS 号是否超限。 ·RPKI：配置 RPKI（Resource Public Key Infrastructure，资源公钥基础设施）功能，通过验证 BGP 路由起源是否正确来保证 BGP 的安全性。 ·BMP：对网络中设备的 BGP 运行状态进行实时监测，包括对等体关系的建立与解除、路由信息刷新等。 ·TLS 加密：采用 TLS 保护协议报文安全，提供一种保证数据完整性和私密性的安全协议
DoS 攻击	攻击者通过注入大量路由信息，导致网络节点接收 BGP 路由数量超过其极限容量，耗尽内存实现 DoS 攻击。攻击者可以发送各种类型的报文攻击设备，设备会直接将报文上送 CPU，这样会耗费设备的 CPU 和系统资源，造成 DoS 攻击	·BGP 白名单特性：应用层联动模块检测上送的协议报文，对匹配白名单的协议报文，允许其以大带宽和高速率上送。 ·BGP GTSM 检测：检测 IP 报文头中的 TTL 值是否在一个预先设置好的特定范围内，并对不符合 TTL 值范围的报文进行允许通过或丢弃的操作，从而达到保护 IP 层以上业务、增强系统安全性的目的。 ·CP-CAR：限制协议报文上送 CPU 的速率，保证 CPU 不受攻击，保证网络的正常运行。 ·路由超限控制：BGP 路由表的路由数量通常都很大，为了防止从对等体接收到大量路由而导致消耗过多系统资源，限定从所有邻居学来的路由总数，防止接收到大量路由而消耗过多系统内存进而导致设备异常

使用BGP进行安全防护的配置举例如下。

```
# 为对等体配置GTSM功能
<HUAWEI> system-view
[~HUAWEI] bgp 100
[*HUAWEI-bgp] peer 1.1.1.2 as-number 200
[*HUAWEI-bgp] peer 1.1.1.2 valid-ttl-hops 1
# 单板配置防攻击策略，限制BGP（包括IPv6邻居"BGP4+"）报文上送速率
#
slot 1
cpu-defend policy 1
#
cpu-defend policy 1
user-defined-flow 1 acl 3001
car user-defined-flow 1 cir 1000 cbs 100000
#
acl ipv6 number 3001
rule 5 permit tcp destination-port eq bgp
rule 10 permit tcp source-port eq bgp
#
```

12.3.2　主机安全防护策略

主机作为网络中数量庞大且容易被攻击的网元，通过关闭非必要服务及端口，可以有效减小风险暴露面，对于必要的服务，可以通过主机的安全策略配置降低安全风险。

1. 主机ICMPv6报文过滤策略

对于IPv6的正确运行，ICMPv6是一个非常重要的元素，所以它也成为攻击的焦点。攻击者可以构造虚假源地址（环回地址、FEC0::/16、3FFE::/16等）、违反IPv6扩展头部规则的畸形报文，以及源地址和主机地址相同的非法报文，给主机带来不可控的风险。这需要在IPv6主机上实施精准的过滤，表12-7给出了被允许/拒绝进出主机的ICMPv6消息策略。

表 12-7　主机的 ICMPv6 消息策略

ICMPv6 消息类型	ICMPv6 消息类型的字段值	方向	允许或拒绝
NS 和 NA	135 和 136	出方向和入方向	允许
来自本地路由器的链路本地地址到 FF02::1 的 RA	134	入方向	允许
来自主机的链路本地地址到 FF02::2 的 RS	133	出方向	允许

ICMPv6 消息类型	ICMPv6 消息类型的字段值	方向	允许或拒绝
错误消息：目的不可达、数据包太大、超时、参数问题等	1、2、3、4	出方向和入方向	允许
MLD（Multicast Listener Discovery，多播接收方发现协议，业界多称组播接收方发现协议）消息	130、131、132、143	出方向和入方向	允许
回声请求	128	出方向	允许
回声应答	129	入方向	允许
未分配的错误消息	5～99、102～126	出方向和入方向	拒绝
未分配的信息型消息	162～199、202～254	出方向和入方向	拒绝
试验型消息	100、101、200和201	出方向和入方向	拒绝
保留的错误消息	127和255	出方向和入方向	拒绝
其他 ICMPv6 消息	所有其他的类型	出方向和入方向	拒绝

2. 开启主机IPv6安全防护功能

在双栈过渡阶段，人们习惯性默认开启IPv4网络安全配置，忽略了IPv6相关的安全配置。而大部分的智能终端和主机都支持IPv6的主机防火墙功能，建议所有有条件的主机设备默认开启IPv6的主机防火墙功能，提升IPv6环境下主机的安全防护能力。

12.3.3　网络安全防护策略

为了在发挥IPv6优势的同时减少网络安全风险，在网络规划时建议根据实际业务需求对安全防护策略进行调整，网络中使用如下安全防护策略，能够提升网络安全防护能力。

1. 网络设备开启IPv6单播反向路径转发功能

随着IPv6的规模部署，每个终端都能拥有自己的GUA，通过IPv6的URPF（Unicast Reverse Path Forwarding，单播反向路径转发）可以有效阻断伪造源地址的报文发送到外部网络。设备收到IPv6单播报文，通过获取报文的源IPv6地址和入接口，交换机以源IPv6地址为目的地址在路由表中查找路由，如果查到的路由出接口和接收该报文的入接口不匹配，交换机认为该报文的源地址是伪装的，丢弃该报文。

2. 使用严格的地址管理策略

隐私扩展地址是周期性变化的，导致网络运维人员很难跟踪一个IPv6地址到用户或主机，这对园区内的网络安全运维管理以及威胁分析定位是不利的。因此建议通过严格的地址管理策略对终端和主机地址进行分配，例如通过DHCPv6配置能够合理、有效地分配和管理地址。

3. 不使用网络地址转换

NAT技术作为延缓IPv4地址耗尽的临时性技术，有助于减轻IPv4寻址限制，甚至能够隐藏组织机构的内部网络拓扑。但IPv6网络中有大量的可用地址，不需要采用NAT技术来减少需要公开的地址空间数量。另外，在网络中采用NAT技术后，对FTP等通过控制通道协商数据通道的应用而言，IP地址的转换可能导致数据通道无法建立，造成业务中断。为了不让业务中断，需要在NAT网关设备上使能ALG等功能，这不仅会增加设备的性能消耗，还会产生新的安全风险，因为IPv6不允许中间设备进行分片。为了识别出报文中的有效协商信息，可能需要缓存多个报文才能拼接出完整载荷，攻击者可以利用这一特性，精心构造出消耗设备内存及计算资源的报文，达到DoS攻击的效果。

用户担心内网地址在公网上暴露的问题，也可以通过在边界防火墙设备上设置访问控制策略来解决，即允许内网地址主动访问外部网络，外部网络不能主动访问内部地址，仅允许有会话状态且能够匹配五元组信息的交互流量进入内部网络。

因此，在IPv6网络下，除了必要的过渡技术（如NAT64等），不建议通过NAT技术实现网络安全防护。

12.4　园区网络 IPv6 安全防护方案

随着网络技术的发展和IPv6演进，如何构建一个安全防护水平不低于IPv4的IPv6安全防护体系成为园区网络客户关注的要点。园区网络的安全防护方案主要包含4个场景，如图12-4的①~④所示。

· 园区终端接入场景的安全防护方案：PC、哑终端、物联终端是园区网络
  常用终端设备，其安全接入方案主要包括资产探测、准入认证、威胁防

护等。我们将在后文探讨园区终端接入场景需要进行哪些升级和改造，才能适配IPv6网络下的终端安全能力。

- 园区用户访问外网场景的安全防护方案：为办公用户提供访问互联网资源服务是园区的关键需求之一，我们将在后文探讨在提供访问互联网资源服务的同时，如何规范员工的上网行为和上网过程中的安全，以及需要哪些升级和改造才能适配IPv6场景。

- 外部用户访问园区场景的安全防护方案：园区场景需要提供远程接入服务，为出差员工提供远程办公的能力。我们将在后文探讨外部用户访问园区场景下，传统的VPN接入以及新的零信任远程接入方案需要做哪些升级和改造才能适配IPv6场景。

- 园区网络安全运维方案：常态化的安全运维能够切实提升园区网络环境安全性，针对常见的运维动作及设备，我们将在后文探讨需要通过哪些优化和升级才能具备在IPv6环境下的运维能力。

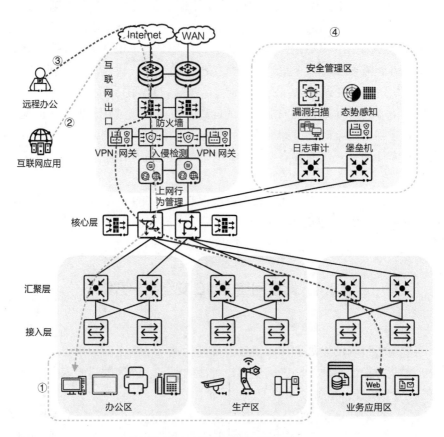

图 12-4　园区网络安全场景示意

下面将分别基于上述4个场景介绍园区网络IPv6安全防护方案。

12.4.1　园区终端接入场景的安全防护方案

园区场景涉及大量哑终端、智能终端及物联终端等各类终端设备，存在被替换、仿冒、私接等安全风险，若准入认证措施不完善，存在攻击者非法接入网络并进行非授权访问的风险。

园区终端接入场景的安全防护方案主要包含终端资产探测及识别、终端准入认证和终端安全防护，下面将进行详细介绍。

1. 终端资产探测及识别

终端资产探测及识别可以通过被动采集或主动探测的方式获取设备的特征数据，识别设备型号、版本等信息。

常见的用于终端识别的特征有基于设备的MAC、DHCP OPTION、USER-AGENT、LLDP、MDNS等指纹数据。通过这些特征可以识别终端对应的厂商、类型和操作系统等信息，常见的特征指纹识别方法有如下几种。

（1）MAC OUI识别方法

在IPv4网络中，MAC OUI是指MAC地址的前3个字节，字段名称为Organizationally Unique Identifier（OUI），表示"组织唯一标识符"，是统一分配给各个厂商的。MAC OUI识别方法的缺点是不够准确，因为MAC信息是和网卡的生产厂商相关的，终端设备如果使用其他厂商的网卡，会导致MAC OUI与终端设备本身没有关联，造成错误识别，所以MAC OUI只能作为优先级最低的识别方法或者和其他方法组合使用。

针对IPv6网络，MAC OUI识别没有变化，与IPv4网络下的MAC OUI识别方法相同。

（2）HTTP USER-AGENT识别方法

在IPv4网络中，通过HTTP报文中的USER-AGENT字段内容来进行识别，不同设备类型的USER-AGENT内容会有差别。相比PC端，移动端的识别更加精准，因为移动终端上的浏览器携带的USER-AGENT信息一般都比较全面，包括终端类型、操作系统、厂商、浏览器类型等信息。

针对IPv6网络，由于HTTP属于应用层协议，因此IPv6的变化对HTTP字段无影响，其识别方法与IPv4网络下的HTTP USER-AGENT相同。

（3）DHCP OPTION识别方法

在IPv4网络中，根据DHCPV4报文中的一些属性可以识别终端的类型，常用于识别的属性包括OPTION 55（Requested Parameter List）、OPTION 60

（VENDOR ID）和OPTION 12（HOST NAME）。

通过DHCP OPTION进行识别是目前最主要的识别方法之一，整体识别率比较高，适用于动态获取IP地址的场景。

针对IPv6网络，由于DHCPv6的OPTION字段被重新定义，因此需要根据新的OPTION字段重新设计识别方案。

（4）LLDP识别方法

针对IPv4网络，LLDP是IEEE 802.1AB中定义的邻居发现协议。通过LLDP技术，在网络规模迅速扩大时，网络管理系统可以快速掌握网络的拓扑信息和拓扑变化信息。LLDP提供了一种标准的链路层发现方式，可以将本端设备的主要能力、管理地址、设备标识、接口标识等信息组织成不同的TLV（Type/Length/Value），再由若干个TLV组合成一个LLDPDU（Link Layer Discovery Protocol Data Unit，链路层发现协议数据单元）封装在LLDP报文的数据部分，发布给与自己直连的邻居，邻居收到这些信息后将它以标准MIB（Management Information Base，管理信息库）的形式保存起来，以供网络管理系统查询以及判断链路的通信状况。

针对IPv6网络，由于LLDP是二层协议，所以IPv6变化对链路层协议影响很小，通过少量简单的适配后，即可复用IPv4网络下的LLDP识别方法。

（5）MDNS识别方法

在IPv4网络中，MDNS（组播DNS）使用固定目的地址224.0.0.251，主要实现在没有传统DNS的情况下，让局域网内的主机相互发现和通信。苹果的Bonjour就是一个基于MDNS的产品。

MDNS的默认端口是5353，每个进入局域网的主机，如果开启了MDNS服务，都会向局域网内的所有主机发送一个组播消息，内容包含"我是谁"和"我的IP地址是多少"。然后，其他也开启了该服务的主机就会响应该消息。

苹果设备如台式计算机、便携式计算机、iPhone、iPad等都提供这个服务，很多Linux设备也提供这个服务，因此这一类设备都可以通过MDNS协议进行识别。识别方法是网络设备采集MDNS协议报文的服务类型特征，并发送给SDN控制器，控制器根据特征识别终端类型。

针对IPv6网络，MDNSv6识别使用IPv6地址FF02::FB，端口号（5353）不变。

（6）探测扫描方法

探测扫描方法是指通过网络探测设备，使用SNMP，借助NMAP工具等主动探测并识别终端信息，将从终端获取的信息和指纹库进行匹配，并确定终端类型、操作系统、生产厂商、版本等信息。

网络控制器还可以根据识别的设备类型下发相应的终端准入策略，如果发现设备指纹不匹配，可能存在设备被仿冒的风险，需要发送告警通知运维人员进行确认。

如前文所述，IPv6网络下传统的遍历扫描方式难以生效，因此终端资产探测主要通过与网关设备或网络基础设施的联动，获取网络中的有效IPv6地址，再进行定向的扫描，这不仅能有效提高扫描效率，还能提高扫描覆盖率。IPv6网络下终端资产探测方案如图12-5所示。

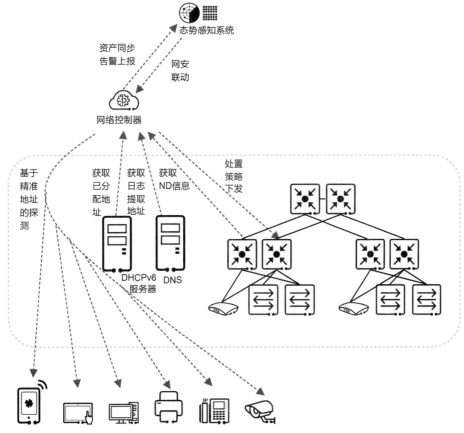

图 12-5　IPv6 网络下终端资产探测方案

为获取有效的IPv6地址，可以采用如下几种方式。

· 通过北向接口与DHCPv6服务器交互，获取已分配的IPv6地址。
· 通过北向接口与接入交换机或汇聚交换机交互，获取地址表项中的内网IPv6地址。
· 通过北向接口获取DNS的业务日志，从日志中解析客户端的IPv6地址。

2. 终端准入认证

终端准入认证通常指NAC认证,它通过对接入网络的客户端和用户的认证保证网络的安全。

NAC认证包括3种方式:802.1X认证、MAC认证和Portal认证。3种认证方式原理不同,使用的场景也有所差异,在实际应用中,可以根据需求选择一种合适的认证方式,也可以根据需求组合多种认证方式进行混合认证。

(1)802.1X认证

802.1X协议是一种基于端口的网络接入控制协议,指在局域网接入设备的端口验证用户身份并控制其访问权限。由于802.1X协议为二层协议,不需要到达三层,对接入设备的整体性能要求不高,可以有效降低建网成本。802.1X认证报文和数据报文通过逻辑接口分离,提高网络的安全性。

802.1X认证采用典型的C/S结构,包括3个实体,即客户端、接入设备和认证服务器,如图12-6所示。

客户端　　　　接入设备　　　认证服务器

图 12-6　802.1X 认证示意

客户端一般为一个用户终端设备,用户可以通过启动客户端软件发起802.1X认证。客户端必须支持基于局域网的可扩展认证协议(Extensible Authentication Protocol over LAN,EAPoL)。接入设备通常为支持802.1X协议的网络设备,它为客户端提供接入局域网的端口,该端口可以是物理接口,也可以是逻辑端口。认证服务器实现对用户的认证、授权和计费,通常为RADIUS服务器。

(2)MAC认证

MAC认证,全称为MAC地址认证,是一种基于接口和终端MAC地址的认证方法。MAC认证采用典型的C/S结构,包括3个实体,即终端、接入设备和认证服务器,如图12-7所示。终

终端　　　　　接入设备　　　认证服务器

图 12-7　MAC 认证示意

端不需要安装任何客户端软件。在MAC认证过程中,不需要用户手动输入用户名和密码,就能够对不具备802.1X认证能力的终端(如打印机、传真机等哑终端设备)进行认证。

(3)Portal认证

Portal认证通常也称为Web认证,一般将Portal认证网站称为门户网站。用户上网时,必须在门户网站进行认证,认证成功后,才可以访问授权的网络资源。一般情况下,客户端不需要安装额外的软件,直接在Web页面上认证,简单方便。

Portal认证主要包括4个实体,即客户端、接入设备、Portal服务器与认证

服务器，如图12-8所示。

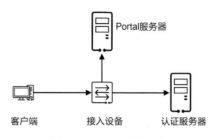

Portal服务器

客户端　　　　接入设备　　　认证服务器

图 12-8　Portal 认证示意

- 客户端：安装有运行HTTP/HTTPS（Hypertext Transfer Protocol Secure，超文本传输安全协议）浏览器的主机。
- 接入设备：交换机、路由器等接入设备的统称。这类设备的主要功能为：在认证之前，将认证网段内用户的所有HTTP/HTTPS请求都重定向到Portal服务器；在认证过程中，与Portal服务器、认证服务器交互，完成对用户的认证、授权与计费；在认证通过后，允许用户访问被管理员授权的网络资源。
- Portal服务器：接收客户端认证请求的服务器系统，提供免费门户服务和认证界面，与接入设备交互客户端的认证信息。
- 认证服务器：与接入设备进行交互，完成对用户的认证、授权与计费。

上述3种认证方式在IPv6网络下可以继续使用，效果与IPv4网络下的一致，通过少量的适配和改造就可以使用全部的认证功能。这3种认证方式的关键功能和IPv6演进需要的能力如表12-8所示。

表 12-8　3 种认证方式的关键功能和 IPv6 演进需要的能力

认证方式和适用场景	相关软件 / 硬件	关键功能	IPv6 演进需要的能力
802.1X 认证：适用用户集中、安全严格的场景	客户端软件	支持报文转发、交换	支持 IPv6 报文转发
	接入交换机、AP	终端设备的接入、认证，报文转发	支持 IPv6 报文转发；支持 DHCPv6 解析及转发
	认证服务器	支持 RADIUS、LDAP 等认证协议	支持 IPv6 报文转发；支持 RADIUS 协议下的 IPv6 对接
MAC 认证：适用哑终端设备的场景	接入交换机	终端设备的接入、认证，报文转发	支持 IPv6 报文转发
	认证服务器	支持 RADIUS、LDAP 等认证协议	支持 IPv6 报文转发；支持 RADIUS 协议下的 IPv6 对接

认证方式和适用场景	相关软件 / 硬件	关键功能	IPv6 演进需要的能力
Portal 认证：适用用户分散、流动性强的场景	接入交换机、AP	作为终端设备的接入点，进行报文转发	支持 IPv6 报文转发；支持 DHCPv6 解析及转发；支持 IPv6 DNS 协议解析及转发
	Portal 服务器	提供认证页面服务，对接认证服务器	支持 IPv6 报文转发
	认证服务器	支持 RADIUS、LDAP 等认证协议，与 Portal 服务器对接	支持 IPv6 报文转发 支持 RADIUS 协议下的 IPv6 对接

3. 终端安全防护

园区终端设备主要分为智能终端、哑终端、物联终端这3类。

智能终端，如PC主机，主要通过终端安全软件进行安全防护，防护内容包括安全检查、外联管控以及漏洞修复和补丁升级等。在IPv6网络下，智能终端除了需要支持ICMPv6、DHCPv6、IPv6 DNS等基础协议的解析和常见攻击的防护外，其他操作系统漏洞、应用漏洞以及病毒查杀、桌面管理等功能与IPv4网络下的防护策略基本一致，在此不赘述。

哑终端和物联终端由于其流量模型和使用的协议相对固定，通过对流行为的分析，能够快速、准确地识别设备的异常流量情况，并结合态势感知平台的综合研判或人工判定，确认是否有威胁事件。IPv4网络下常见的哑终端和物联终端安全防护流程如图12-9中的①～⑤所示，具体说明如下。

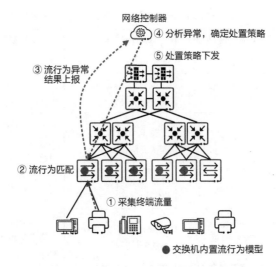

图 12-9 哑终端和物联终端安全防护流程

第一步：接入交换机采集哑终端、物联终端的流量。

第二步：接入交换机将采集到的终端流量与内置的流行为模型进行匹配，并判断是否存在异常。

第三步：检测到异常后，上报到网络控制器。

第四步：网络控制器进行异常综合分析，并根据安全策略要求确定处置策略。

第五步：网络控制器将处置策略下发到交换机，交换机进行阻断等处置操作。

在 IPv6 网络下，终端安全防护方案的关键功能和 IPv6 演进需要的能力如表 12-9 所示。

表 12-9　终端安全防护方案的关键功能和 IPv6 演进需要的能力

安全防护方式	相关软件 / 硬件	关键功能	IPv6 演进需要的能力
智能终端安全防护	一体化防护软件	安全检查：脆弱性检查、必装软件检查、系统版本检查、DNS/DHCP检查、AD 域名检查、网络连接检查、设备注册、磁盘空间检查等	支持 IPv6 解析 支持 IPv6 版本的 DNS 协议、DHCPv6 检查
		外联管控：光驱、蓝牙、有线、无线、U 盘等管控	支持 IPv6 解析
		漏洞修复及补丁升级：补丁下载、安装管理	支持 IPv6 解析
哑终端和物联终端安全防护	网络控制器	流行为策略配置、告警展示、非预置模型训练及下发	支持 IPv6 流行为策略配置；支持 IPv6 策略下发；支持 IPv6 流行为模型训练
	交换机	常用模型预置、流行为特征采集、流行为匹配检测、流行为特征上报	IPv6 流行为模型预置；IPv6 流行为特征采集；IPv6 流行为特征匹配

12.4.2　园区用户访问外网场景的安全防护方案

办公园区用户因办公需要会访问互联网资源，此时，不仅需要确保用户访问互联网资源的安全，还需要规范园区用户的上网行为，防止工作时间访问工作无关网站、泄露敏感信息及发表不当言论等。

本节主要介绍 IPv4 网络下的互联网出口区安全防护方案及 IPv6 相关演进。

在 IPv4 网络下，互联网出口区防护方案主要有边界安全防护以及针对已知威胁、未知威胁的检测和防御。在互联网接入区部署安全防护设备（如防火墙），开启 IPS、AV、URL 过滤等功能，并周期性更新知识库，让安全设备时刻处于最佳防护状态。入侵检测系统检测网络中的已知威胁，沙箱或安全分析

平台检测网络中未知威胁及针对零日漏洞的攻击,能够对加密流量、恶意流量
进行检测和识别。上网行为管理包括上网行为审计、流量策略管理及关键业务
保障等,支持基于时间、用户、应用等属性维度的访问策略配置。

互联网出口区的安全防护如图12-10所示。

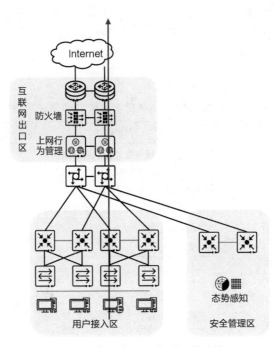

图 12-10　互联网出口区的安全防护

在IPv6网络下,互联网出口区安全防护方案的关键功能和IPv6演进需要的
能力如表12-10所示。

表 12-10　互联网出口区安全防护方案的关键功能和 **IPv6** 演进需要的能力

关键功能	IPv6 演进需要的能力
•安全防护:安全策略配置、入侵检测、URL、AV、DNS 过滤、带宽管理、NAT 策略、IPsec 等。 •业务功能:DNS、DHCP、动态路由。 •可靠性:支持双机、IPLink、BFD 等。 •可维护性:通过 NETCONF 与 SecoManager 对接,支持 SNMP、LLDP、SFTP、HTTPS、SSH、Telnet、Syslog 等	•安全防护:IPv6 安全策略、入侵检测、URL、AV、DNS 过滤、带宽管理、NAT 策略、IPsec 等。 •业务功能:支持 IPv6 版本的 DNS、DHCPv6、IPv6 动态路由。 •高可靠性:支持 IPv6 网络下的双机、IPLink、BFD 等。 •可维护性:NETCONF、SNMP、LLDP、SFTP、HTTPS、SSH、Telnet、Syslog 等协议需要升级到支持 IPv6 的版本

续表

关键功能	IPv6 演进需要的能力
• 安全准入：本地认证、第三方认证、单点登录。 • 合规审计：上网日志审计、用户行为分析。 • 行为管理：应用识别、URL 访问控制、带宽保障及流量限制	• 安全准入：认证协议需升级到支持 IPv6 的版本。 • 合规审计：日志支持 IPv6 地址的适配。 • 行为管理：应用识别、URL 访问控制属于应用层，需升级到支持 IPv6 协议栈解析的版本；流量限制及带宽保障功能可使用 IPv6 新增的流标签字段进行更加精细、便捷的管控操作

12.4.3 外部用户访问园区场景的安全防护方案

园区用户因出差等原因存在远程办公的需求，需要通过互联网接入园区内部网络，访问办公系统及内部资源。通常的做法是部署VPN网关，建立加密隧道访问园区网络。在远程接入方案中引入零信任机制，能够更好地提升安全防护能力和用户权限管理精度。

1. VPN远程接入方案

出差员工在外地办公需要接入园区网络时，由于SSL VPN在应用管理、权限控制以及部署便捷等方面的优势特点，通常采用VPN远程接入方案，该方案的关键功能和IPv6演进需要的能力如表12-11所示。

表 12-11 VPN 远程接入方案的关键功能和 IPv6 演进需要的能力

关键功能	IPv6 演进需要的能力
• 认证：本地认证或与现网 RADIUS、HWTACACS（Huawei Terminal Access Controller Access Control System，华为终端访问控制器控制系统）、AD、LDAP 等服务器对接。 • 授权：Web 代理、文件共享、端口转发、网络扩展	• 认证：RADIUS、HWTACACS、AD、LDAP 等认证协议需进行 IPv6 升级和适配。 • 授权：Web 代理、文件共享功能属于应用层协议，支持 IPv6 报文的解析和适配后即可使用；端口转发、网络扩展涉及网络层协议，需要通过适配开发工作，支持 IPv6 环境下的端口转发和网络扩展功能
链路通信加密：支持 SSL 协议，支持 RSA 等非对称加密算法	• 客户端：支持 IPv6 网络下发起 SSLVPN 请求。 • 业务发布：在 IPv6 网络中，服务应用全部工作在 IPv6 之上，SSL VPN 系统中基于应用的业务发布、细粒度授权和访问控制等功能都与这些服务应用息息相关，所以要求 SSL VPN 系统能够发布基于 IPv6 的服务应用

IPv6在扩展报文头中集成了IPsec，提高了易用性和简便性，但是由于协议本身工作在网络层面，无法和应用紧密结合，更不用说基于应用的访问控制、多重认证方式、细粒度授权、应用负载等功能特性。因此，在IPv6演进初期，基于IPv6扩展报文头的IPsec加密方式仍然无法替代SSL VPN在用户业务网络中的重要作用。

2. 零信任远程访问方案

传统的远程接入方案采用的是先接入后认证的方式，需要对外提供可访问的VPN网关地址，这容易使网关遭受来自互联网的探测、漏洞利用、DDoS攻击等。

一种更安全的方案是先认证再准入，即远程终端在接入园区网络之前就完成认证，既可以保障接入网络的用户的合法性，又可以减小IP及端口在公网上的暴露范围。这就是零信任远程访问方案，如图12-11所示。

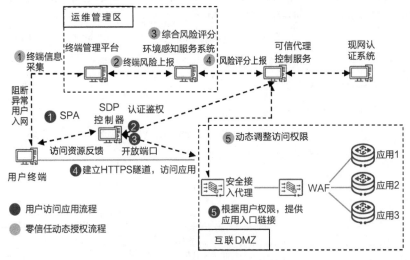

图 12-11 零信任远程访问方案

零信任远程接入场景包括用户访问应用流程和零信任动态授权流程。用户访问应用流程如图12-11中的❶～❺所示，说明如下。

第一步：用户通过公网终端访问园区内网时，客户端Agent向SDP（Software Defined Perimeter，软件定义边界）控制器触发SPA（Single Packet Authorization，单包认证）。

第二步：SDP控制器解析SPA报文，获取用户名、密码信息，向身份认证系统触发用户身份校验。

第三步：SPA认证通过，认证门户对用户开放访问的端口。

第四步：用户终端与安全接入代理建立HTTPS隧道以访问应用，终端自动跳转到认证门户页面。

第五步：门户页面根据用户权限，展示用户有权限访问的应用入口链接，用户访问授权应用。

如图12-10中的 ❶ ～ ❺ 所示，在用户进行应用访问的过程中，零信任动态授权流程说明如下。

第一步：终端安全软件实时采集终端信息，并上报终端管理平台。

第二步：终端管理平台采集到终端风险信息后，上报给环境感知服务系统。

第三步：环境感知服务系统分析终端风险信息，给出终端风险评分。

第四步：环境感知服务系统将终端风险评分上报给可信代理控制服务。

第五步：可信代理控制服务根据终端安全风险评分，判断用户访问权限的调整策略，并下发给安全接入代理，对用户访问权限进行实施调整（如阻断访问、二次认证等）。

上述方案中的关键功能和IPv6演进需要的能力如表12-12所示。

表 12-12　零信任远程访问方案的关键功能和 IPv6 演进需要的能力

相关软 / 硬件	关键功能	IPv6 演进需要的能力
终端环境感知代理	• 负责终端环境风险采集和分析，支持将物理终端及云桌面风险联动感知，并将风险结果上报给环境感知服务系统。 • 与 SDP 控制器联动，接收 SDP 控制器下发的资源列表，实现 SPA 及 SDP 准入功能。 • 在 C/S 架构应用对接场景下，提供应用代理功能，与 SDP 网关建立 HTTPS 隧道	支持 IPv6 网络下相关配置和部署能力； 支持 IPv6 网络下建立 HTTPS 隧道
环境感知服务	提供风险汇聚能力，对终端设备属性、用户访问行为、网络安全流量事件等进行汇聚，并根据汇聚结果进行信任评估、联动通报和安全指令下发	支持 IPv6 网络下相关配置和部署能力； 支持 IPv6 流量的识别、统计、分析能力
SDP 控制器	实现 SPA，与终端环境感知代理和 SDP 网关配套实现 SDP 准入功能	支持 IPv6 SDP
SDP 网关（可信接入代理）	接收 SDP 控制器指令，SDP 网关代理功能为用户访问应用提供代理转发，并与零信任服务协同实现用户访问应用的动态访问控制	支持 IPv6 网络下的相关配置和部署能力
零信任服务	提供统一人员身份管理和身份认证管理；负责对权限进行维护，并对访问资源的请求进行鉴权，提供精细化的权限管理功能；与可信接入代理等联动，下发动态访问控制指令	支持 IPv6 网络下的相关配置和部署能力

12.4.4　园区网络安全运维方案

安全运维，是企业安全管理中必不可少的一个环节。良好的安全运维规范可以帮助企业降低安全隐患。安全运维是安全管理员通过应用相关的技术、方法、工具对IT基础设施及网络安全设备进行管理的过程，在等级保护2.0中也明确提出了安全运维管理的要求。园区网络中常见的安全运维相关系统或设备包括态势感知系统、流量探针、漏洞扫描系统、日志审计系统和堡垒机等。图12-12给出了安全运维方案示意。

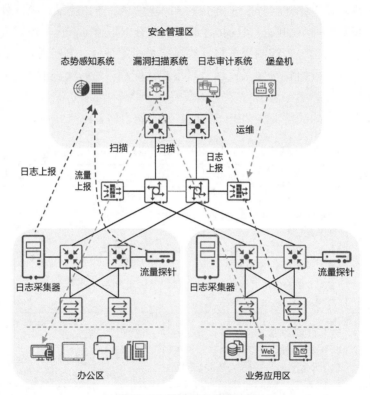

图 12-12　安全运维方案示意

态势感知系统监测全网的安全态势；流量探针采集并解析网络流量，检测异常，并上报态势感知系统；漏洞扫描系统检测ICT系统的漏洞并给出修复建议；日志审计系统记录网络中必要的信息和操作过程；堡垒机规范和审计运维人员的操作过程。这些系统或设备都是安全运维管理中经常使用的安全系统或设备。园区网络安全运维方案的关键功能和IPv6演进需要的能力如表12-13所示。

表 12-13　园区网络安全运维方案的关键功能和 IPv6 演进需要的能力

安全系统 或设备	关键功能	IPv6 演进需要的能力
态势感知系统	・数据预处理：数据分类，统一格式。 ・关联分析：基于时间、逻辑、数量等关联匹配。 ・威胁检测：已知威胁检测，未知威胁检测。 ・智能检索：基于字段属性、值进行快速检索。 ・态势呈现：大屏呈现、统计排名等	支持 IPv6 组网和部署； 支持 IPv6 报文数据预处理、关联分析、威胁检测、智能检索和大屏呈现
流量探针	・流量采集：支持 SPAN、ERSPAN 方式采集。 ・流量解析：ICMP、HTTP、DNS、SMTP/POP3/IMAP4、TLS、VXLAN、GRE、VLAN、CAPWAP 等流量解析	支持 IPv6 组网和部署； 支持 IPv6 流量的采集、解析等功能
漏洞扫描系统	・系统漏洞扫描：安全设备、网络设备、中间件、操作系统扫描。 ・数据库漏洞扫描：版本风险、软件漏洞、完整性等检查和扫描。 ・Web 漏洞扫描：注入、跨站脚本、struts2 漏洞、网页挂马、暗链等扫描。 ・安全基线检测：安全设备、应用、大数据、操作系统、虚拟化、中间件、网络设备、数据库等检测。 ・弱口令检测：用户名字典、组合字典、密码字典、自定义字典等检测	支持 IPv6 相关配置和部署； 支持 IPv4/IPv6 双栈； 支持与网关设备、网络基础设施（DHCPv6、IPv6 版本的 DNS）交互获取 IPv6 资产地址，并进行精准扫描
日志审计系统	・统一采集：Syslog、SNMP、SFTP、TCP、HTTP、文件等多种采集方式。 ・日志解析：正则表达式、JSON、Grok、分隔符、可编辑界面等解析方式。 ・监管合规：Windows 审计、Linux 审计、PCI、SOX、ISO 27001、等级保护等合规审计	支持 IPv6 组网和部署； 支持 IPv4/IPv6 双栈； 支持 IPv6 地址网元的日志采集； 支持 IPv6 地址格式解析
堡垒机	・身份认证：本地密码、AD/LDAP/RADIUS、USBKey、动态口令、短信、App 令牌等认证方式。 ・运维审计：图形（RDP/VNC）、字符（SSH、TELNET、Rlogin）、文件传输（SFTP/RZSZ/SCP）、数据库（Oracle/SQL Server/MySQL/DB2）等审计	支持 IPv6 相关配置和部署； 支持 IPv4/IPv6 双栈

| 12.5　数据中心网络 IPv6 安全防护方案 |

数据中心网络 IPv6 安全防护方案主要有 3 个场景：南北向安全防护、东西向安全防护和安全运维，如图 12-13 的①～③所示。数据中心网络的安全运维与园区网络的安全运维大同小异，可参考12.4.4节，在此不赘述。本节重点阐述数据中心网络的南北向安全防护和东西向安全防护的IPv6方案，同时分析IPv6过渡期的安全防护方案。

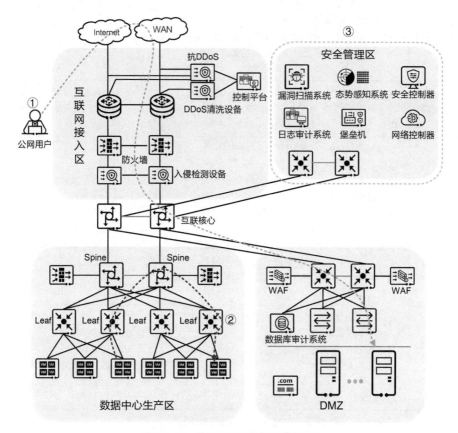

图12-13　数据中心网络安全场景示意

12.5.1　南北向安全防护方案

当企业客户需要对公众提供服务时，会把服务部署在DMZ并发布到公网，常见的服务有Web类的网站服务。所有互联网用户都能够通过对应的域名或IP地址，以及开放的服务器端口访问该服务，别有用心的攻击者可能利用网站的漏洞发起攻击，或通过消耗带宽资源或服务器计算资源使网站无法正常提供服务。对于此类南北向流量带来的威胁，通常在互联网边界部署抗DDoS设备、入侵检测设备、防火墙，抵御来自互联网的漏洞利用攻击、DDoS

攻击等；通过在DMZ部署WAF防御SQL注入攻击等Web类攻击，如图12-14所示。

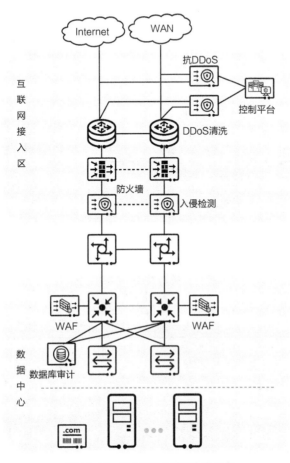

图 12-14　南北向安全防护方案示意

在互联网接入区，边界防火墙通过安全策略区分和隔离安全区域，防止外部非授权流量进入防护区域；入侵检测设备能够识别和检测来自互联网的攻击流量。抗DDoS设备通过旁路检测来自互联网的访问流量，当检测到攻击行为后，通过引流方式将流量牵引到DDoS清洗设备，对攻击流量进行防护和清洗后将流量回注，从而保障正常的业务访问，同时阻断恶意攻击流量。WAF能防御大部分针对Web应用的攻击行为，数据库审计系统能够进行检测，并能审计对数据库的异常操作。

数据中心网络南北向安全防护方案的关键功能和IPv6演进需要的能力如表12-14所示。

表 12-14   南北向安全防护方案的关键功能和 IPv6 演进需要的能力

功能场景	安全设备	关键功能	IPv6 演进需要的能力
互联网接入区	抗 DDoS 设备	• 防护能力：常见攻击防护、动态指纹学习、信誉体系协同。 • 路由功能：策略引流。 • 运维管理：通过 NETCONF 与 SecoManager 对接，支持 SNMP、LLDP、SFTP、HTTPS、SSH、Telnet、Syslog 等	• 防护能力：支持 IPv4/IPv6 双栈防御，既防护网络又同时支持 IPv4 和 IPv6，防御策略和报表呈现都支持双栈管理。 • 路由功能：BGP FlowSpec 支持 IPv6（影响 IPv6 Outbound DDoS），支持 SRv6。 • 运维管理：NETCONF、SNMP、LLDP、SFTP、HTTPS、SSH、Telnet、Syslog 等支持 IPv6
	防火墙	• 安全防护：安全策略配置、入侵检测、URL、AV、DNS 过滤、带宽管理、NAT 策略、IPsec 等。 • 业务功能：DNS、DHCP、动态路由。 • 可靠性：支持双机、IPLink、BFD 等。 • 可维护性：通过 NETCONF 与 SecoManager 对接，支持 SNMP、LLDP、SFTP、HTTPS、SSH、Telnet、Syslog 等	• 安全防护：支持 IPv6 安全策略、入侵检测、URL、AV、DNS 过滤、带宽管理、NAT 策略、IPsec。 • 业务功能：支持 IPv6 DNS、DHCPv6、IPv6 动态路由。 • 可靠性：支持 IPv6 网络下的双机、IPLink、BFD 等。 • 可维护性：NETCONF、SNMP、LLDP、SFTP、HTTPS、SSH、Telnet、Syslog 等支持 IPv6
	入侵检测设备：入侵防护	• 业务感知：根据协议报文内容识别应用类型。 • 入侵防御：基于漏洞及行为检测攻击。 • 僵木蠕防护：识别已知类型的蠕虫、木马及僵尸网络。 • 恶意软件防护：检测并识别恶意代码载体	• 业务感知：支持解析 IPv6 及应用类型。 • 入侵防御：对已知的利用 IPv6 漏洞的行为进行检测。 • 僵木蠕防护和恶意软件防护：支持 IPv6 解析，网络层以上功能经过适配后复用
数据中心	WAF：Web 应用防护	• Web 安全防护：如注入、跨站、Web Shell 等。 • 访问行为检查：如爬虫、CC 攻击检测等。 • 内容安全：如敏感信息提交等	主要是应用层的安全防护，支持 IPv6 解析后，应用层防护能力大部分可以复用
	数据库审计系统	• 违规发现：非法用户发现、违规行为发现、敏感内容访问发现、数据库攻击检测。 • 异常分析：数据库安全性异常、异常操作审计。 • 溯源审计：操作日志查询、内容检索追溯、会话审计回放、各种合规报告	主要是应用层的安全防护，支持 IPv6 解析后，应用层防护能力大部分可以复用

12.5.2 东西向安全防护方案

数据中心网络除了要对南北向流量进行安全防护外，还需对数据中心内部的东西向流量进行安全防护，防止数据中心内部的安全风险横向传播。数据中心东西向安全防护包括跨DC东西向访问、DC内跨VPC东西向访问、VPC内东西向访问，如图12-15所示。

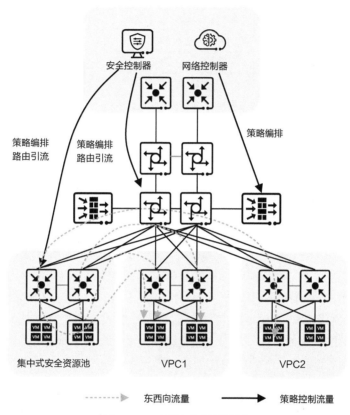

图 12-15 东西向安全防护示意

跨DC东西向访问是指两个隔离的数据中心之间的业务交互，因为涉及跨网络的网络传输，不但要做好边界防护策略，还需要对链路进行加密保护。DC内跨VPC东西向访问是指同一个数据中心的两个VPC之间的业务交互，流量不会出数据中心，所以不涉及链路加密防护，做好VPC之间的访问控制及安全防护即可。VPC内东西向访问是指同一个VPC内租户或虚拟机之间的业务交互，为分段进行安全隔离防护即可。东西向安全防护方案的关键功能和IPv6演进需要的能力如表12-15所示。

表 12-15　东西向安全防护方案的关键功能和 IPv6 演进需要的能力

功能场景	相关软 / 硬件	关键功能	IPv6 演进需要的能力
跨 DC 东西向访问	安全资源池	安全防护：防火墙、IPS、WAF 等	支持 IPv4/IPv6 双栈
	网络控制器	引流策略编排：路由引流、业务链引流	支持 IPv4/IPv6 双栈
	安全控制器	编排防火墙策略	支持 IPv4/IPv6 双栈
	交换机	链路加密：MACsec（Media Access Control Security，MAC 安全）	链路层加密，不涉及 IP 层，支持 IPv6 报文转发即可
DC 内跨 VPC 东西向访问	防火墙	访问控制：安全策略	支持 IPv4/IPv6 双栈
	网络控制器	引流策略编排：路由引流	支持 IPv4/IPv6 双栈
	安全控制器	编排防火墙策略	支持 IPv4/IPv6 双栈
VPC 内东西向访问	安全资源池	安全防护：防火墙、IPS	支持 IPv4/IPv6 双栈
	网络控制器	引流策略编排：业务链引流、微分段策略编排	支持 IPv4/IPv6 双栈
	安全控制器	编排防火墙策略	支持 IPv4/IPv6 双栈
	交换机	访问控制策略：微分段	支持 IPv4/IPv6 双栈

12.5.3　数据中心 IPv6 过渡期安全防护方案

IPv6过渡期的安全防护方案虽然是临时的，但是考虑到从IPv4到IPv6的演进可能会持续一段时间，本节简单探讨IPv6过渡期的安全防护方案。为了保障IPv6过渡期的安全，安全管理区需要支持双栈模式运行，即日志审计、堡垒机、沙箱、态势感知、漏洞扫描、主机管理等系统支持双栈运行，如不支持双栈运行，则IPv6和IPv4网络需要各配置一套。

主机双栈运行时，需要同时开启IPv4和IPv6安全防护能力，减小攻击者利用IPv6漏洞的可能性。

数据中心IPv6过渡期的安全防护方案如图12-16所示，其中涉及的关键区域及其主要功能介绍如下。

- IPv4数据中心区：尚未进行IPv6改造的应用部署区域，需要部署IPv4的WAF及数据库审计设备，与传统的数据中心DMZ的防护一致。
- IPv4用户接入区：尚未进行IPv6改造的用户区域，需要部署IPv4的网络准入及主机防护设备，与传统的用户接入区的防护一致。
- IPv4互联网接入区：为内部IPv4用户提供访问IPv4网络的出口，同时为外部IPv4网络访问数据中心IPv4业务提供入口，其防护方案与传统互联网边界的防护方案保持一致。

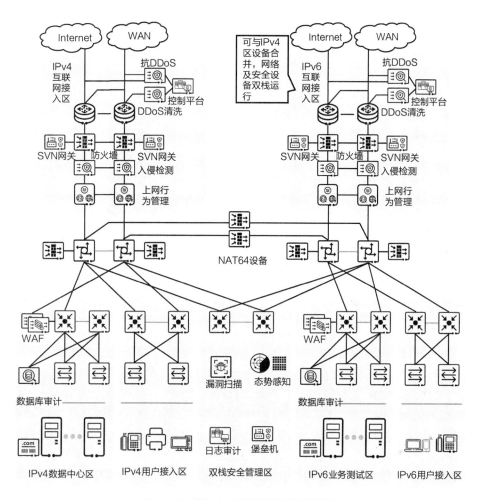

图 12-16　数据中心双栈场景安全防护示意

- IPv6互联网接入区：如设备性能满足业务需求且支持IPv6，可与IPv4互联网接入区复用安全防护设备，需要开启双栈模式，即抗DDoS设备、上网行为管理、IPS及防火墙支持IPv6的解析及防护。
- 双栈安全管理区：安全管理区需检测和管理IPv4/IPv6的安全事件，因此需要支持双栈模式，主机管理、漏洞扫描、态势感知、日志审计、堡垒机等设备也需支持双栈模式。如果部分设备无法支持双栈模式，则IPv4网络和IPv6网络需要各部署一套。
- IPv6业务测试区：完成IPv6改造的业务应用部署区域，需要部署支持IPv6解析且具备安全防护能力的WAF及数据库审计设备。
- IPv6用户接入区：完成IPv6改造的用户接入区域，需要部署支持IPv6的网络准入设备及主机安全防护软件。

|12.6 广域网络 IPv6 安全防护方案|

很多企业和机构通过广域网络对不同区域、集团和分支之间的业务进行连接，广域网络作为提供网络连接管道的基础设施，其安全防护措施必不可少。广域网络的安全防护相对简单，主要检测不同区域之间通过广域网络传播的安全风险，并进行识别和处置。在IPv4网络中，由于有NAT，很难进行威胁溯源，即使在广域网络的监测中发现了威胁事件，也难以溯源到有效的威胁源。而IPv6网络无须进行NAT，同时提供了APN6等扩展字段，使广域网络的威胁溯源更便捷、更高效。

本节主要介绍广域网络中基于APN6的动态溯源方案、安全监测方案及安全资源池方案。

12.6.1 广域网络 APN6 动态溯源方案

在进行IPv6改造时，广域网络业务功能相对清晰和单一，技术相对成熟，更容易完成IPv6改造，而园区网络和数据中心网络则涉及更多复杂的应用及业务改造而进展缓慢。因此，在IPv6演进初期，通常是广域网络完成了改造，而部分园区网络和数据中心网络难以在短时间内完成改造。例如，在政务外网场景中，就存在广域骨干网络完成IPv6改造，而部分委办局和下属单位仍然处于IPv4环境下的情况，攻击者可能对安全防护较弱的委办局或下属单位进行攻击，突破后通过广域网络链对关键数据中心进行攻击。由于源地址通过层层转换，难以对攻击源进行追踪溯源和响应处置。在此场景下，我们可以通过基于APN6的动态溯源方案对威胁源进行追踪溯源。

广域网络基于APN6动态溯源时，在业务报文中通过APNID携带接入单位位置信息，探针将采集的流信息上报给态势感知平台时，会携带APNID和流信息；态势感知平台进行大数据AI关联分析，态势呈现时通过APNID和五元组流信息动态查询威胁接入单位名称，进行全网态势呈现；网络控制器根据APNID查询，精准溯源到威胁阻断位置，并下发阻断策略，实现威胁流阻断。

APN6溯源流程如图12-17中①～⑦所示。

第一步：网络管理人员手动规划溯源表（包括APNID、设备、VPN、接口等的信息），导入安全控制器；安全控制器通知态势感知系统更新溯源表信息。

第二步：网络控制器将溯源表项相关APNID等配置信息导入路由器。

第三步：路由器将APNID封装到报文中，支持基于VPN封装APNID，并随流转发。

第四步：在网络中部署探针，探针解析SRv6报文，获取流信息和APNID，并上报态势感知系统。

第五步：态势感知系统根据APNID查询威胁流量所属的接入单位名称，即进行威胁溯源。

第六步：在态势感知系统检测到威胁后，网络控制器下发联动策略（根据APNID、流信息，执行阻断动作）。

第七步：根据网络控制器下发的策略，在路由器上执行阻断策略，阻断威胁流。

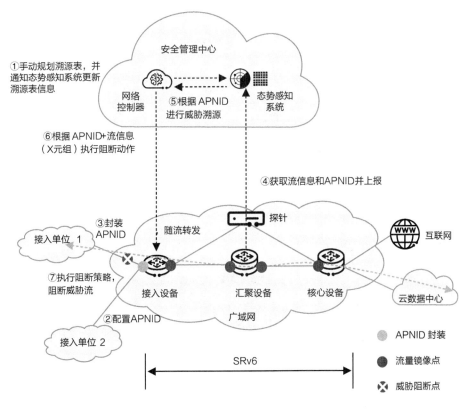

图 12-17　APN6 溯源流程示意

HiSec支持手动或自动撤销联动策略，当威胁处理完成，手动触发撤销联动策略；当联动策略老化、时间超时，自动触发撤销联动策略。

APN6动态溯源方案在随流的报文中通过APNID携带表示威胁接入位置的信息，可基于APNID动态获取接入单位名称和威胁阻断点，探针部署和网络拓扑解耦，能100%溯源成功。

12.6.2　广域网络安全监测方案

广域网络安全监测方案是指对广域网络流量进行检测、溯源、处置的威胁闭环，整个流程分为信息采集、精准溯源、近源处置和联动策略老化，如图12-18中①～④所示，说明如下。

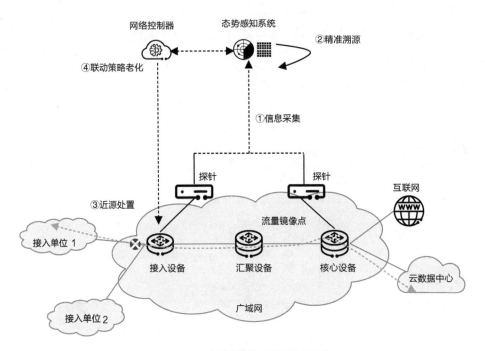

图 12-18　广域网络安全监测方案示意

第一步：信息采集。在流量汇聚节点（如汇聚设备和核心设备）集中部署流量探针，流量探针采集日志、事件等信息，上送态势感知系统。流量探针支持SRv6和IPv6流信息采集。

第二步：精准溯源。态势感知系统通过手动导入或静态配置生成"区域和IP地址范围"，区域设置为接入单位名称，根据威胁源IP地址识别威胁接入单位名称，从而实现威胁事件告警时精准显示威胁接入单位。

第三步：近源处置。态势感知系统确定攻击源后，可自动和手动处置威胁，若设置为自动处置，则网络控制器下发联动策略；若设置为手动处置，则由人工触发下发联动策略。网络控制器向对应的路由器下发联动策略，路由器执行联动策略（全局ACL），阻断威胁流，隔离威胁。

第四步：联动策略老化。当威胁已解除，可手动触发撤销联动策略，也可以设置老化时间超时，自动触发撤销联动策略。

以上内容只是IPv6广域网络中利用APN6的APNID进行威胁溯源及安全监测的一种方案。在IPv6 Only网络下，如果能确保IPv6地址的真实性和唯一性，可以直接通过源IPv6地址进行溯源。但这需要使整个园区网络、数据中心网络、广域网络都采用统一的、严格的地址分配标准，实施难度会比较大，有需要的读者可以根据实际网络环境，采用更合理、有效的溯源及安全监测方案。

12.6.3　广域网络安全资源池方案

广域网络安全资源池是针对接入单位经过广域网络访问云数据中心、互联网出口、上级网络的纵向业务流之间的防护，通过采用SRv6业务链编程和基于APN6引流到安全业务链技术，安全能力按照软、硬件两种池化形态部署，实现广域网络业务流量的按需、弹性的安全防护，做到"网安一体"协同防护，实现更低成本、更高效率、更可靠的安全防护能力。

广域网络安全资源池流程如图12-19所示，其安全防护流程如下。

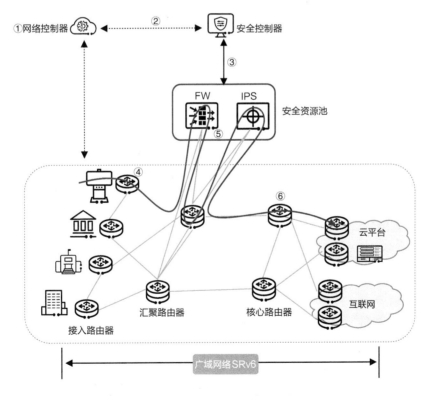

图 12-19　广域网络安全资源池流程

第一步：在网络控制器上将安全设备设置为路径转发节点，并加入路径计算。

第二步：网络控制器规划租户或应用APN6标志规划，向安全控制器通告用户、APN6、安全策略信息。

第三步：安全控制器基于APN6信息创建vSYS，并设置IPS/AV等不同的安全策略。

第四步：网络控制器基于APN6标识引流到SRv6业务链。

第五步：流量被转发至防火墙后，防火墙基于APN6携带的信息，将流量转发到对应的vSYS中。

第六步：完成流量清洗后，报文回注广域网络汇聚路由器，继续沿SRv6 Policy路径转发。

| 12.7 小结 |

与IPv4相比，IPv6在安全方面进行了充分考虑和规划设计，能够实现很多IPv4网络难以实现的安全特性，例如前文提到的IP地址即设备的实名制网络；利用IPv6/SRv6的可编程空间，提供更精细的访问策略和管控能力等。但IPv6安全体系成熟完善之前，仍面临很多安全风险。在IPv6规模演进初期，仍然需要参考和复用IPv4的安全防护方案，快速具备至少"等同于"IPv4网络的安全防护能力。通过提前研究IPv6安全风险及应对体系，逐步完善增强IPv6安全防护能力，最终帮助企业客户平稳、安全地演进到IPv6网络。

最后，对于正在进行IPv4到IPv6改造的企业客户，提供一些可参考的安全演进建议，希望能有助于企业网络的IPv6演进改造。

1. 现网评估，主动储备

从功能和性能等方面评估网络所需的IPv6需求，规划升级和替换方案，同时加强IPv6安全技能及人才的储备，通过IPv6试点或联合创新工程，主动规划IPv6安全产品、方案及服务的研究，构筑风险应对体系。

2. 安全加固，能力持平

在IPv6改造过程中，很多客户更关心的是如何快速具备IPv6网络下的基础安全防护能力，对此，应先把IPv6安全能力补齐到与IPv4同等的水平，再向更高的安全能力演进。IPv6的安全能力加固主要考虑协议加固（主要是ICMPv6）、主机加固（主机基于IPv6的包过滤、防火墙等）、网络加固（ICMPv6相关协议，IPv6路由协议等）、安全加固（IPv6防火墙功能开启和安全策略配置，现网安全设备支持对IPv6报文的解析和IPv6流量防护），在加固过程中可以考虑自动对IPv4和IPv6安全策略进行转换。

3. 能力升级，持续演进

在具备不低于IPv4网络的安全防护能力的基础上，逐步升级安全防护能力，发挥IPv6安全特性，从资产管理（IP地址即设备）、精细的访问控制策略（基于APN6等扩展报文头的应用）、快速精准的溯源响应（基于无NAT网络的GUA、扩展报文头中携带的位置信息等）、端到端的加密连接（IPsec在IPv6中的应用）等方面，构筑更高效、更便捷、更安全的IPv6网络。

参考文档列表

文档标题	文档标号	发布作者 / 组织	发布时间
IPv6: It's time to get on board	—	Paul Saab	2015 年 9 月
Legacy support on IPv6–only infra	—	Glenn Rivkees	2017 年 1 月
"IPv6+" 技术创新白皮书	—	中国信息通信研究院	2021 年 10 月
Segment Routing Architecture	RFC 8402	C. Filsfils, Ed. ,S. Previdi, Ed. , L. Ginsberg,B. Decraene,S. Litkowski and R. Shakir	2020 年 3 月
Internet Protocol, Version 6 (IPv6) Specification	RFC 8200	Deering, S. and R. Hinden	2017 年 7 月
IPv6 Segment Routing Header (SRH)	RFC 8754	C. Filsfils, Ed. ,D. Dukes, Ed. , S. Previdi, J. Leddy, S. Matsushima, D. Voyer	2020 年 3 月
Segment Routing Over IPv6 (SRv6) Network Programming	RFC 8986	C. Filsfils, Ed. ,P. Camarillo, Ed. , J. Leddy, D. Voyer, S. Matsushima, Zhenbin Li	2021 年 2 月
Segment Routing Policy Architecture	—	C. Filsfils,S. Sivabalan, Ed.,D. Voyer,A. Bogdanov and P. Mattes	2019 年 12 月
BGP MPLS–Based Ethernet VPN	RFC 7432 A	Sajassi, Ed.,R. Aggarwal,N. Bitar,A. Isaac,J. Uttaro,J. Drake and W. Henderickx	2015 年 2 月
Multicast Using Bit Index Explicit Replication (BIER)	RFC 8279	IJ.Wijnands, C., Ed., E. Rosen, J., Ed., A. Dolganow, N., T. Przygienda, J., S. Aldrin, G	2017 年 11 月
Encapsulation For Bit Index Explicit Replication (BIER) in MPLS and Non–MPLS Networks	RFC 8296	IJ.Wijnands, C., Ed., E. Rosen, J., Ed., A. Dolganow, N., J. Tantsura, S. Aldrin, G., I. Meilik, B	2018 年 1 月

续表

文档标题	文档标号	发布作者/组织	发布时间
Bit Index Explicit Replication (BIER) Support Via IS–IS	RFC 8401	L. Ginsberg, G., Ed., A. Przygienda, J., S. Aldrin, G., J.Zhang, J	2018 年 6 月
Multicast VPN Using Bit Index Explicit Replication (BIER)	RFC 8556	E. Rosen, J., Ed., M. Sivakumar, J., T. Przygienda, J., S. Aldrin, G., A. Dolganow, N	2018 年 4 月
RGB (Replication through Global Bitstring) Segment For Multicast Source Routing Over IPv6	—	Y. Liu, J. Xie, X. Geng	2022 年 7 月
Design Consideration Of IPv6 Multicast Source Routing (MSR6)	—	W. Cheng, G. Mishra, Z. Li, A. Wang, Z. Qin, C. Fan	2021 年 10 月
Use of BIER IPv6 Encapsulation (BIERv6) For Multicast VPN In IPv6 Networks	—	J. Xie, H., M. McBride, F., S. Dhanaraj, H., L. Geng, China Mobile	2019 年 7 月
"IPv6+" 技术创新愿景与展望白皮书	—	推进 "IPv6+" 规模部署专家委员会	2021 年 10 月
中国 IPv6 发展状况	—	推进 "IPv6+" 规模部署专家委员会	2019 年 7 月
Generic Network Virtualization Encapsulation draft–ietf–nvo3–geneve–06	—	T. Sridhar, Ed	2018 年 3 月
云服务 IPv6 支持能力测评	—	中国信息通信研究院，下一代互联网国家工程中心	2020 年 8 月
2021 全球 IPv6 支持度白皮书	—	下一代互联网国家工程中心，全球 IPv6 测试中心	2021 年 10 月

缩略语表

英文缩写	英文全称	中文全称
6PE	IPv6 Provider Edge	IPv6 提供商边缘（路由器）
6vPE	IPv6 VPN Provider Edge	IPv6 VPN 提供商边缘（设备）
ABR	Area Border Router	区域边界路由器
ACL	Access Control List	访问控制列表
AD/DA	Analog to Digital/Digital to Analog	模数 / 数模
AF	Address Family	地址族
AGV	Automated Guided Vehicle	自动导引车
AH	Authentication Header	鉴别头
AI	Artificial Intelligence	人工智能
AP	Access Point	接入点
API	Application Program Interface	应用程序接口
APIG	API Gateway	API 网关
APN	Application-aware Networking	应用感知网络
APN6	Application-aware IPv6 Networking	应用感知的 IPv6 网络
APNIC	Asia Pacific Network Information Center	亚太互联网络信息中心
ARP	Address Resolution Protocol	地址解析协议
AS	Autonomous System	自治系统
AZ	Availability Zone	可用区
B/S	Browser/Server	浏览器 / 服务器
BD	Broadcast Domain	广播域
BFD	Bidirectional Forwarding Detection	双向转发检测
BFER	Bit-Forwarding Egress Router	位转发出口路由器
BFIR	Bit-Forwarding Ingress Router	位转发入口路由器
BFR	Bit-Forwarding Router	位转发路由器
BGP	Border Gateway Protocol	边界网关协议
BGP-LS	Border Gateway Protocol-Link State	BGP 链路状态

英文缩写	英文全称	中文全称
BIER	Bit Index Explicit Replication	位索引显式复制
BIERv6	Bit Index Explicit Replication IPv6 encapsulation	IPv6 封装的位索引显式复制
BIFT–ID	Bit Index Forwarding Table Identifier	BIER 转发过程中的查表索引
BIND	Berkeley Internet Name Domain	伯克利因特网名称域
BYOD	Bring Your Own Device	携带自己的设备办公
C/S	Client/Server	客户 / 服务器
CAC	Call Admission Control	呼叫准入控制
CAPWAP	Control And Provisioning of Wireless Access Point	无线接入点控制和配置
CAR	Committed Access Rate	承诺接入速率
CATNIP	Common Architecture for the Internet	互联网通用架构
CC	Challenge Collapsar	CC 攻击
CCE	Cloud Container Engine	云容器引擎
CDN	Content Delivery Network	内容分发网络
CERNET	China Education and Research Network	中国教育和科研计算机网
CGA	Cryptographically Generated Address	密码生成地址
CLI	Command Line Interface	命令行界面
CLNP	Connectionless Network Protocol	无连接网络协议
CNGI	China Next Generation Internet	中国下一代互联网
CNN	Convolutional Neural Network	卷积神经网络
CNNIC	China Internet Network Information Center	中国互联网络信息中心
CNP	Congestion Notification Packet	拥塞通知报文
CRC	Cyclic Redundancy Check	循环冗余校验
DAD	Duplicate Address Detection	重复地址检测
DC	Data Center	数据中心
DCI	Data Center Interconnect	数据中心互联
DCN	Data Center Network	数据中心网络
DCQCN	Data Center Quantized Congestion Notification	数据中心量化拥塞通知
DD	Database Description	数据库描述
DDoS	Distributed Denial of Service	分布式拒绝服务
DHCP	Dynamic Host Configuration Protocol	动态主机配置协议

续表

英文缩写	英文全称	中文全称
DHCPv6	Dynamic Host Configuration Protocol version 6	第 6 版动态主机配置协议
DMZ	Demilitarized Zone	非军事区，业界常称半信任区
DNS	Domain Name Server	域名服务器
DNS64	Domain Name System IPv6-to-IPv4	IPv6 到 IPv4 的域名系统
DOH	Destination Optional Header	目的选项报文头
DoS	Denial of Service	拒绝服务
DPI	Deep Packet Inspection	深度包检测
DQN	Deep Q-learning Network	深度 Q 网络
DS	Diffserv	差分服务
DSCP	Differentiated Services Code Point	区分服务码点
E2E	End to End	端到端
EAP	Extensible Authentication Protocol	可扩展认证协议
EAPoL	Extensible Authentication Protocol over LAN	基于局域网的可扩展认证协议
EBGP	External Border Gateway Protocol	外部边界网关协议
ECMP	Equal-Cost Multi-Path	等价路由负载分担
ECN	Explicit Congestion Notification	显式拥塞通知
ECS	Elastic Cloud Server	弹性云服务器
EDCA	Enhanced Distributed Channel Access	增强型分布式信道访问
eMBB	enhanced Mobile Broadband	增强型移动宽带
eMDI	enhanced Media Delivery Index	增强型媒体传输质量指标
ENP	Ethernet Network Processor	以太网络处理器
ERSPAN	Encapsulated Remote Switched Port Analyzer	三层远程镜像
ES	Ethernet Segment	以太段
ESP	Encapsulating Security Payload	封装安全载荷
EVPN	Ethernet Virtual Private Network	以太网虚拟专用网络
FC	Fiber Channel	光纤通道
FH	Fragment Header	分片报文头
FIB	Forwarding Information Base	转发信息库
FIEH	Flow Instruction Extension Header	流指令扩展报文头
FIH	Flow Instruction Header	流指令头
FII	Flow Instruction Indicator	流指令标识

英文缩写	英文全称	中文全称
Flex-Algo	Flexible Algorithm	灵活算法
FRR	Fast Reroute	快速重路由
FlexE	Flexible Ethernet	灵活以太网
FTP	File Transfer Protocol	文件传送协议
FWaaS	Firewall as a Service	防火墙即服务
GENEVE	Generic Network Virtualization Encapsulation	通用网络虚拟封装
GRE	Genetic Routing Encapsulation	通用路由封装
GTM	Global Table Multicast	公网组播
GUA	Global Unicast Address	全球单播地址
GUI	Graphical User Interface	图形用户界面
GW	Gateway	网关
HART	Highway Addressable Remote Transducer	可寻址远程传感器高速通道
HCS	Harmonized Communication and Sensing	通信感知融合
HDD	Hard Disk Drive	硬盘驱动器
HPC	High-Performance Computing	高性能计算
HTTP	Hypertext Transfer Protocol	超文本传送协议
HTTPS	Hypertext Transfer Protocol Secure	超文本传输安全协议
HWTACACS	Huawei Terminal Access Controller Access Control System	华为终端访问控制器控制系统
HVAC	Heating Ventilation and Air Conditioning	供热通风与空气调节
IaaS	Infrastructure as a Service	基础设施即服务
IAB	Internet Architecture Board	因特网体系委员会
IANA	Internet Assigned Numbers Authority	因特网编号分配机构
IB	InfiniBand	无限带宽
IBGP	Internal Border Gateway Protocol	内部边界网关协议
ICMP	Internet Control Message Protocol	互联网控制报文协议
ICMPv6	Internet Control Message Protocol version 6	第 6 版互联网控制报文协议
ICT	Information and Communications Technology	信息通信技术
IDC	Internet Data Center	互联网数据中心
IDS	Intrusion Detection System	入侵检测系统
IETF	Internet Engineering Task Force	因特网工程任务组
IFIT	In-situ Flow Information Telemetry	随流检测

英文缩写	英文全称	中文全称
IGP	Interior Gateway Protocol	内部网关协议
INC	Intergrated Network and Computing	网算一体
iNOF	intelligent lossless NVMe Over Fabrics	智能无损存储网络
IoT	Internet of Things	物联网
IP	Internet Protocol	互联网协议
IPAM	IP Address Management	IP 地址管理
IPng	IP Next Generation	下一代互联网协议
IPS	Intrusion Prevention System	入侵防御系统
IPsec	Internet Protocol Security	互联网络层安全协议
IPSG	IP Source Guard	IP 源保护
IPv4	Internet Protocol version 4	第 4 版互联网协议
IPv6	Internet Protocol version 6	第 6 版互联网协议
IPv6 NDP	IPv6 Neighbor Discovery Protocol	IPv6 邻居发现协议
IPv6+	Internet Protocol version 6 Enhanced	IPv6 增强
iQCN	intelligent Quantized Congestion Notification	智能量化拥塞通知
IRDP	ICMP Router Discovery Protocol	ICMP 路由器发现协议
IRT	Isochronous Real−Time	等时同步
IS−IS	Intermediate System to Intermediate System	中间系统到中间系统
IS−ISv6	IS−IS over IPv6	基于 IPv6 的 IS−IS
ISP	Internet Service Provider	因特网服务提供方
IT	Information Technology	信息技术
JVM	Java Virtual Machine	Java 虚拟机
L2VPN	Layer 2 Virtual Private Network	二层虚拟专用网络
L3VPN	Layer 3 Virtual Private Network	三层虚拟专用网络
LB	Load Balancer	负载均衡器
LDAP	Lightweight Directory Access Protocol	轻量目录访问协议
LDP	Label Distribution Protocol	标签分发协议
LDPv6	Label Distribution Protocol over IPv6	基于 IPv6 的标签分发协议
LLA	Link−Local Address	链路本地地址
LLDP	Link Layer Discovery Protocol	链路层发现协议
LLDPUD	Link Layer Discovery Protocol Data Unit	链路层发现协议数据单元
LSA	Link State Announcement	链路状态公告

英文缩写	英文全称	中文全称
LSAck	Link State Acknowledgment	链路状态确认
LSDB	Link State Database	链路状态数据库
LSR	Link State Request	链路状态请求
LSU	Link State Update	链路状态更新
MACsec	Media Access Control Security	MAC 安全
MCU	Multimedia Controller Unit	多媒体控制单元
MIB	Management Information Base	管理信息库
MLD	Multicast Listener Discovery	多播接收方发现协议，业界多称组播接收方发现协议
mMTC	massive Machine-Type Communication	大连接物联网，业界常称海量机器类通信
MOS	Mean Opinion Score	平均评定评分
MPI	Message Passing Interface	消息传递接口
MP_REACH_NLRI	Multi-Protocol Reachable Network Layer Reachability Information	多协议可达网络层可达信息
MP_UNREACH_NLRI	Multi-Protocol Unreachable Network Layer Reachability Information	多协议不可达网络层可达信息
MPLS	Multi-Protocol Label Switching	多协议标签交换
MPLS VPN	Multi-Protocol Label Switching Virtual Private Network	MPLS 虚拟专用网络
MSD	Maxium SID Depth	最大 SID 深度
MT	Multi-Topology	多拓扑
MTR	Multi-Topology Routing	多拓扑路由
MTU	Maximum Transmission Unit	最大传输单元
NA	Neighbor Advertisement	邻居通告
NAC	Network Admission Control	网络接入控制
NAS	Network Attached Storage	网络附接存储
NAT	Network Address Translation	网络地址转换
NAT ALG	NAT Application Level Gateway	网络地址转换应用层网关
NAT64	Network Address Translation IPv6-to-IPv4	IPv6 到 IPv4 的网络地址转换
NBMA	Non-Broadcast Multiple Access	非广播多路访问
ND	Neighbor Discovery	邻居发现

续表

英文缩写	英文全称	中文全称
NDP	Neighbor Discovery Protocol	邻居发现协议
NETCONF	Network Configuration Protocol	网络配置协议
NFV	Network Function Virtualization	网络功能虚拟化
NIR	National Internet Registry	国家级互联网注册机构
NIS	Network Information Service	网络信息服务
NLPID	Network Layer Protocol Identifier	网络层协议标识
NLRI	Network Layer Reachability Information	网络层可达信息
NOF	NVMe Over Fabric	NVMe 存储网络
NPCC	Network-based Proactive Congestion Control	基于网络的主动拥塞控制
NPTv6	IPv6-to-IPv6 Network Prefix Translation	IPv6-to-IPv6 网络前缀转换
NRT	Non-Real-Time	非实时性
NS	Neighbor Solicitation	邻居请求
NTP	Network Time Protocol	网络时间协议
NUD	Neighbor Unreachable Detection	邻居不可达检测
NVE	Network Virtualization Edge	网络虚拟化边缘（设备）
NVo3	Network Virtualization over Layer 3	三层网络虚拟化
OAM	Operations，Adminstration and Maintenance	运行、管理与维护
OBS	Object Storage Service	对象存储服务
OSI	Open System Interconnection	开放系统互连
OSPF	Open Shortest Path First	开放最短通路优先
OT	Operation Technology	操作技术
OUI	Organizationally Unique Identifier	组织唯一标识符
OVS	Open Virtual Switch	开源虚拟交换机
P2MP	Point-to-Multipoint	点到多点
PA	Provider Assigned	供应商指定
PaaS	Platform as a Service	平台即服务
PFC	Priority-based Flow Control	基于优先级的流控制
PI	Provider Independent	独立的供应商
PLC	Programmable Logic Controller	可编程逻辑控制器
PMTU	Path Maximum Transmission Unit	路径最大传输单元
PoD	Point of Delivery	分发点
PQ	Priority Queuing	绝对优先级

英文缩写	英文全称	中文全称
PSP	Penultimate Segment POP of the SRH	SRH 倒数第二段弹出
PWE3	Pseudowire Emulation Edge-to Edge	端到端伪线仿真
QoS	Quality of Service	服务质量
QP	Queue Pair	队列对
RA	Router Advertisement	路由器通告
RADIUS	Remote Authentication Dial-In User Service	远程身份认证拨号用户服务
RDMA	Remote Direct Memory Access	远程直接存储器访问
RDS	Relational Database Service	关系数据库服务
RH	Routing Header	路由报文头
RoCE	RDMA over Converged Ethernet	基于聚合以太网的远程直接存储器访问
RPKI	Resource Public Key Infrastructure	资源公钥基础设施
RR	Route Reflector	路由反射器
RS	Router Solicitation	路由器请求
RSA	Rivest Shamir Adleman	RSA 加密算法
RSVP-TE	Resource Reservation Protocol-Traffic Engineering	针对流量工程扩展的资源预留协议
RT	Real-Time	实时性
RTBC	Real-Time Broadband Communication	宽带实时交互
RTP	Real-time Transport Protocol	实时传输协议
SAN	Storage Area Network	存储区域网
SAC	Smart Application Control	智能应用控制
SAVI	Source Address Validation Improvement	源址合法性检验
SC	Service Classifier	业务分类器
SCSI	Small Computer System Interface	小型计算机系统接口
SD-WAN	Software-Defined Wide Area Network	软件定义广域网络
SDN	Software Defined Network	软件定义网络
SDP	Software Defined Perimeter	软件定义边界
SEND	Secure Neighbor Discovery	安全邻居发现
SF	Service Function	业务功能
SFC	Service Function Chain	业务功能链
SFF	Service Function Forwarder	业务功能转发器
SFP	Service Function Path	业务功能路径

英文缩写	英文全称	中文全称
SFTP	Secure File Transfer Protocol	安全文件传送协议
SI	Set Identifier	集合标识
SIPP	Simple Internet Protocol Plus	简单互联网协议增强
SLA	Service Level Agreement	服务等级协定
SLAAC	Stateless Address Auto-Configuration	无状态地址自动配置
SLB	Server Load Balancing	服务器负载均衡
SNMP	Simple Network Management Protocol	简单网络管理协议
SNTP	Simple Network Time Protocol	简单网络时间协议
SoC	System on a Chip	单片系统
SPA	Single Packet Authorization	单包认证
SPF	Shortest Path First	最短通路优先
SR	Segment Routing	段路由
SRAA	Subnet Router Anycast Address	子网路由的任播地址
SRH	Segment Routing Header	段路由扩展报文头
SRLG	Shared Risk Link Group	共享风险链路组
SR-MPLSv6	Segment Routing-MPLS over IPv6	基于 MPLS 转发平面的 IPv6 段路由
SRv6	Segment Routing over IPv6	基于 IPv6 的段路由
SSD	Solid State Disk	固态盘
SSH	Secure Shell	安全外壳
SSL VPN	Virtual Private Network over Secure Socket Layer	基于安全套接层的虚拟专用网络
SSID	Service Set IDentifier	服务集标识符
TCP	Transmission Control Protocol	传输控制协议
TDM	Time Division Multiplexing	时分多路复用
TEDB	Traffic Engineering Database	流量工程数据库
TFTP	Trivial File Transfer Protocol	简易文件传送协议
TI-LFA	Topology-Independent Loop-Free Alternate	拓扑无关的无环替换路径
TLV	Type-Length-Value	类型长度值
TOS	Type Of Service	服务类型
TTL	Time To Live	存活时间
TUBA	TCP and UDP with Bigger Addresses	使用更大地址的 TCP 和 UDP
TWAMP	Two-Way Active Measurement Protocol	双向主动测量协议
UCBC	Uplink Centric Broadband Communication	上行超宽带通信

续表

英文缩写	英文全称	中文全称
UCMP	Unequal Cost Multipath	非等价多径
UDP	User Datagram Protocol	用户数据报协议
UI	User Interface	用户界面
ULA	Unique Local Address	唯一本地地址
UPS	Uninterruptible Power Supply	不间断电源
URL	Uniform Resource Locator	统一资源定位符
URLLC	Ultra–Reliable & Low–Latency Communication	超可靠低时延通信
URPF	Unicast Reverse Path Forwarding	单播反向路径转发
USP	Ultimate Segment POP of the SRH	SRH 最后一段弹出
VAS	Value–Added Service	增值服务
VLAN	Virtual Local Area Network	虚拟局域网
VMM	Virtual Machine Manager	虚拟机管理器
VN	Virtual Network	虚拟网络
VNI	VXLAN Network Identifier	VXLAN 网络标识符
VPC	Virtual Private Cloud	虚拟私有云
VPLS	Virtual Private LAN Service	虚拟专用局域网业务
VPN	Virtual Private Network	虚拟专用网络
VPN+	Enhanced Virtual Private Network	增强型虚拟专用网络
VRF	Virtual Routing and Forwarding	虚拟路由转发
VRRP	Virtual Router Redundancy Protocol	虚拟路由冗余协议
VSI	Virtual Switching Instance	虚拟交换实例
VSwitch	Virtual Swith	虚拟交换机
VTEP	VXLAN Tunnel Endpoint	VXLAN 隧道端点
VTN	Virtual Transport Network	虚拟传送网
VXLAN	Virtual Extensible Local Area Network	虚拟扩展局域网
WAC	Wireless Access Controller	无线接入控制器
WAF	Web Application Firewall	Web 应用防火墙
WDRR	Weighted Deficit Round Robin	加权差分轮询
WINS	Windows Internet Name Service	Windows 网络名称服务
XR	eXtended Reality	扩展现实
ZTP	Zero Touch Provision	零接触部署，也称零配置开局

后　记

　　我从2004年进入数据通信领域，就听说了IPv6，当时IPv6并没有真正应用起来。我开始学习和研究IPv6始于2015年，当时我还在华为数据通信测试领域，想深入学习家庭宽带业务的部署和发展，发现IPv6已经是家庭宽带业务必备的一个特性。为了学习IPv6，我买了几本与IPv6相关的书，但因为家庭宽带主要涉及的是用户地址的分配和Internet访问，所以当时对IPv6的理解还比较基础，主要限于几种地址分配方式和路由协议。

　　2017年，中共中央办公厅、国务院办公厅印发《推进互联网协议第六版（IPv6）规模部署行动计划》，华为也启动了对网络IPv6演进的驱动力和方向的探索。2018年，SRv6的部署方案成为我新的工作方向。在学习和研究SRv6的过程中，我预感到SRv6会成为骨干网络和城域网IPv6部署的一个驱动力，因为它独有的Underlay和Overlay合一的能力可以解决网络演进、可编程性、可靠性等很多难点问题。如今SRv6已在运营商累计部署100多个局点，说明运营商客户对SRv6的价值还是比较认可的。

　　2020年，国家加快了对IPv6的部署推进，推进IPv6规模部署专家委员会提出了"IPv6+"的新架构。随着工作的调整，我开始负责企业网络解决方案，有不少企业客户找我们咨询网络如何向"IPv6+"演进。与运营商网络不同，企业网络包含的网络范围更广，除了骨干网络和城域网，还有园区网络、数据中心网络、IoT等，且企业终端和应用也是自己管理，"IPv6/IPv6+"的改造所涉及的范围更广。从2020年开始，我们团队开始着手研究企业"IPv6/IPv6+"改造的原则和方法，当时查找了不少相关的图书，发现大多数都是介绍IPv6原理的，鲜有介绍现有网络是如何向"IPv6/IPv6+"演进的。当时团队成员就有了一个想法：等积累足够的经验后，一定要把这些经验总结出来供大家参考。

　　一晃两年过去了，在服务客户进行"IPv6/IPv6+"网络改造的过程中，我们做了很多调研，积累了大量的案例和经验，也开发了部分工具。在这个过程中，我们越来越认识到，"IPv6/IPv6+"改造是一个系统性的工程，不管是技术方向选择、IP地址规划，还是改造的顺序、网络和安全的协同配合，都必须通盘考虑，否则很容易出现改造进展困难，或者改造后发现架构不合适的情况。同时，随着数字化的加速，很多客户的网络本身也在进行升级换代，比如引入

SDN、网络确定性、低碳节能等新技术，需要将"IPv6/IPv6+"改造和网络本身的升级换代有效结合起来，这也是"IPv6/IPv6+"改造需要顶层设计的一个关键原因。

除了顶层设计之外，"IPv6/IPv6+"改造过程中还有许多细节需要考虑，比如：终端、网络和应用如何协同推进，避免出现"三个和尚没水喝"的情形？不同类型终端支持的地址分配方式不同，如何设计一种更通用的地址分配方式才能够兼容绝大部分终端？数据中心的改造，需要考虑业务的稳定性和可靠性，是新建IPv6单栈资源池，还是在原有资源池上先部署双栈再部署单栈？安全改造，考虑到性能，是引入新的安全设备更合适，还是在现有安全设备上部署双栈更好？诸如此类。

面对"IPv6/IPv6+"改造的顶层设计挑战和诸多细节挑战，2022年8月，我们团队经过讨论，认为可以对"IPv6/IPv6+"改造的原则、架构、技术选择、改造顺序等进行一些总结，一方面可以在团队内共享经验，另一方面也可以更好地为更多客户提供"IPv6/IPv6+"改造方案，因此有了写作和出版这本书的计划，期望能够给业界读者一些切实的帮助。

虽然有了很多"IPv6/IPv6+"改造经验，但我们在图书写作中还是遇到了诸多挑战。首先，写作的范围和粒度很难把握，比如关于IPv6的改造，是否要体现网络的基础方案？如果体现，会导致内容过多，重点不突出；如果不体现，又担心部分读者看不懂。经过多次讨论，我们团队内部达成一致，本书的重点是体现"IPv6/IPv6+"改造的过程，以面向有一定网络方案基础的读者，同时对书中提到的基础相关知识，给出一些参考资料，供读者参考。

其次，开始本书的写作之后，我们才发现，虽然团队成员对技术和方案比较熟悉，但是文字写作的技巧并没有那么好，导致第一稿的文字质量很不理想，描述和表达都要修改，有团队成员甚至开玩笑说"需要重新学习一下语文"。

虽然困难重重，团队成员仍然以锲而不舍的态度克服了困难，成功地对经验进行总结并形成了流畅的文字。本书从IPv6发展情况和IPv6基础开始，对SRv6、网络切片、IFIT、APN6等"IPv6+"新技术进行了介绍，并阐述了"IPv6/IPv6+"的网络驱动力及演进挑战。面对演进挑战，结合华为多年的网络经验，本书尝试给出企业"IPv6+"网络演进的原则和改造策略，并按照IPv6地址申请规划，从广域网络、数据中心网络、园区网络、终端、应用系统等多个方面给出详细的网络演进方案设计。针对IPv6演进过程中普遍担忧的安全问题，从新增、继承、消减多个维度对安全威胁进行分析，分别给出了IPv6安全演进策略、基础防护策略，以及园区网络、数据中心网络、广域网等多个场景下的安全防护方案。希望读者通过本书，能够初步理解和掌握"IPv6/

IPv6+"的演进方案和步骤,帮助企业更好地应对5G、云、智能化等带来的挑战,更好地完成数字化转型。

展望未来,IPv6 Only会逐步成为主流,新建应用会全部支持IPv6,老旧应用和终端将逐渐被淘汰,从IPv4直接改造到IPv6 Only成为可能,但IPv6发展也会面临很多新的挑战。

- IPv6 Only对互联网生态提出了更高的要求。当前网络及安全设备基本都支持双栈,但IPv6 Only需要完全去掉IPv4,还有一部分功能需要完善。IPv6 Only网络和外部的IPv4网络的互通,是演进过程中的一个关键点。
- IPv6安全攻击会经历一个从低到高再到低的过程。随着IPv6部署越来越广泛,针对IPv6的攻击会越来越多,对应的防守技术也会逐步完善,直接针对IPv6的攻击会越来越少。如何让IPv6在安全防守中实现更大的价值,是需要持续研究的一个方向。
- 新业务对承载网提出了更高的要求。企业的数字化转型会持续深入,数据共享、企业上多云会成为主流,同时也要求越来越多的终端联网后上传数据到云,并从云端下发控制指令。数字化转型的深入势必会对ICT基础设施尤其是承载网提出更高的要求,包括带宽预留保障需求、时延触发的传输控制、海量连接管控需求、网络状态感知和分布式网络智能等。如何基于"IPv6+"持续演进,使网络能够满足新业务的要求,是一个重要的课题。

另外,ICT还在持续发展。元宇宙、5.5G、算力承载、空天地一体等新场景和技术不断涌现。为了使企业网络更好地支撑业务发展,将新的ICT更好地应用到企业网络的建设和维护中,这也会给网络基础协议带来新的诉求和挑战。"IPv6+"依托超宽、广联接、自动化、确定性、低时延、安全六大维度的能力,具备独特优势,能够持续协助企业网络面对新的挑战,为产业数字化转型和智能化升级路径提供更多可能性。

道阻且长,行则将至。我们愿意和行业生态伙伴一起,持续发展"IPv6/IPv6+",为建设数字中国添砖加瓦。

本书写作基于很多已有的研究成果,在写作过程中,得到了很多团队和人员的帮助,在此一并表示感谢。

文慧智
华为数据通信解决方案设计部部长
华为数据通信解决方案首席架构师